Leben und Arbeiten mit Tieren

Kerstin Jürgens, Dr. phil., ist Professorin für Mikrosoziologie an der Universität Kassel. Sie forscht seit den 1990er Jahren zum Wandel der Lebensführung und hat das DFG-Projekt »Tiere als Gefährten« geleitet.

Sarah Mönkeberg, Dr. phil., ist wissenschaftliche Mitarbeiterin im Fachgebiet Mikrosoziologie an der Universität Kassel und hat im DFG-geförderten Projekt »Tiere als Gefährten« das Leben mit Tieren beforscht.

Markus Kurth ist wissenschaftlicher Mitarbeiter am Fachgebiet Mikrosoziologie der Universität Kassel und hat im DFG-geförderten Projekt »Tiere als Gefährten« insbesondere Dienstleistungen für Tiere beforscht.

Kerstin Jürgens, Sarah Mönkeberg, Markus Kurth

Leben und Arbeiten mit Tieren

Haustierhaltung und Tierdienstleistung als Lebensformen

Campus Verlag
Frankfurt/New York

Die Publikation basiert auf einem Forschungsprojekt der Universität Kassel (Fachgebiet Mikrosoziologie, Prof. Dr. Kerstin Jürgens), das von der Deutschen Forschungsgemeinschaft (DFG) unter dem Titel »Tiere als Gefährten« gefördert wurde (Projektnummer: 443785427, 2021–2024).

ISBN 978-3-593-52145-9 Print
ISBN 978-3-593-46278-3 E-Book (PDF)
DOI 10.12907/978-3-593-46278-3

Erschienen bei Campus Verlag in der Verlagsgruppe Beltz,

Werderstr. 10, 69469 Weinheim, info@campus.de.
Umschlaggestaltung: Verlagsgruppe Beltz
Umschlagmotiv: © Stockphotos.com
Satz: le-tex xerif
Druck und Bindung: Beltz Grafische Betriebe GmbH, Bad Langensalza
Beltz Grafische Betriebe ein Unternehmen mit finanziellem Klimabeitrag (ID 15985-2104-1001).
Printed in Germany

www.campus.de

Inhalt

Vorwort ... 7

1. Einleitung ... 9

2. Forschungsstand, Perspektive und Untersuchungsdesign ... 17

2.1 Forschungsstand: Datenlage, Deutungsangebote, Desiderata ... 18
2.1.1 Verbreitung und Dynamik der Haustierhaltung ... 18
2.1.2 Begriffliche Einordnungen: Haus-, Heim-, Gefährtentiere ... 20
2.1.3 Tier-Mensch-Beziehungen als Relationen ... 24
2.1.4 Tierliche Agency ... 26
2.1.5 Erklärungsansätze zur Haustierhaltung ... 27
2.1.6 Haustierbezogene Dienstleistungen ... 36

2.2 Untersuchungsperspektive: Hypothesen, Fragen und methodologische Prämissen ... 39

2.3 Methodisches Vorgehen ... 43
2.3.1 Erhebungsmethodik ... 44
2.3.2 Sample ... 48
2.3.3 Auswertungsverfahren ... 51

3. Befunde: von der Haustierhaltung zur Gefährtenschaft der Spezies ... 53

3.1 Befunde: Halter:innen ... 53
3.1.1 Das Sample: Merkmale und Auffälligkeiten ... 54
3.1.2 Tierhaltung und Lebensführung ... 56
3.1.3 Beziehungsmuster und Relationen: Gemeinschaft, Aktivität und Sorge ... 60
3.1.4 Tier und Mensch im Dialog: Gemeinschaft, Aktivität und Sorge als konstitutive Komponenten der Gefährtenschaft ... 93
3.1.5 Beziehungsabbrüche und Misslingen von Gefährtenbeziehungen ... 97

3.2 Befunde: Dienstleister:innen 101
3.2.1 Das Sample: Merkmale und Auffälligkeiten 102
3.2.2 Dienstleistungstriaden: die Kooperation der Spezies 105
3.2.3 Genese: Lebensentwürfe, Werdegänge und Handlungsprämissen 139
3.2.4 Tierbezogene Dienstleistung als Normierung und Verlebendigung 159

4. Synthese: das Interspeziespaar als Lebensform 165

Literatur 175

Abbildungen 187

Tabellen 189

Vorwort

Konflikte um Lebensräume und Ressourcen zwischen den Spezies nehmen weltweit zu. Gleichzeitig lässt sich in industrialisierten Ländern ein Trend zum Zusammenleben mit Tieren feststellen. Rund um diese Tierhaltung spannt sich ein umfassender Markt an Dienstleistungen auf, der stetig expandiert und sich von gesellschaftlichen Krisenlagen weitgehend unberührt zeigt. In den Medien sind Haustiere und ihre Halter:innen omnipräsent. Die vielfältigen Motive dafür, sich Tiere ›ins Haus‹ zu holen, sind bereits mehrfach wissenschaftlich reflektiert worden. Was allerdings das konkrete Zusammenleben in der Folge auszeichnet, wurde bislang noch nicht vertiefend untersucht. Als wissenschaftliche Disziplin, die das Soziale ursächlich erklären will, war die Soziologie lange Zeit unentschlossen, ob auch Tiere zu ihrem Gegenstandsbereich zählen sollten. Zwar scheint inzwischen ein Konsens darüber erreicht, dass Tiere zur Gesellschaft gehören; empirische Erhebungen über die konkrete Ausgestaltung dieser Interspeziesbeziehungen sind indes noch rar.

Die Deutsche Forschungsgemeinschaft (DFG) hat uns die Möglichkeit gegeben, Einblicke in die private Tierhaltung zu erhalten. Wir konnten dank der Projektförderung den Forschungsstand aufbereiten, Beobachtungen und Interviews durchführen und auswerten, unsere Befunde auf Tagungen präsentieren und Publikationen wie dieses Buch verfassen. Die Universität Kassel hat uns die für ein solches Projekt erforderliche Intrastruktur und Administration bereitgestellt. Im Projektverlauf haben uns Nadine Heller und Hannah Schäfer als studentische Hilfskräfte unterstützt. Der Campus-Verlag, hier insbesondere unsere Lektorin Judith Wilke-Primavesi, hat den Weg zum gedruckten Buch begleitet. Allen Genannten gilt unser herzlicher Dank. Dieser umschließt vor allem jene Tiere und Menschen, die wir beobachten und befragen durften. Nur durch ihren Beitrag war es möglich, Einblick in das Leben mit Tier(en), hiermit verbundene Erlebnisse und Freude ebenso aber auch Sorgen und Belastungen zu erhalten.

Auf den folgenden Seiten sind die Ergebnisse unserer Forschung so präsentiert, dass sie wissenschaftlichen Standards entsprechen und umfassende Bezüge auf den Forschungsstand, fachinterne Debatten und methodische Fragen bieten. Wir haben uns jedoch bemüht, den Text so zugänglich wie möglich für ein breiteres Publikum zu verfassen, damit die Befunde (hoffentlich) weit in die Gesellschaft hinein streuen. Wer die wissenschaftliche Einordnung und Methodik überspringen möchte, kann es daher bei der Lektüre der Einleitung belassen und danach direkt zu den Ergebnissen ab Kapitel 3 ›springen‹.

Aufgrund geplanter Qualifikationsverfahren möchten wir auf die Autorenschaft der Bausteine dieses Buches hinweisen. Das hier präsentierte Projekt ist von den drei Unterzeichnenden gemeinsam durchgeführt worden. Forschungsfrage, -konzept und methodisches Design der Studie wurden von Kerstin Jürgens und Sarah Mönkeberg entworfen. Zu allen Kapiteln dieses Buches fanden wechselseitige Unterstützungen statt. Kerstin Jürgens hat das Vorwort sowie die Kapitel 1., 2., 3.2.2, 3.2.3.1 und 3.2.4 verfasst. Für Kapitel 2. wurden Bausteine aus der Konzeption der Studie verwendet. Sarah Mönkeberg hat Kapitel 3.1, Markus Kurth hat das Kapitel 3.2.1 erstellt. Das Kapitel 3.2.3.2 haben Kerstin Jürgens und Markus Kurth, das Kapitel 4. alle gemeinsam geschrieben.

Kerstin Jürgens, Markus Kurth, Sarah Mönkeberg

Kassel, April 2025

1. Einleitung

Abb. 1: Kater »Larry« (2016)
Quelle: His Majesty's Government, OGL v.1.0, https://commons.wikimedia.org/w/index.php?curid=98030076

Wenn sich am Wohnsitz des britischen Premierministers die Tür öffnet, dann schreitet zuweilen nicht der Regierungschef über die Schwelle, sondern ein grau-braun-weiß getigerter Kater. Dieser wird von Menschen »Larry« genannt und wurde 2011 aus dem Tierheim geholt, um in der Downing Street 10 Nagetiere zu jagen oder zumindest abzuschrecken. Seitdem hat Larry nunmehr fast sein ganzes Katzenleben gemeinsam mit wechselnden Regierungschefs, deren Familien, Angestellten und Haustieren unter einem Dach verbracht. Larry wird offiziell betitelt als »Chief Mouser to the Cabinet Office« (Dt.: »Oberster Mäusejäger des

Kabinetts«). Der Kater ist nicht nur landesweit bekannt, sondern wird weltweit in der Presse abgelichtet und verfügt über einen eigenen Social-Media-Kanal.

Kulturhistorisch betrachtet, liegt mit dem Fall »Larry« eine altbekannte Praxis vor: Menschen bedienen sich besonderer Fähigkeiten anderer lebendiger Wesen, die sie als *Tiere* bezeichnen, und räumen diesen im Gegenzug Platz in ihrem Leben ein. Zahlreiche Forschungsarbeiten dokumentieren, wie sich die ursprüngliche Distanz oder gar Feindschaft zwischen den verschiedenen Spezies im Verlauf der Jahrhunderte abschwächte. Entstanden sind vielfältige Formen des Zusammenlebens, die sich, zumindest aus der heutigen Sicht vieler Tierhalter:innen, kaum noch von humansozialen Beziehungen unterscheiden. Insbesondere Hunden, Katzen und Pferden werden in unserem Kulturkreis umfassende Zuwendungen und ökonomische Investitionen zuteil. Diese stehen in extremen Kontrast zu dem Leid all jener Arten, die zum Verzehr, zur Produktion von Konsumgütern oder zu Testzwecken gezüchtet und gehalten werden. Derlei instrumentelle Bezugnahmen auf Tiere wurden bereits vielfach thematisiert und problematisiert. Ins Bewusstsein der Öffentlichkeit rücken sie zumeist jedoch nur dann, wenn in den Medien über Tierversuche, industrielle Haltungsformen, Tiertransporte oder Vorgehensweisen in Schlachthöfen aufgeklärt wird. Markante Veränderungen im Umgang mit Tieren resultieren daraus selten.

Auch die sogenannten *Haustiere*, von denen mittlerweile rund 34 Millionen in deutschen Haushalt anzutreffen sind (ZFF 2024a), unterliegen menschlichen Interessen. Sie bleiben in der Regel zwar von einer absichtsvollen Tötung verschont, doch folgt ihre Anschaffung ebenfalls der Befriedigung menschlicher Bedürfnisse. Ihre Existenz und ihr Aktivitätsradius sind entsprechenden Fremdbestimmungen unterworfen. So ließ sich etwa während der COVID-Pandemie ein regelrechter ›Boom‹ der Haustieranschaffung feststellen, doch stieg zugleich auch die Zahl der Tierabgaben an. Insbesondere ältere und kranke Tiere sind seit jeher gefährdet, ausgesetzt zu werden oder ihr Dasein im Tierheim zu fristen.

Um solche unterschiedlichen – und durchaus widersprüchlichen – Bezugsnahmen von Menschen auf Tiere zu ergründen, weist die wissenschaftliche Forschung *kulturelle Tiertypen* (Donaldson/Kymlicka 2013; Grill 2013) aus: Abhängig von Lebensorten und Umgangs- bzw. Verwendungsweisen werden die ›frei‹ lebenden Wildtiere von den in Zoos ausgestellten Schautieren unterschieden. Als Nutztiere gelten die zum Verzehr oder zur Produktverwertung gehaltenen Spezies; während zu den Assistenztieren all jene gezählt werden, die z.B. in der Polizeiarbeit, der Therapie, für die Begleitung von sehbehinderten Menschen oder den Rettungseinsatz eingesetzt werden. Haustiere dienen demgegenüber bevorzugt zur Freizeitgestaltung, zur Geselligkeit, zum Spiel und (insbesondere die befellten Arten) zur körperlichen Kontaktaufnahme. Solche *Klassifikationen* sind hilfreich, indem sie auf Muster in Umgangsweisen mit Tieren und Zuschreibungen an Tiere verweisen. Sie laufen jedoch stets Gefahr, Vielfalt unterbelichtet zu lassen, und sie werden der komplexen sozialen Realität nur bedingt gerecht (vgl. als Überblick Nungesser 2020). Denn was wäre demnach Larry?

Einerseits fungiert der Kater als kostengünstiger Dienstleister im Haus der Regierungschef:innen, indem er eigens für den Zweck der Mäusejagd angeschafft wurde. Das Zusammenleben in der Downing Street 10 ist stets auf die Amtszeit beschränkt: Die Politiker:innen und ihre Entourage verlassen das Haus nach Abwahl oder Rücktritt – der Kater aber bleibt. Sofern man den Presseberichten Glauben schenken mag, hält Larry zwar noch Mäuse fern, verbringt aber, auch aufgrund seines fortgeschrittenen Alters, inzwischen einen Gutteil des Tages schnurrend an einem warmen Platz und animiert seine Mitbewohner:innen dazu, ihn zu füttern und zu kraulen oder mit ihm zu spielen.

Abb. 2: Kater »Larry« (2011)
Quelle: White House Photo Office, U.S. National Archives Catalog, NAID: 176548670

Ob es dem Kater dabei gelingt, trotz der befristeten Gemeinschaft jene Bedeutung zu erlangen, die Millionen von Menschen ihrem Haustier zuschreiben, wenn sie dieses als »Familienmitglied«, »Freund:in«, »Partner:in«, »Baby« oder »Seelengefährt:in« deklarieren, kann aufgrund der Prominenz des Falls nicht geklärt werden. Der Fall »Larry« zeigt jedoch eines an: *Statuszuschreibungen* an Tiere sind *kontextabhängig und variabel*. Bezugnahmen auf die jeweiligen Arten variieren entlang von Kulturen. Gleiche Arten werden in fortgeschrittenen Industrienationen umsorgt, in anderen verzehrt. Mit welchen Tieren Menschen Verbindungen eingehen, ist gesellschaftlich geprägt – und auch die ihnen zuteilwerdende wissenschaftliche Aufmerksamkeit variiert. Waren Tiere vor der COVID-Pandemie noch ein begründungspflichtiger Untersuchungsgegenstand, haben inzwischen Zoonosen und zerstörerische Klimaereignisse die Sichtweisen verändert, auch auf der politischen und zivilgesellschaftlichen Ebene. Tiere gelten nunmehr als Diskussionsfolie, an der sich die Positionierungen des Menschen zur *Natur* durchspielen lassen. In prominenten Gesellschaftsdiagnosen tauchen sie als Anker- und Referenzpunkt auf (s. exemplarisch Rosa 2016, 2018; Schroer 2022).

Dem Trend zum Haustier und den hier entstandenen Lebensweisen ist die deutsche Sozialforschung bislang nicht nachgegangen. Dies mag dem Umstand geschuldet sein, dass die Beschäftigung mit Tieren in der deutschen Soziologie lange Zeit ein Schattendasein fristete. In den Werken von »Klassikern« wie Max Weber oder Theodor W. Adorno gibt es zwar deutliche Hinweise darauf, dass Tiere für das Soziale und die Lebensführung der Menschen als relevant anzunehmen sind (vgl. Mütherich 2000). Dennoch hat sich nur ein kleiner Kreis von Soziolog:innen vertiefend der Thematik angenommen und sich für eine größere Sichtbarkeit der Fragestellung engagiert. Zumeist handelt es sich dabei um theoretisch-konzeptionelle Analysen und Literaturstudien (s. grundlegend Mütherich 2000; Wiedenmann 2009 sowie die Beiträge in Brucker et al. 2015 und Wirth et al. 2016). Bei den wenigen empirischen Studien zum Thema handelt es sich zumeist um studentische oder explorative Erkundungen (z.B. Simeonov 2014; s. auch die Beiträge in Buschka/Pfau-Effinger 2013; Burzan/Hitzler 2017).

Die langwährende Distanz zu Tieren ist umso erstaunlicher, wenn man sich das Interesse der deutschen Soziologie an Mensch-Natur-Verhältnissen vor Augen führt. Schon in den 1970er Jahren hatten Debatten hierzu an Fahrt aufgenommen, und spätestens seit Ulrich Becks »Risikogesellschaft« (1986) kann das Thema einen festen Platz im Forschungskanon für sich beanspruchen (s. auch Lemke 2007). Rainer L. Wiedenmann vermutet hinter der Zurückhaltung der Soziologie gegenüber Tieren »Abwehrreaktionen (...) gegenüber den Biowissenschaften« (2009: 62), die eine »Horizontverengung« (Bühl 1974, zitiert nach Wiedenmann 2009: 63) provozierten. Birgit Mütherich (2015: 50 ff.) sieht einen epistemischen *Anthropozentrismus* am Werk. Letzterer werte Tiere gegenüber Menschen ab und subsumiere tausende unterschiedliche *Spezies* unter die Kategorie »Tier« und mache dieses damit zum *»ganz Anderen«* (ebd.: 51, herv. i. O.). Auch in anderen Ländern sind Tiere und Tier-Mensch-Beziehungen in der Soziologie kein prominenter Untersuchungsgegenstand (vgl. Carter/Charles 2018: 80). Das Thema wird daher bislang maßgeblich seitens der interdisziplinär und international ausgerichteten *Human-Animal Studies* bespielt (s. für Deutschland Ferrari/Petrus 2015;

Kompatscher/Spannring/Schachinger 2017). Die Potenziale der empirischen Sozialforschung liegen dadurch weitgehend brach. Es verwundert daher nicht, dass in medialen Diskussionen über Haustiere keine soziologische oder sozialwissenschaftliche Expertise herangezogen wird, sondern die offenkundig besonderen *Beziehungen der Spezies* naturwissenschaftlich erklärt werden, etwa als Wirkung von Hormonen und neuronalen Spiegelungen.

An Impulsen für eine Hereinnahme der Tiere in soziologische Analysen mangelte es in der Vergangenheit nicht. Schon die Arbeiten der Wissenschaftshistorikerin Donna Haraway waren wegbereitend dafür, das Soziale speziesübergreifend zu denken und entsprechende Beziehungen zu erforschen. Haraway wies nicht nur frühzeitig auf Konstruktionen von Andersartigkeit hin und inspirierte damit die feministische Frauenforschung. Sie hat darüber hinaus in ihren Manifesten für »Cyborgs« (1985) und »Companion Animals« (2003) auch den Status von Technik und Tieren sowie menschliche Bezugnahmen auf diese einer gründlichen Revision unterzogen. In der menschlichen Hinwendung zu Tieren identifiziert Haraway eine Suche nach Verbindung und attestiert den hier entstehenden Beziehungen Qualitäten, die das Humansoziale nicht bereithalte. Auch Leslie Irvine (2002) problematisierte frühzeitig, dass sich viele Menschen nicht als Besitzer:innen, sondern als Begleiter:innen der Tiere sehen, und diese als Gefährt:innen betrachten.[1] Haraways Forderung lautete daher, das »becoming with« zu untersuchen, d.h. den Prozess, in dem Mensch und Tier solche Verbindungen aufbauen. Diesem Impuls folgend haben wir nicht die private Tierhaltung in ihrer ganzen Bandbreite untersucht, sondern haben das Entstehen und die Eigenlogiken der *Gefährtenschaft zwischen lebendigen Spezies* in den Mittelpunkt unserer Argumentation und Forschung gerückt.

Haraways Publikationen und ihr Konzept der *significant otherness* dienen bis heute als zentrale Referenzquellen der Human-Animal Studies. Die hier involvierten Wissenschaftler:innen und neuere verhaltensbiologische Studien haben dazu beigetragen, dass viele Fähigkeiten von Tieren anerkannt werden, die lange Zeit als exklusiv ›human‹ galten, wie etwa Sprache, soziale Intelligenz oder Kultur. Evolutionstheoretisch lassen sich, so Markus Wild (2015: 46 f.), für besondere Fähigkeiten von Menschen keine anderen Begründungen anführen als für Tiere. Wer die tierliche Komponente des Menschen ignoriere oder diesem gar einen Sonderstatus zuweise, reproduziere folglich die in der Gesellschaft praktizierte Hierarchisierung von Wesensformen. Bob Carter und Nickie Charles (2018) halten es daher für keinen Zufall, dass im Kreis der Human-Animal Studies insbesondere Geschlechterforscher:innen eine prominente Rolle einnehmen, die für

1 Zum historischen Wandel der Sicht auf Haustiere s. Klaus Petrus (2015).

exkludierende Zuschreibungen und hierarchisierende Statuszuweisungen sensibilisiert sind und entsprechende theoretische Expertise beisteuern.

Wovon hängt es also ab, dass Menschen sich in besonderer Weise auf bestimmte Tiere einlassen? Wie und warum erlangen manche Tiere bzw. Tierarten einen exklusiven Status und entstehen besondere Verbindungen? Um diesen Fragen nachzugehen, sind wir an Orte gefahren, an denen Haustiere verkauft, versorgt oder präsentiert werden. Wir haben Menschen begleitet und befragt, die Tiere halten, und sie in ihren Aktivitäten beobachtet. Da mittlerweile zahlreiche Dienstleistungen die Tierhaltung umspannen, haben wir auch diese einbezogen. Wir haben uns von den Anbieter:innen berichten lassen, wie ihre Arbeit abläuft, und ihre Sichtweisen auf Tiere und Halter:innen erhoben. Dadurch erhielten wir eine Collage aus Befunden, aus denen sich Schlussfolgerungen ziehen lassen, was das Zusammenleben der Spezies auszeichnet, und welcher Einfluss Dienstleister:innen zuzurechnen ist.

Im Folgenden skizzieren wir zunächst, welche Daten und Erklärungsansätze zu Haustier-Mensch-Beziehungen und insbesondere zu Gefährtenbeziehungen vorliegen, und welche Fragen als bislang noch ungeklärt gelten können (2.1). Hieraus erklären sich der konzeptionelle Zugriff (2.2) und das Design unserer Studie (2.3). Das dritte Kapitel widmet sich anschließend den empirischen Befunden, erst bezogen auf die Halter:innen (3.1), dann in Perspektive auf die Dienstleister:innen (3.2). Die abschließende Synthese (4.) bündelt die Ergebnisse aus den Erhebungs- und Auswertungsschritten und zeigt auf, welche sozialtheoretischen und gesellschaftsdiagnostischen Einsichten sich aus der Untersuchung von Tier-Mensch-Beziehungen gewinnen lassen.

Zu beachten ist, dass wir als Soziolog:innen für die Analyse des Zusammenlebens von Menschen ausgebildet sind. Wir haben versucht, die tierliche Perspektive so sensibel wie möglich zu berücksichtigen und unser methodisches Vorgehen entsprechend ausgerichtet und reflektiert. Wo es sinnvoll schien, wurde ethologische Expertise konsultiert. Gleichwohl galt es zu vermeiden, Andersartigkeit allzu deutlich zu betonen und damit Gegenüberstellungen zu verfestigen (vgl. bereits Birke/Hockenhull 2012; Taylor 2012). Mit unseren Befunden erheben wir keinerlei Anspruch, Aussagen über Tiere (oder Menschen) ›an sich‹ zu treffen. Vielmehr basiert unsere Studie auf der Grundannahme, dass sich alle an einer Interaktion beteiligten Akteur:innen wechselseitig beeinflussen, gleich welcher Spezies sie angehören. Es wurde daher offen und artübergreifend angesetzt, um herauszufinden, welche Tiere warum überhaupt einen Status als Gefährt:in erlangen. Nimmt man mit Bruno Latour (1995 [1991]) den Gedanken ernst, dass Tiere (ebenso wie Dinge) einen *Akteursstatus* einnehmen, so ist davon auszugehen, dass allein die zeitgleiche Präsenz in einem Haushalt einen erkennbaren Effekt nach sich zieht. Wir werden zeigen, dass Menschen versuchen, das Tier an ihre Lebensbedingun-

2. Forschungsstand, Perspektive und Untersuchungsdesign

Empirische Sozialforschung greift Fragestellungen auf, die sich aus der theoretischen Analyse des menschlichen Zusammenlebens ergeben, reagiert primär aber auf Beobachtungen konkreter Entwicklungen in der Gesellschaft. Zur rasanten Expansion der Haustierhaltung, die sich in den letzten Jahrzehnten in vielen industrialisierten Ländern vollzogen hat, wurden indes noch keine vertiefenden Erhebungen in Deutschland durchgeführt; auch international finden sich nur wenige, zumeist explorative soziologische Studien zum Thema. Greift die deutsche Soziologie Tiere als Untersuchungsgegenstand auf, dann gereichen diese zumeist als Referenzpunkt, um weitergehend nach Mensch-Natur-Verhältnissen zu fragen. Konkrete Bezüge auf den Einfluss von Tieren auf die Lebensgestaltung vom Menschen, blieben indes bislang aus. Auch den expandierenden Dienstleistungen, die sich rund um die Tierhaltung aufspannen, hat sich die Soziologie noch nicht weitergehend gewidmet. Zunächst wollen wir daher vorstellen, welche Schlussfolgerungen wir aus der Durchsicht des Forschungsstands und den allgemeineren Debatten zu Tier-Mensch-Beziehungen ziehen. Hierfür präsentieren wir empirische Befunde, teils aus anderen Disziplinen, ebenso aber greifen wir auf theoretisch-konzeptionelle Arbeiten zurück, in denen wir Hinweise darauf fanden, warum und wie Menschen mit Tieren zusammenleben. Unsere Suchrichtung bei dieser Aufbereitung der Kenntnisstände galt nicht der Haustierhaltung im Allgemeinen, sondern jenen Varianten des Zusammenlebens von Spezies, in denen Tiere einen besonderen Status erlangen, in denen sie *bedeutsam* für Menschen werden. Auf der Basis dieser Synopse zum *Forschungsstand* (2.1) konnten wir unsere *Untersuchungsperspektive* entwerfen (2.2) und ein Design für unser *methodisches Vorgehen* entwickeln (2.3).

2.1 Forschungsstand: Datenlage, Deutungsangebote, Desiderata

Zur Haustierhaltung liegt eine breite Fülle an Populär- und Ratgeberliteratur vor, die mal mehr, mal minder ausführlich über die wissenschaftlichen Befunde zu Tier-Mensch-Beziehungen aufklärt. Ein Blick in diese Publikationen ist insofern aufschlussreich, da hier Studien aus verschiedensten Disziplinen aufgerufen werden, wie etwa der Ethologie und Anthropologie, den Natur-, Geschichts- und Kulturwissenschaften, den Wirtschaftswissenschaften, der Psychologie oder auch der Pädagogik. Verweise auf die Soziologie, die mit ihrer Expertise für das soziale Zusammenleben für einen Beitrag prädestiniert scheint, sind hingegen rar. Tatsächlich sind es andere Disziplinen, die Befunde zu menschlichen Umgangsweisen mit Tieren, Motiven der Tierhaltung und gesellschaftlichen Dimensionen des Phänomens liefern, so etwa die ethologischen Studien von Kotrschal zu Hund-Tier-Beziehungen (2017) und Dennis C. Turner zu Katzen (1995) oder Ulrich Raulffs historische Retrospektive auf ein »Jahrhundert der Pferde« (2015).

Im Folgenden wollen daher wir aufzeigen, auf welchen Forschungsstand sich rekurrieren lässt, sofern man eine soziologische Erhebung zur Haustierhaltung anstrebt. Was findet in Folge der Tieranschaffung statt, und unter welchen Voraussetzungen entwickelt sich jene besondere Qualität von Beziehungen, die in der Forschungsliteratur als *Gefährtenschaft* bezeichnet wird? Als Ergebnisse unserer Recherche werfen wir zunächst einen Blick auf Daten zu *Umfang und Dynamik der Haustierhaltung* (2.1.1). Anschließend gehen wir ausführlicher auf Verhandlungen des Forschungsgegenstandes ein. Dies geschieht zum einen als Rekurs auf aktuelle Verhandlungen über *begrifflich-definitorische Festlegungen* (2.1.2), darüber hinaus aber als Sicht auf das Selbstverständnis im Forschungszugriff. Längst werden Tiere und Menschen nicht mehr als je separate Entitäten, sondern in ihren *Relationen* untersucht (2.1.3), und auch Tieren wird eine *Handlungsträgerschaft* attestiert (2.1.4). Anschließend stellen wir ausgewählte Befunde und theoretisch-konzeptionelle Reflexionen vor, aus denen sich Arbeitshypothesen zu *Beweggründen und Gestaltungsweisen der Tierhaltung* ableiten ließen (2.1.5). Befunde zu haustierbezogenen *Dienstleistungen* (2.1.6) runden das Kapitel ab.

2.1.1 Verbreitung und Dynamik der Haustierhaltung

Nach Angaben des Zentralverbands Zoologischer Fachbetriebe (ZZF) ist die Zahl der in deutschen Privathaushalten gehaltenen Tiere in den letzten Dekaden von rund 20 (2000) auf 34,3 Millionen (2023) angestiegen, und 14 Prozent der Haushalte halten sogar zwei Tierarten (ZZF 2024a). Nach Arten differenziert handelt es sich um geschätzte 15,7 Millionen Katzen, 10,5 Millionen Hunde, 4,6 Millionen Kleintiere und 3,5 Millionen Ziervögel (ebd.). Zudem lebten laut Hochrechnung der Deutschen Reiterlichen Vereinigung (FN) ca. 1,3 Millionen Pferde in der Bundesrepublik; die Zahl der Pferdebesitzer:innen wird mit 900.000 angegeben (FN 2023: 62).

Betrachtet man genauer, wo bzw. bei wem diese Tiere leben, zeigt sich, dass 71 Prozent der Haustiere in Mehrpersonenhaushalten anzutreffen sind (24,4 Mio.). 29 Prozent der Tiere leben in Ein-Personen-, 35 Prozent in Zwei-Personen-Haushalten und 36 Prozent in Haushalten ab drei Personen. Laut ZZF (2024b) nimmt die Tierhaltung mit dem Alter zu: 16 Prozent der Halter:innen zählen zur Altersgruppe bis 29 Jahre, 19 Prozent sind 30–39 Jahre, 18 Prozent 40–49 Jahre und 22 Prozent 50–59 Jahre alt. 25 Prozent der Halter:innen sind 60 Jahre oder älter. Erwähnenswert ist, dass in den Abfragen weder das Geschlecht der Halter:innen noch der Tiere erfasst wird. Es ist jedoch davon auszugehen, dass entlang dieser für die Humangesellschaft zentralen Strukturkategorie die Bezugnahmen auf Tiere variieren.[1]

2023 wurden im stationären und online Handel 7,093 Milliarden Euro für die Ausstattung von privat gehaltenen Tieren umgesetzt (ZZF 2024b), was im Vergleich zum Jahr 2000 (3,159 Milliarden Euro) mehr als eine Verdopplung bedeutet (ZZF 2024a). Tierfutter und Behausung machen hier einen stattlichen Anteil aus, doch ist ein Gutteil der auf den Märkten angebotenen Artefakte für eine artgerechte Versorgung nicht zwingend erforderlich. Gleiches zeigt sich für den Bereich der Dienstleistungen. Hier beschränken sich die Angebote längst nicht mehr nur auf Tiermedizin oder Betreuung, sondern reichen von der Tiertherapie, über den Schönheitssalon, bis hin zur Bestattung.[2]

Die Zunahme der Haustierhaltung wird als Trend resümiert, der sich auch in anderen Industriegesellschaften zeigt und für diese charakteristisch zu sein scheint (Zhang/Cao/Lin 2022). Während der COVID-Pandemie erhöhte sich die Nachfrage nach Haustieren international noch einmal sprunghaft (Ho/Hussain/Sparagano 2021; Morgan et al. 2020). Im Vergleich zu 2019 lässt sich für Deutschland für das Jahr 2023, also auch über den engeren Zeitraum der Pandemie hinaus, ein Zuwachs von einer Million mehr Katzen und 400.000 mehr Hunden ver-

1 Wir verwenden in diesem Buch eine gendersensible Sprache, wenn wir über Menschen sprechen. Die Bezeichnungen für Tierarten sind teils neutral, weshalb wir bei Tieren nur dann auf ein Geschlecht hinweisen, sofern es sich in den Befunden als einflussreich erweist oder wir über Tierindividuen sprechen.

2 Renate Ohr schätzte in ihrer volkswirtschaftlichen Analyse für 2018 das Marktvolumen dieser Segmente auf weitere 5 Milliarden Euro (Ohr 2019: 38).

zeichnen (ZZF 2020, 2024a).[3] Mit Fortdauer der COVID-Pandemie häuften sich die Meldungen über Engpässe bei Hundewelpen, Jungkatzen und Kleintieren. So wie in vielen anderen Ländern des globalen Nordens war der Tiermarkt auch hierzulande nahezu leergefegt. Preissteigerungen waren die Folge. Zugleich aber waren auch Zuwächse bei den Tierabgaben verzeichnen. Tierheime meldeten und melden noch immer Aufnahmestopps (vgl. DTschB 2024).

Ein Großteil der genannten Daten, die auch in den Medien wiederholt aufgegriffen werden, basiert auf Erhebungen kommerziell ausgerichteter Verbände. Ihr Ziel ist es, die Verbreitung von Haustieren und Versorgungsbedarfe abzufragen, um die Entwicklung der Nachfragemärkte kalkulieren zu können. Daten aus Studien, die ausschließlich wissenschaftlichen Interessen folgen, liefern für Deutschland lediglich ältere Befragungswellen von 2016 im Sozio-oekonomischen Panel (SOEP 2019) und im Alterssurvey (DZA 2017). Die hier erfolgten Abfragen zur Tierhaltung sind zudem vergleichsweise isoliert und nicht umfassender eingebettet. So fragt z.B. der Alterssurvey von 2017 lediglich ab, ob jemand ein Tier besitzt. In anderen Ländern liegen teils aktuellere Befragungsdaten vor, jedoch vorwiegend auf der Basis von Zufallsstichproben (s. für die Vereinigten Staaten von Amerika (USA) z.B. Applebaum et al. 2020; für das Vereinte Königreich (UK) z.B. der National Dog Survey (Anderson et al. 2023)).

Mit der Spannbreite an Haushaltsgrößen, der Streuung nach Alter der Halter:innen und der Vielfalt der Dienstleistungen deuten sich große *Schwankungen in der konkreten Ausgestaltung der Haustierhaltung* an. Eine umfassende Erhebung sozialstatistischer Merkmale, die u.a. auch Wohnorte und Haushaltseinkommen erfasst, könnte Aufschluss darüber geben, in welchem Zusammenhang die Tierhaltung zur Sozialstruktur der Gesellschaft steht. Auskunft über qualitative Merkmale von Tier-Mensch-Beziehungen wären gleichwohl auch hierüber nicht zu erlangen.

2.1.2 Begriffliche Einordnungen: Haus-, Heim-, Gefährtentiere

Im Zugriff auf Publikationen zum Thema ist festzustellen, dass die Bezeichnungen für die involvierten Spezies variieren: Während die privaten, nicht primär aus Gründen der ökonomischen Nutzung gehaltenen Tiere in der deutschen Öffentlichkeit als »Haustiere« bezeichnet werden, bevorzugen kommerzielle wie auch wissenschaftliche Studien zumeist den Begriff »Heimtier«. Denn nach

3 Die Angaben zur Katzenhaltung seitens des ZZF schwanken stark und verweisen erneut auf die Datenlücke zur Verbreitung und Entwicklung der Tierhaltung in Deutschland. Gleichwohl lassen sich auf der Basis der Verkaufszahlen von Futtermittel und Zubehör Angaben ansatzweise überprüfen.

»deutscher Verkehrsauffassung handelt es sich bei Haustieren um zahme Tiere (z.B. Hunde, Katzen, Pferde, aber auch Nutztiere wie Rind und Schwein)« (Deutscher Bundestag 2022: 4). Der Begriff »Heimtier« bietet insofern eine Fokussierung auf jene Arten, mit denen Menschen im gemeinsamen Haushalt leben, und deren Nutzung einen eher freizeitorientierten Charakter aufweist (Petrus 2015: 144 ff.). Mit Blick auf die Aktivitäten vieler Tierhalter:innen im Bereich der Züchtung oder auch der medialen, kommerziellen Vermarktung ›ihrer‹ Tiere sind die Grenzen jedoch als fließend einzuschätzen. Zudem erweist sich der Begriff »Heimtier« hinsichtlich der Wissenschaftskommunikation als sperrig, da er in der Öffentlichkeit eher mit Tierheimen in Verbindung gebracht wird, in denen ausgesetzte oder abgegebene Tiere aufbewahrt werden (vgl. auch Wischermann 2014: 109). Um eine solche Verständigungsbarriere zu umgehen und an das Alltagsverständnis anzuschließen, geben wir im Folgenden dem Begriff »Haustier« den Vorzug.

In der sozialwissenschaftlichen Forschung und den Human-Animal Studies kursieren darüber hinaus weitere Begrifflichkeiten. Hier ist von »Gefährtentieren« bzw. »companion animals« die Rede. Diese Bezeichnung ist im Kontext (tier-)medizinischer und psychosozialer Arbeiten entstanden und hat sich in den Vereinigten Staaten schon in den 1970er Jahren auch gesellschaftlich verbreitet (Haraway 2003: 12 ff.). Der Begriff will, wie bereits in der Einleitung erwähnt, den Akzent auf besondere Qualitäten von Tier-Mensch-Beziehungen legen. Den zugeordneten Arten wird attestiert, dass ihnen eine exklusive Behandlung seitens der Menschen zuteilwird (Cohan 2002; Brockman et al. 2008; Cudworth 2011: 139 ff.; Charles 2014). Unser Augenmerk liegt insofern in diesem Buch weniger auf der Haustierhaltung im Allgemeinen, denn jenen Konstellationen, in denen Tiere bedeutsam werden, in denen sie wie beste Freund:innen und Familienmitglieder behandelt werden (u.a. Greenebaum 2004; Laurent-Simpson 2017; Peterson und Engwall 2019). Manche Halter:innen leben intimer mit ihnen zusammen als mit anderen Menschen (Rüschen & Keil 2020; s. auch Fox & Gee 2016). Leslie Irvine (2013) beobachtet bei Obdachlosen, dass diese ihre tierlichen Gefährt:innen sogar »zuerst essen« lassen. Die Forschung resümiert, dass Tiere als emotionale Stützen und »safe havens« fungieren (Zilcha-Mano et al. 2011: 345). Diese als Gefährtentiere aufzufassenden Tiere werden im Unterschied zu Nutztieren stärker individualisiert und anthropomorphisiert, da Menschen mit ihnen einen weniger instrumentellen Umgang pflegen. Auch die Faszination, die idealtypisch von ungezähmten, freilebenden »Wildtieren« ausgeht, scheint nicht das entscheidende Charakteristikum zu sein (vgl. Teutsch 1975; Braidotti 2014: 73). Folglich ist anzunehmen, dass Gefährtenbeziehungen Qualitäten aufweisen, die sich von anderen Tier-Mensch-Interaktionen unterscheiden.

In einer begrifflichen Vorklärung darf der Hinweis nicht fehlen, dass bereits die Bezeichnung »Tier« begründungspflichtig ist, da die Kategorien »Mensch« und »Tier« sowie ihre Gegenüberstellung eine Hierarchie der Spezies produzieren und verfestigen. Bereits Mütherich hat problematisiert, dass unter »Tier« tausende unterschiedlicher Spezies subsumiert werden, »vom Spulwurm bis zum Gorilla« (Mütherich 2015: 50). Um solcherlei Stereotype und Reduktionismen zu umgehen, betonen Teile der Human-Animal Studies die biologischen Kontinuitäten zwischen »Mensch« und »Tier« und sprechen von »human and non-human animals«. Wie es gelingen kann, Speziesismus zu umgehen und eine (auch sprachliche) Diskriminierung qua Zugehörigkeit zu einer Spezies auszuschließen, ist eine seit langem virulente Frage (s. als Überblick Caffo/Horta/Rude 2015). Zugleich ist zu beachten, dass es auch innerhalb der Spezies zu Hierarchisierungen kommt und die ihnen zugrundeliegenden Ursachen und Dynamiken als aufschlussreich für das Verständnis des Sozialen anzunehmen sind.

Dualistische Konzeptionen werden zudem auch durch Befunde der Verhaltensforschung irritiert, die in ihren Studien ein neues, menschenähnlicheres Bild vom Tier vermittelt. Tiere verfügen demnach über außerordentliche kognitive Kompetenzen, produzieren Werkzeuge, trainieren Techniken und können als kommunikationsfähige Individuen in dauerhafte soziale Beziehungen mit Menschen eingebunden sein (Mütherich 2015: 49; de Waal 2016). Sensibilisiert für derlei Hierarchisierungen, sprechen wir gleichwohl weiterhin von »Menschen« und »Tieren«, weil wir erstens von noch immer wirksamen Statusunterschieden zwischen Spezies ausgehen, und weil unsere Expertise zweitens auf dem Humansozialen liegt. Wir sprechen indes absichtsvoll nicht von »Mensch-Tier-«, sondern »Tier-Mensch-Beziehungen«, um Tiere als einflussreich zu markieren. Es geht insofern auch um eine Irritation gängiger Denkweisen (s. hierzu u.a. Sanders & Arluke 1993; Fox & Gee 2016), insbesondere aber um das Ziel, diese Beziehungen – soweit uns dies als Soziolog:innen (und Menschen) möglich ist – als interaktiv (und teils maßgeblich vom Tier) konstituiert zu erfassen. Denn Tiere werden zwar als Besitz erworben, doch sie strukturieren, dieser Befund unserer Studie sei hier vorweggenommen, in markanter Weise die Lebensgestaltung der Menschen.

Zusammenfassend ist festzuhalten, dass sich mit dem Begriff und Fokus auf *Gefährtentiere* jene Hinwendungen an Tiere genauer untersuchen lassen, die eine rein instrumentelle Bezugnahme überschreiten und insofern Antwort auf die Frage zu sprechen liefern, warum und wie Menschen mit Tieren zusammenleben und Tiere einen besonderen Status erlangen. Unser Rekurs auf den Forschungsstand konzentrierte sich daher auf jene Befunde und soziologischen Zugänge, die diese Suchrichtung unterstützen. Dabei fiel auf, dass Tiere maßgeblich in drei Varianten thematisiert werden:

In *Literaturstudien* wird bevorzugt rekapituliert, ob und wie sich die Soziologie bislang auf Tiere bezogen hat. Viele dieser Publikationen zielen darauf, Tiere als bisherige Lücke der Disziplin zu problematisieren und als zukünftigen Untersuchungsgegenstand zu empfehlen (z.B. Mütherich 2000, 2015; Wiedenmann 2009; Gutjahr & Sebastian 2013). Das Verdienst dieser Arbeiten liegt darin, dass sie pointiert auf eine eklatante Blindstelle von Forschung verweisen und Anknüpfungspunkte an klassische Perspektiven der Disziplin und einschlägige Theoreme ausleuchten. In Zusammenhang zu solchen Verständigungen über Forschungsbedarfe stehen aktuelle Initiativen innerhalb der Deutschen Gesellschaft für Soziologie (DGS). Hier haben wir 2023 die Gründung des Arbeitskreises »Tier-Mensch-Beziehungen« mitinitiiert, der die verschiedenen Forschungsaktivitäten in der Disziplin bündelt und Foren für Austausch bereitstellt. Angesichts all dieser Aktivitäten wird im Folgenden auf eine erneute Auflistung bisheriger Desiderata im Fach verzichtet.

In *theoretisch-konzeptionellen Arbeiten* begegnet demgegenüber ein »allgemeines Tier« oder »Tier im Allgemeinen«, das im Kontext von gleichfalls relativ abstrakten Überlegungen über eine Neujustierung der »Grenzen des Sozialen« jenseits der tradierten Dichotomien von Kultur – Natur, Subjekt – Objekt etc. auftaucht (z.B. Latour 1995; Braidotti 2014; Lindemann 2014). In diesen Zugängen interessiert weniger, ob und wie die Soziologie zu Tieren forscht, sondern es wird ausgelotet, inwiefern über die Hereinnahme von Tieren eine Absicherung sozial- oder gesellschaftstheoretischer Überlegungen zu erreichen ist. In diesen Ansätzen bleiben jedoch zumeist die Unterschiede und Ähnlichkeiten zwischen verschiedenen Tieren, menschlichen und nicht-menschlichen, aber auch lebendigen und nicht-lebendigen Akteur:innen vernachlässigt (s. 2.1.5). Indem die Ansätze einen vergleichsweise abstrakten Tierbegriff anlegen, laufen sie zudem Gefahr, den Dualismus zwischen Mensch und Tier in der Tendenz eher zu verhärten, anstatt sich, wie bereits Mütherich (2015: 50) forderte, der Vielfalt verschiedener Spezies in der Welt zu stellen. Donna Haraway zeigt in ihrem Buch »Unruhig bleiben« (2018) auf, wie vielfältig die Statuszuweisungen z.B. an Tauben sind, und weist auf den Stellenwert situierter Praktiken hin:

> »Sie sind wertgeschätzte Familienmitglieder und verachtete PestbringerInnen, RetterInnen und Geschmähte, RechteinhaberInnen und Komponenten der Tier-Maschine, Nahrung und Nachbar, Zielobjekte für Ausrottung und für biotechnologische Züchtung und Vermehrung, Arbeits- und SpielpartnerInnen sowie TrägerInnen von Krankheiten, bekämpfte Subjekte und Objekte ›modernen Fortschritts‹ und ›rückwärtsgewandter Tradition‹.« (Haraway 2018: 27)

Die Stärke der wenigen *empirischen Studien* liegt darin, an konkreten Tier-Mensch-Relationen anzusetzen. Auffällig ist hier, dass es sich häufig um studentische Abschlussarbeiten handelt, die mangels Forschungsförderung nur explorative Erkundungen vornehmen konnten (z.B. Simeonov 2014; Pfau-Effinger & Buschka 2013). Zugleich nehmen viele Studien eine mehr oder weniger implizite Gleichsetzung zwischen Erscheinung und Wesen verschiedener Tiere vor, d.h. zwischen Tiergattung und -art einerseits und Form, Ausgestaltung und Qualität von Tier-Mensch-Beziehungen andererseits (z.B. Pohlheim 2008; Muster 2013; Westensee 2013; Ryan & Ziebland 2015). In den Human-Animal Studies und der angloamerikanischen Soziologie werden als »companion animals« menschennahe und -ähnliche Säugetiere wie Hunde, Katzen und Pferde untersucht (vgl. Haraway 2003: 14). Die deutsche Soziologie weist eine Vorliebe für Hunde auf und spielt an ihnen klassische Fragen der Disziplin nach sozialer Lage oder Integration durch und/oder erörtert den sozialen Akteursstatus von Tieren (z.B. Pohlheim 2008; Pollack 2009; Burzan 2017). Zu fragen ist jedoch: Können nicht auch Kühe und Hühner Gefährt:innen sein? Wie der jeweilige Status der Tiere konstituiert wird, erweist sich als eine bislang vernachlässigte Frage.

Insgesamt fällt bei den verschiedenen Thematisierungsweisen von Tieren auf, dass sich in ihnen naturalistisch-fundierte, kulturgeschichtliche und nicht zuletzt lebensweltliche *Klassifikationen* widerspiegeln. Diese erweisen sich jedoch als problematisch, sofern man Haraway (2003) dahingehend folgt, dass es die *konkreten Beziehungsformen zwischen Tieren und Menschen* sind, die Einfluss auf solche sozialen Klassifikationen von Tieren und Statuszuweisungen an sie nehmen. Im Folgenden wollen wir uns daher zunächst den Konzeptionen widmen, mit denen Forschung auf Tiere (und Menschen) zugreift.

2.1.3 Tier-Mensch-Beziehungen als Relationen

In den Sozialwissenschaften ebenso wie in anderen Fachwissenschaften und der gesellschaftlichen Öffentlichkeit sind dualistische Denkweisen weit verbreitet. Sie dienen dazu, komplexe Sachverhalte mittels Kontrastierung zu vereinfachen, vernachlässigen dadurch jedoch feinere Abstufungen und ignorieren ›zwischen‹ den Polen liegende Phänomene. Insofern reproduzieren auch wir unweigerlich solche Dualismen, wenn wir von »Tieren« und »Menschen« bzw. »Tier-Mensch-Beziehungen« sprechen und damit den Eindruck erwecken, es handle sich hierbei um je klar abgrenzbare Entitäten, die ›an sich‹ erklärbar wären. Bereits Karl Marx (1962 [1867]: 192 ff.) begreift den Menschen als Wesen, das sich mit seiner Umwelt auseinandersetzt und sich und seine eigene Natur dabei verändert. Frühzeitig wies auch Helmuth Plessner (1975 [1928]) darauf hin, dass die »Was-Frage« nicht weiterführt. Stattdessen riet er an, den Fokus auf die *Beziehungen* und *wechselseitigen Einflussnahmen* zu legen und/oder der jeweiligen Umweltbezogenheit eine besondere Bedeutung beizumessen (z.B. von Uexküll 1921; Plessner 1975 [1928]; einen Impuls für die aktuellere Debatte lieferte Lindemann 1999).

Auch wenn dualistisch angelegte Begriffe bzw. Begriffspaare noch immer verbreitet sind, so hat in Teilen der Sozialwissenschaften längst ein Perspektivwechsel stattgefunden. Für die Technikforschung hat Gilbert Simondon einen Weg geebnet: Mit dem Konzept der Individuation zielte er darauf, die verschiedenen »asymmetrischen Wesen« (2008: 66), Maschinen und Menschen, nicht als vorhandene Entitäten misszuverstehen, sondern stattdessen von einem *»permanenten Werden«* von Mensch und Technik auszugehen. Letztere untersuchte er daher, wie er explizit betonte, in ihrer *Relation und Vernetzung* (vgl. Simondon 1995, 2012 [1958]).[4] Simondon interessiert sich folglich für das gesamte Spektrum menschlicher Bezugnahmen auf die Umwelt und geht von einer lediglich *Gradualität von Vitalem und Psychischem* aus. Schon in seinen Vorlesungen der 1960er Jahre befasste er sich daher auch mit Tieren und zeichnet nach, inwiefern die Idee der Abwertung des Tieres gegenüber dem Menschen zahlreiche Werke der Philosophie durchzieht (Simondon 2011 [2004]).

Relationale Ansätze sind in der Soziologie nicht gänzlich neu und bereits bei Georg Simmel oder Norbert Elias anzutreffen (vgl. auch Witte et al. 2017). Kerngedanken Simondons finden sich in zahlreichen zeitgenössischen Reflexionen, so z.B. auch in Bruno Latours Akteur-Netzwerk-Theorie (2001 [1999]). Wurde diese Perspektive noch vor wenigen Jahren in Deutschland kaum breiter rezipiert (vgl. Heßler 2016), hat sich mittlerweile eine rege Theoriedebatte entfaltet (z.B. Delitz 2012, 2018; Diaz-Bone 2017; Witte/Schmitz/Schmidt-Wellenburg 2017; Block 2020). Inzwischen scheint hier allseits fragwürdig, warum Tiere in der Sozialtheorie zumeist ausgeklammert blieben (z.B. Witte/Schmitz/Schmidt-Wellenburg 2017: 359). Ginge man stattdessen mit Simondon von lediglich graduellen Unterschieden der Handlungseinheiten aus, würden sich deren gemeinsame Geschichte, vor allem aber deren wechselseitige Transformationsdynamik besser einschätzen lassen. Im Zuge der Technisierung des Sozialen und verstärkter Mensch-Maschine-Interaktionen haben nun hingegen relationale Konzeptionen an Aufmerksamkeit gewonnen und strahlen auch auf die empirische Forschung aus (z.B. Schmidl 2022). Statt sich an der großen Frage zu verheben, ›was‹ ein Mensch, eine Maschine oder ein Tier *ist*, können sich Studien somit darauf konzentrieren, die Prozesse wechselseitiger Einflussnahmen zu erhellen.

In den Human-Animal Studies war es vor allem Haraway (2003), die einen solchen Perspektivwechsel initiiert hat. Vielfach wird inzwischen disziplinüber-

4 Frühe Überlegungen zu einer hybriden Handlungsträgerschaft finden sich auch bei Rammert & Schulz-Schaeffer (2002). Zur Deutung von Objekt-Relationen als soziale Formen s. auch Knorr Cetina (2007).

greifend das Label »*more-than-human*« (s. grundlegend Whatmore 2002, 2006) gewählt, um eine relationale Sicht zu akzentuieren und sich von einseitig anthropozentrischen Sichtweisen zu verabschieden. Folgt man Simondons Hinweis, die Relationen in ihrem ›Werden‹ zu erkunden, könnten sich gerade an Interspeziesbeziehungen die Richtung sozialen Wandels und die ihn prägenden Faktoren erkennen lassen. Für unsere Fragestellung bedeutet dies, dem Moment der Tieranschaffung (und damit der Beginn der Interaktionen) besondere Aufmerksamkeit zu widmen und beim Sampling zu berücksichtigen. Statt »Haustier« und »Halter:in« als Entitäten aufzufassen, sind folglich die jeweiligen Beziehungen vertiefend zu untersuchen; auszugehen ist von einem *Prozess wechselseitiger Ko-Konstitution* der Akteur:innen. Zudem ist u.E. aus den Arbeiten von Simondon zu schlussfolgern, auch den Stellenwert des konkreten Materiellen nicht wesens-, sondern beziehungsbezogen zu untersuchen. Verbunden hiermit ist die Erwartung, im Rahmen begrenzter Ressourcen, nicht an den (über)komplexen Frage zu scheitern, ›was‹ das Tier als lebendiges Wesen auszeichnet – und etwa von Maschinen oder gar technischen Tier-Substituten unterscheidet. Stattdessen lässt sich offen die Bedeutung z.B. unterschiedlicher Materialitäten in den Beziehungen der Beteiligten erkunden und auf eine vorschnelle Gleichsetzung von Lebendigkeit mit Natürlichkeit und Leiblichkeit verzichten (s. 2.1.5.4). Wir folgen insofern zentralen Annahmen einer responsiven Phänomenologie, wie sie Bernhard Waldenfels (2007 [1994]) formuliert hat und Rosa mit seiner Resonanztheorie umsetzt, wenn wir davon ausgehen, dass konkrete Materialitäten zwar einflussreich, aber nicht entscheidend dafür sind, ob etwas als lebendig zu bewerten ist.[5]

Die einer Relationalen Soziologe zugrundeliegende Annahme der Symmetrie der Handlungseinheiten ist analytisch instruktiv, spiegelt jedoch nicht die realen Verhältnisse wider: Tiere (ebenso wie Maschinen) sind Menschen in vielfacher Hinsicht unterworfen. Sie können sich z.B. als störrige Haustiere, »Parasiten« oder Schadsoftware als unbequeme Zeitgenoss:innen erweisen, werden dann aber i.d.R. abgegeben, bekämpft oder vernichtet. Damit ist die Frage nach dem Status der Tiere und ihrer Handlungsträgerschaft aufgeworfen.

2.1.4 Tierliche Agency

Mit der Abkehr von einer humanfixierten Forschungsperspektive zugunsten einer relationalen Konzeption des Sozialen rücken statt der jeweiligen Entitäten

5 Forschungsergebnisse verweisen zwar auf Unterschiede im Umgang von Menschen und Tieren mit lebendigen bzw. künstlich simulierten Tieren (Ruckenstein 2010), doch sind auch die Beziehungen von Menschen und Maschinen nicht frei von Resonanz und Zuschreibungen von Lebendigkeit.

deren Beziehungen in den Blick. Zugleich wird allen beteiligten und involvierten Entitäten ein Anteil an dem zugesprochen, was hieraus entsteht: Gesellschaft und Geschichte sind insofern als Produkt wechselseitiger Einflussnahmen zu begreifen – eine Einsicht, die seitens der Human-Animal Studies seit langem bezogen auf Tiere reklamiert wird. Die Rede von der *»agency«* von Tieren zielt darauf, nicht weniger als ihre Eigenständigkeit und *Handlungsmächtigkeit* zu betonen (s. für die deutsche Debatte die Beiträge in Wirth et al. 2016). Dass es sich hierbei um keine abstrakte Reflexion oder Proklamation einer politischen Agenda handelt, ist inzwischen umfassend belegt. Zahlreiche Publikationen haben an Beispielen und tierartübergreifend dokumentiert, dass und wie Tiere nicht nur andere Entitäten beeinflussen, sondern auch Situationen, Umwelten und Interaktionen proaktiv gestalten (s. zusammenfassend Kompatscher/Spannring/Schachinger 2017: 180 ff.). Auch Haustiere sind demnach nicht länger als passive Empfänger:innen menschlicher Zuwendung oder Nutzungsinteressen zu begreifen, sondern als Beitragende.

Handlungsmächtigkeit erweist sich gleichvoll als voraussetzungsvolles Unterfangen. Denn weder ist bislang in der Debatte geklärt, wie und warum Tiere in welchen Kontexten und Situationen eine solche Handlungsmächtigkeit erlangen, wann hingegen nicht. Zudem laufen relationale Konzeptionen latent Gefahr, hierauf hat Mieke Roscher hingewiesen, problematische Nivellierungen vorzunehmen, »denn was unterscheidet Tiere dann noch von Steinen« (Roscher 2016: 55)? Sowohl auf Unterschiede zwischen involvierten Entitäten als auch innerhalb der jeweiligen Cluster scheint noch keine sozialtheoretische Antwort gefunden zu sein. Auch die empirische Forschung steht hier vor einigen Hürden: Wie für das humansoziale Geschehen ausgebildete Forscher:innen die Handlungsmächtigkeit von Tieren erkennen und definieren wollen, bleiben virulente Fragen (s. 2.3.1). Festzuhalten ist daher, dass Tiere weder auf den Status von Dingen reduziert noch human-soziale Konzepte auf sie übertragen werden können. Vielmehr spricht auch in dieser Perspektive alles für eine Fokussierung auf *Prozesse*, diesmal hinsichtlich der Zuschreibungen von Status und Fähigkeiten, um zu einem speziessensiblen Agency-Konzept zu gelangen.

2.1.5 Erklärungsansätze zur Haustierhaltung

Kaum eine Studie oder Publikation über Tier-Mensch-Beziehungen lässt einen Hinweis darauf aus, dass in Interaktionen mit Tieren Spiegelneuronen, das Bindungshormon Oxytocin und das Hormon Vasopressin das menschliche Wohlbefinden steigern (zu diesen Vorgängen s. z.B. Horváth/Antal/Miklósi 2008). Kontaktaufnahmen zu Tieren werden daher häufig neuro-biologisch erklärt. Um demgegenüber den *sozialen Ursachen* und den Beweggründen für ein Leben mit Tieren nachzugehen, haben wir disziplinübergreifend empirische Befunde zu Tier-Mensch-Beziehungen gesichtet, darüber hinaus aber auch allgemeinere theoretisch-konzeptionelle und gesellschaftsdiagnostische Arbeiten auf eine Antwort hin befragt. Resultat ist die folgende Komprimierung von Erklärungsansätzen zu vier Clustern: Die Tieranschaffung ist zurückzuführen auf eine *instrumentelle Motivation* (2.1.5.1), ein *Bedürfnis nach Zuneigung* (2.1.5.2), ein Bestreben, *mit der Welt in Verbindung* zu treten (2.1.5.3) sowie ein *Affizierungsgeschehen* (2.1.5.4).

2.1.5.1 Interessen, Ziele und Zwecke

In Deutschland gelten Haustiere, rein rechtlich betrachtet, als Besitz. Ihre Existenz und ihr Aktivitätsradius unterliegen menschlichen Entscheidungen. Auch wenn sich viele Menschen als ebenbürtig zu ›ihrem‹ Tier wähnen und sich im genannten Sinne eine Gefährtenschaft der Spezies etabliert hat: Die Beziehung von Tier und Mensch ist grundsätzlich *hierarchisch* und basiert auf *interessegeleiteten Motiven*. Unabhängig davon, ob Tiere gezüchtet und industriell genutzt oder in der Familie wie ein Kind umsorgt werden, stellt ihre Anschaffung und Haltung eine Reaktion auf ein primär menschliches Bedürfnis dar – und oftmals werden konkrete Interessen mit der Tieranschaffung verfolgt (vgl. z.B. Beverland/Farelli/Ai Ching Lim 2008; Blouin 2012; Schnickmann 2017).

Eltern sehen in Tieren pädagogisch wertvolle *Interaktionspartner:innen für Kinder* und wollen fördern, dass diese Verantwortung für ein Lebewesen übernehmen (Westensee 2013; s. als Überblick Julius et al. 2014). Auch liegen inzwischen Studien vor, die auf Haltungsweisen stoßen, in denen Tiere als Distinktionsmerkmal und *Statussymbol* angeschafft werden (z.B. Hirschman 1994; Holbrook et al. 2001; Landkammer 2017). Michael B. Beverland, Francis Farelli und Allison Ai Ching Lim (2008) interpretieren diese Haltungsmotivationen und -praktiken als »dark side«: Während Tiere in Gefährtenbeziehungen zwischen Tier und Mensch geliebt und umsorgt würden, fungierten sie hier als »toys, status markers, and brands« (490), die geschmückt, verkleidet und vermarktet werden. Diese Tiere seien zugleich Teil und Medium eines Selbstfindungs- und Identitätsprojekts.

Vielfach findet sich in der Forschungsliteratur der Hinweis, dass Tiere als *Schutz gegen Vereinsamung* angeschafft werden und Tieranschaffungen während der COVID-Pandemie sprunghaft zunahmen (s. 2.1.1). Elena Ratschen et al. (2020) stellen fest, dass Haustiere eine wichtige seelische Stütze in dieser Zeit darstellen, und zwar unabhängig von der Tierart. Zugleich aber gelangen sie zu dem interessanten Befund, dass Halter:innen mit sehr enger Tier-Bindung eher eine Verschlechterung ihres Wohlbefindens während der Pandemie erfuhren.

Auch Aikaterini Merkouri et al. (2022) kommen zu dem Ergebnis, dass Personen mit einer starken Hundebindung depressiver und ängstlicher waren als die Vergleichsgruppe.[6] Die Studien lassen gleichwohl keinen Rückschluss darauf zu, ob die Tiere die Erkrankung auslösten oder erst in der Folge als Unterstützung und zur Bewältigung angeschafft wurden. Zusammenhänge zur konkreten Gestaltung der Beziehungen wurden in den genannten Untersuchungen nicht weiter eruiert.

Viele Publikationen führen hinsichtlich der Beweggründe für eine Tieranschaffung wiederholt auch den menschlichen Wunsch nach einer erleichterten *Kontaktaufnahme* zu anderen Menschen an (Mugford & M'Comisky 1975; Bergmann 1988; McNicholas et al. 2005; Künemund/Hahmann/Rackow 2017). Sind es bei Hunden die täglichen Spaziergänge, die die Gesprächsanbahnung erleichtern (s. hierzu insbes. Muster 2013), bieten Tiermessen und Tiervereine ebenso aber auch die sich rund um Tiere aufspannenden Dienstleistungen Möglichkeiten für humansoziale Interaktionen. Joachim Landkammer sieht, bezogen auf »den Hund«, eine »species-übergreifende Sozialeinheit eigener Geltung« (2017: 230) am Werk.

In ihrem Versuch einer gesellschaftsdiagnostischen Einordnung problematisiert Mütherich, dass sich in der Tierhaltung letztlich nicht nur Interessen, sondern ein menschliches Bedürfnis nach *Unterordnung* anderer Wesen Bahn breche. Ursächlich hierfür hält sie »das tiefenkulturelle Schema der dualistisch-hierarchisierenden Ordnungsstruktur« (Mütherich 2015: 57). Identitätsbildung erfordert demnach abgrenzende Handlungen – und somit auch Statuszuweisungen an Tiere.

2.1.5.2 *Liebe und Sorge*

Der internationale Forschungsstand verweist bereits seit langem auf einen Wandel des Status der ›pets‹, weg von den Tieren hin zu individuellen Familienmitgliedern (vgl. Fox & Gee 2016). Wiederholt stoßen Befragungen jedoch auf den Befund, dass Tiere Adressat:innen tiefer Zuneigung sind (Greenebaum 2004; Amiot/Bastian/Martens 2016; Laurent-Simpson 2017; Peterson & Engwall 2019). Im öffentlichen Diskurs dominiert die Deutung, dass Haustiere für ihre Halter:innen als Freund:in und Begleiter:in, vielfach aber auch als Partner:in- oder Kind-Ersatz fungieren. Damit ist implizit die Annahme (und teils auch explizite Kritik) verbunden, dass nicht ein konkretes Tier relevant ist, sondern mit der Tieranschaffung vielmehr ein *Liebesbedürfnis* gestillt werden soll. Mit Jean-Paul Sartre ließe

6 Auch Mueller/Gee/Bures (2018) identifizieren in einer Sekundärauswertung der »Health and Retirement Study (HRS)« von 2012 einen Zusammenhang von Tierhaltung und Depression.

sich zuspitzen, so Ronald Hitzler, dass sich der Mensch bestätigt fühlt, »wenn er sich mit einem Hof begrenzter Freiheiten umgibt (gemeint sind Wesen), die gezwungen sind, ihn so widerzuspiegeln, wie die Leibniz'schen Monaden Gott widerspiegeln« (Sartre 2005, 560, zit. nach Hitzler 2017: 257). Empirische Befunde zu dieser Problematisierung sind uns nicht begegnet. In den referierten Studien ist gleichwohl der Befund auffällig, dass Halter:innen den Tieren zuschreiben, sie bzw. den Menschen ›an sich‹ zu lieben: »›Animals Just Love You as You Are‹« (Charles 2014). Auch Ulrich Gebhard resümiert in seinen Analysen zu Kind-Natur-Beziehungen, dass Kinder die Liebe von Tieren als »bedingungslos« wahrnehmen (Gebhard 2013: 129).

Mit dem Bedürfnis, Liebe zu erfahren oder zuteilwerden zu lassen, sind häufig Praktiken des *Sorgens* verknüpft. Zwar bindet die Übernahme von Verantwortung für ein Tier erhebliche zeitliche und ökonomische Ressourcen, doch weisen zahlreiche Studien nach, dass Menschen es als sinnstiftend erfahren und bewerten, sich um ihre Tiere zu kümmern (s. als Überblick Herzog 2011). Bereits aus Studien zu humaner Sorgearbeit ist bekannt, dass Menschen – trotz aller Belastung – die Pflege von Angehörigen als erfüllend bewerten, da sie sich durch diese Arbeit als selbstwirksam erfahren (Senghaas-Knobloch 2008). Reproduktion, lange Zeit in strukturtheoretischer Perspektive als eine Sphäre der privaten, unentgeltlich geleisteten Haus- und Familienarbeit thematisiert, wurde als Produkt umfassender Leistungen und Praxis der Subjekte herausgestellt, die zur Erhaltung von Arbeits- und Lebenskraft beitragen (Jürgens 2006, 2010). Dass sorgende Praxen heute wieder rege thematisiert werden, ist dem Umstand geschuldet, dass Gesellschaften mit teils zerstörerischen Folgen des Klimawandels konfrontiert sind. Sorge wird in diesem Zusammenhang als essentieller Aspekt einer nachhaltigen Lebensweise diskutiert und im Sinne eines Sich-Kümmerns um die natürliche Umwelt verstanden. Diese Erweiterung ist den Arbeiten von Joan C. Tronto entlehnt, die Sorge als eine Praxis zur »Erhaltung von Menschen und ihrer nicht-menschlichen Umwelt« begreift (Tronto 1993: 103). Der Ansatz wurde in der feministischen Arbeits- und Geschlechterforschung und den Problematisierungen der Care- bzw. Reproduktionsfrage schon in den 1990er Jahren breit diskutiert. Heute greift María Puig de la Bellacasa (2017) diesen Faden auf und weist auf die vielschichtigen Facetten von Sorge hin. Diese definiert sie, wie schon Tronto, als einen Zustand, an dem Menschen, ebenso aber auch Tiere oder Pflanzen oder Boden ihren (je aktiven) Anteil haben.

Greifen die Sozialwissenschaften heute derart selbstverständlich einen Sorgebegriff auf, der die Hinwendung zur nicht-menschlichen Umwelt einbezieht, dann nehmen sie eine überfällige Dezentrierung des Menschen vor. Frühzeitig gab Helmuth Plessner (1975 [1928]) den Hinweis, dass stets die *Beziehungen* und *wechselseitigen Einflussnahmen* zu berücksichtigen sind (s. auch von Uexküll 1921;

vgl. für die aktuellere Debatte Lindemann 1999). Haraway verfolgt eine solche Perspektive, wenn sie mit dem Konzept der »artenübergreifenden Sympoiesis« darauf hinweist, dass sich nichts aus sich selbst heraus macht, sondern alles durch »Mit-Machen« entsteht. Auch in der Technikforschung ist eine solche Perspektive traditionsreich. Hier hat Simondon den Weg für eine *relationale Konzeption des Sozialen* geebnet, die bis heute auf die Sozialtheorie ausstrahlt, und die Tiere (und andere nicht-humane Entitäten) als aktiv hieran Beteiligte anerkennt (s. ausführlich 2.1.4 und 2.1.5). Wie diese wechselseitigen Einflussnahmen erfolgen, ist bislang, bezogen auf Haustiere, noch nicht vertiefend empirisch erforscht worden. Gugutzer und Holtermann (2017) sehen hier komplexe Konstruktionsleistungen und Prozesse der wechselseitigen *leiblichen Kommunikation* als bedeutsam. In diesen schreiben Menschen Tieren eine *»Du-Evidenz«* (s. bereits Geiger 1931; Teutsch 1975) zu; sie adressieren sie als soziale Akteur:innen und nehmen sie als Partner:innen und potenziell liebevolle Subjekte wahr.

Hitzler (2017) kommt mit Hinweis auf Thomas Luckmanns Konzept der Universalprojektion zu einem ähnlichen Schluss. Demnach können Menschen alles und alle zu einem Alter Ego machen, d.h. allem die Fähigkeit zuschreiben, ein:e sozial moralisch relevante:r Andere:r zu sein. Tiere, so lässt sich schlussfolgern, haben die Eigenschaft, »unser Leben einzufärben« (Gugutzer & Holtmann 2017: 258). Auch Gebhard konstatiert, dass sich Kinder nicht nur für Tiere als Spielgefährt:innen begeistern, sondern in ihrem Wunsch nach einem Tier auch ein Bedürfnis nach körperlicher Nähe zu Tieren zum Ausdruck kommt. Dabei spiele die nonverbale Kommunikation zwischen Tieren und Menschen eine besondere Rolle, die eine andere Intimität zulasse als rein humane Interaktionen (Gebhard 2013: 133 ff., s. auch 2.1.5.1). Die Zuneigung zu Tieren basiert insofern nicht nur, wie das Gros der Forschungsliteratur nahelegt, auf Zuschreibungen und Konstruktionen, sondern, dies ist für empirische Erkundungen zu berücksichtigen, auch auf der *Materialität* von Tier und Mensch. Bezogen auf Sorge hat Katharina Block (2020) einen solchen Zugang geebnet. Sie weist, angeregt durch die Arbeiten von Puig de la Bellacasa, auf Prozesse des »intra-touching« hin und definiert *Sorge als eine leiblich vermittelte Berührungsbeziehung*. Auch leibphänomenologische Zugänge können insofern dazu verhelfen, das Werden des Sozialen zu erschließen (als Überblick s. Wehrle 2023). Schließlich geben auch Befunde zur Soziologie der Paarbeziehung wichtige Hinweise darauf, welche Prozesse Phänomenen wie Zuneigung und Liebe zugrundliegen. Ein Paar konstituiert sich demnach weniger über einen Trauschein oder den gemeinsamen Wohnort, sondern über *geteilte Praktiken* und Arrangements, die ausgehend von *inkorporierten Gewohnheiten* etabliert werden (Kaufmann 1995 [1992]; s. auch Lenz 2009).

Zusammenfassend bleibt festzuhalten, dass noch weitgehend unbeantwortet ist, wie sich das einstellt, was Menschen als eine von Liebe und Zuneigung geprägte Gefährtenschaft mit ihrem Haustier beschreiben. Wie entsteht ein Zustand, in dem Menschen sich vom Tier so geliebt fühlen, ›wie sie sind‹? Der Forschungsstand legt nahe, hier von wechselseitigen Sorgepraxen auszugehen und Liebe, ebenso wie Sorge, als einen ko-konstituierten Zustand zu begreifen. Ob Tiere tatsächlich als Partner:in- oder Kindersatz dienen, lässt sich auf der Basis bisheriger Forschungen nicht einschätzen, zumal ein Gutteil der Tierhalter:innen in Partnerschaften lebt und/oder Kinder hat bzw. hatte (s. 2.1.1). Auch bleibt zu berücksichtigen, dass der kulturelle Kontext einflussreich bleibt. So wird z.B. in asiatischen Gesellschaften sowohl Tieren als auch Maschinen ein Bewusstsein zugeschrieben. Unabhängig davon, ob es sich um eine lebendige Katze oder einen Roboterhund handelt, gelten beide als ›beseelt‹ und werden gleichermaßen als Objekt wie Subjekt von Zuneigung wahrgenommen.

2.1.5.3 Mit der Welt in Verbindung treten: Natürlichkeit und Resonanz

In Reflexionen über Tier-Mensch-Beziehungen taucht wiederholt die Annahme auf, dass die Anschaffung von Tieren als Antwort auf gesellschaftliche Modernisierungsprozesse im Allgemeinen und den rasanten technischen Fortschritt im Besonderen zu verstehen ist. Ursächlich sei, so etwa Gebhard, eine gewachsene »Naturferne« (2013). Kotraschl (2017: 20, 62) identifiziert im Wunsch von Kindern nach Tieren eine *Sehnsucht nach dem Natürlichen*, die in einer technisierten Lebenswelt immer mehr an Bedeutung gewinne. Haustiere fungieren demnach als *Gegenpol zur Technisierung* des Haushalts und der sozialen Lebenswelt. Leicht sind solche Thematisierungen dem Vorwurf ausgesetzt, eine dualistische Denkweise zu reproduzieren, wenn der Mensch in Opposition bzw. Annäherung an »die Natur« diskutiert wird. Gleichwohl zeichnet insbesondere die Analysen zu den Effekten einer kapitalistischen, technisierten Gesellschaft traditionsgemäß aus, den Menschen als Naturwesen zu begreifen. Marx (1961 [1857/1858]) liefert in den »Grundrissen« eine umfassende Reflexion der Stellung des Menschen zu seiner natürlichen Umwelt, konzipiert ihn dabei aber nicht als ›außerhalb‹ stehend. Vielmehr betont er seine Konstitution als auch Naturwesen, die entsprechend zu Entfremdungserfahrungen in einer Arbeitswelt führt, die diese Anteile beschneide. In den Arbeiten der Kritischen Theorie setzte sich diese Auseinandersetzung in der Auseinandersetzung mit dem Verhältnis der Menschen zu seiner inneren und äußeren Natur fort (Horkheimer & Adorno 1996 [1969]: 188 ff.; vgl. auch Mütherich 2015 sowie Gutjahr & Sebastian 2013).

Hartmut Rosa folgt dieser Traditionslinie und geht (wenn auch sprachlich dualistisch angelegt) ebenfalls von einer »Achse hin zur Natur« (2016: 453 ff.) aus. Die menschliche Hinwendung »zur Natur« und auch zu Tieren deutet er als Teil des menschlichen Bedürfnisses nach *Resonanz*. »Resonanz« begreift Rosa als menschliche Urmotivation und definiert sie als eine Beziehung zwischen Körpern oder Objekten, zwischen denen »Schwingungen« stattfinden. Dabei handele es sich um mehr als eine bloße Wirkung aufeinander; vielmehr komme es zu einer Veränderung des Ausgangszustandes der Beteiligten. Die im Zuge resonanter Beziehungen entstehenden »Schwingungen« erzeugen *Responsivität und wechselseitige Transformation*, bedürften dafür aber spezifischer »Resonanzräume«, die sich rein instrumentellen Logiken entziehen. Prinzipien der Steigerung, Beherrschung und Kontrolle, wie sie für moderne, wachstumsorientierte Gesellschaften charakteristisch seien, konterkarierten hingegen Resonanzerfahrung. Folge sei eine wachsende Verbreitung »stummer« Weltbeziehungen. Der Einfluss von Emotionen wird damit nicht negiert, sie reichten gleichwohl, so Rosa, allein nicht aus, um Resonanz zu erleben. Vielmehr müsse der Mensch affiziert werden (2016: 296). Der Trend zum Haustier ließe sich somit als ein Versuch der, wie Rosa es formuliert, *Rückgewinnung der Weltbeziehung* deuten.

Die Annahme, dass der Mensch den Wunsch habe, mit der Welt verbunden zu sein, findet sich bereits in zahlreichen, auch den genannten Werken. Rosa wird indes weit konkreter und illustriert an einer reichen Bandbreite von Beispielen, unter welchen Bedingungen und zu welchen Anlässen Menschen Resonanzerfahrungen in dem von ihm konzipierten Sinne sammeln. Auch Tiere tauchen in diesen Beschreibungen auf. Ihre Attraktion besteht demnach, darauf haben bereits Gotthard Martin Teutsch (1975) und Rosi Braidotti (2014: 73) hingewiesen, in ihrer »Unverfügbarkeit« (Rosa 2019: 48 ff.). Das Tier erzeuge Resonanzerfahrungen durch den Umstand, dass der Mensch weiß, dass es sich ebenso gut auch widersetzen oder verweigern könnte, statt sich ihm zuzuwenden oder gar Berührung zuzulassen.[7] »Lebendige« Beziehungen sind daher für Rosa jene, die sich den genannten Logiken der Beherrschung und Kalkulierbarkeit widersetzten (2016: 55 f.). Die Effekte von Spiegelneuronen sind auch bei Rosa erwähnt, doch schränkt er deren Einfluss deutlich ein: Sie lieferten lediglich eine Basis für Resonanzphänomene, würden diese aber nicht erzeugen oder determinieren (2016: 255).

Hinweise auf die Ursachen dieser Verbundenheit geben evolutionstheoretische Erkenntnisse. Demnach ist davon auszugehen, dass sich Menschen stets an Tieren orientierten, weil sich aus deren Verhaltensweisen Rückschlüsse auf sichere Umgebungen, Nahrungsquellen oder auch Gefahren ziehen ließen (Engels 2015). Zugleich haben Tiere und Menschen etwas gemeinsam, was sich trotz fortschreitender Technisierung womöglich nicht vollumfassend alternativ kompen-

7 Rosa weiß durchaus um die Kapazitäten lernender Systeme und die Optionen der Programmierbarkeit des Erratischen. Letztere erzeuge jedoch keine Resonanz, weil der Mensch sein Wissen um die Manipulation nicht ausblenden könne.

sieren lässt: Tiere teilen mit den Menschen die Erfahrung ihrer Vergänglichkeit. Artefakte und Künstliche Intelligenz scheinen hingegen, zumindest in unserem Kulturkreis und in ihren bisherigen Erscheinungsformen, (noch) nicht in der Lage zu sein, sich hier als tragfähiger ›Ersatz‹ zu behaupten.

2.1.5.4 *Affizierungen, Leib und Körper*[8]

Neben Hinweisen auf hormonelle und neuronale Wirkungen von Tier-Mensch-Interaktionen werden vielfach auch Affekte als ursächlich für menschliche Kontaktaufnahmen zu Tieren angenommen. Vor allem sozialtheoretische Gegenwartsanalysen identifizieren ein tierliches Vermögen zur Affizierung als einflussreich; Tieren wird die Fähigkeit zugeschrieben, Gemütsregungen und Gefühle zu erzeugen, die das Wohlbefinden steigern oder Resonanz stiften (Rosa (2016: 230 ff., 279 ff.). Dass sich in den letzten zwei Dekaden ein reges Interesse an Affekten und Affizierungen sowie eine Auseinandersetzung über erkenntnisreiche Zugänge entwickelt haben, dürfte einer langwährenden Gefühls- und Körpervergessenheit von (auch soziologischer) Forschung zuzurechnen sein. Erst in jüngerer Zeit wurde ein *affective turn* (Clough 2007) eingeläutet, mit dem sich umfassender die »Verschränkungen« (Barad 2012 [2007]) zwischen Bereichen und Entitäten auskundschaften lassen, die das Soziale auszeichnen (s. 2.1.3).

Mit mehr oder minder explizitem Bezug auf die Arbeiten von Gilles Deleuze versammeln sich inzwischen unter dem Titel »*more-than-human*« (s. Whatmore 2002, 2006), wie bereits erwähnt, Ansätze, die Klassifikation ablehnen und Prozesse des Werdens und der wechselseitigen Transformation betonen (z.B. Delitz 2010; Delitz/Nungesser/Seyfert 2018; Seyfert 2019). Der Mensch gilt entsprechend nicht mehr als separate Entität, sondern »als Teil eines größeren Gesamtzusammenhanges« (Steiner et al. 2022: 14). Natur (Callon 2006), Dinge (Latour 2001 [1999]), Materie (Bennett 2020 [2010]), ebenso aber auch Technik und Tiere (Haraway 1995, 2003, 2008) werden nicht (mehr) als passive Objekte aufgefasst, sondern als ebenfalls aktive Entitäten, die mit Handlungsträgerschaft (s. 2.1.4.), ebenso aber auch mit einem *Vermögen zur Affizierung* ausgestattet sind. Die skizzierte Perspektiverweiterung erweist sich als fruchtbar, weil sich mit ihr die Verbindungen und Vermengungen zwischen menschlichen und nicht-menschlichen Wesen erkennen lassen. Auch in empirischen Zugängen dokumentieren sich solche Akzentsetzungen. Erwartungsgemäß finden sich auch hier erneut Einsichten bei Haraway (2003). Wenn sie die Trainingsbeziehung zwischen Hund und

8 In diesem Abschnitt finden sich Ausführungen, die bereits in einem Beitrag für die Zeitschrift für Theoretische Soziologie (ZTS) präsentiert wurden (Mönkeberg/Jürgens/Kurth 2024).

Mensch beschreibt, charakterisiert sie diese ebenfalls mit Rekurs auf Affekte und Emotionen und spricht von »love« (ebd.: 50) oder auch »sheer joy« (ebd.: 62).

Affizierungen in Tier-Mensch-Interaktionen haben eine *leibliche Komponente*.[9] Barbara Smuts identifiziert eine »*Embodied Communication*« (2007), die auch bei Gugutzer und Holtermann (2017) in einer leibphänomenologischen Analyse des Dackelblicks aufscheint. In ihrer Studie zu Interaktionen und Beziehungen von Menschen und Pferden hat Vinciane Despret (2004) auf den Stellenwert von *Körperlichkeit* hingewiesen. Auch Jamie Lorimer plädiert dafür, den menschlichen Körper in seiner physiologischen und phänomenologischen Beschaffenheit zu berücksichtigen. In seinen Studien über Wachtelkönig:innen diagnostiziert er ein »Nonhuman Charisma« und kommt zu dem Befund, dass der Körper eine Reihe an Filtermechanismen in Gang setzt, »that disproportionately endow certain species with ecological charisma« (Lorimer 2007: 916). In der deutschsprachigen Soziologie haben diverse (leib-)phänomenologische Forschungen Lorimers Forderungen längst Rechnung getragen (z.B. Hitzler 2017). In ontologischen Affektkonzeptionen sind zudem mit dem Begriff »Körper« nicht mehr nur menschliche oder tierliche Körper gemeint, sondern auch nicht-biologische und leblose Dinge einbezogen (vgl. von Scheve & Berg 2018: 32).

Umfassende empirische Erhebungen zu leiblicher Kommunikation mit Tieren hat Robert Pütz vorgelegt, der Interaktionen zwischen Erwachsenen oder Kindern und Pferden untersucht. Auch Pütz folgt in seinen Forschungen dem Impuls von Haraway und fragt nach dem Zustandekommen von »Companionability« (Pütz 2021: 590). Prozesse des »Becoming with« rekonstruiert er in seiner Studie zum »Mustang Makeover«, in dem US-amerikanische Wildpferde zu privat gehaltenen Reitpferden ›gemacht‹ werden. Fähigkeiten von Pferden zur Interaktion mit Menschen sind nach Pütz nicht einfach gegeben, sondern als produziert zu begreifen. Die Pferde müssten erst lernen »to be affected by human beings« (Pütz 2021: 593); companionability erweise sich somit als Ergebnis eines »reshaping the horse's body, modifying its dispositions, and altering its environmental needs« (Pütz 2021: 590). Den Spezies können daher nach Pütz nicht schlicht affektive Eigenschaften unterstellt werden; vielmehr erweise sich leibliche Kommunikation als Voraussetzung von Tier-Mensch-Beziehungen. Robert Seyfert führt den Begriff des »*Affektifs*« (Seyfert 2011: 79, 2019: 126) ein, um auf eine solche notwendige Produktion von *Affektkompatibilitäten* zwischen Körpern hinzuweisen. Er geht davon aus, dass es kulturell und historisch variante Techniken gibt, »um die Affektfähigkeit, die Rezeptivität der Körper zu trainieren« (Seyfert 2019: 128).

9 Mit dem Begriff »Leib« sind Facetten des Spürens und Fühlens betont; »Körper« versammelt physisch-biologische Aspekte und wird als Gegenstand kultureller Formbarkeit bewertet (s. z.B. Gugutzer 2002, 2012). Helmuth Plessner (1975 [1928]) identifizierte eine Dualität von »Leibsein« und »Körperhaben«.

Verknüpft man die Einsichten aus den skizzierten affekttheoretischen Arbeiten mit Befunden der empirischen Tier-Mensch-Forschung, lassen sich somit Hinweise darauf gewinnen, was Affizierungen auszeichnet und inwiefern diese mit Aspekten der (Leib-)Körperlichkeit verwoben sind. Beweggründe für ein Leben mit Tieren können insofern auch in Zusammenhang zu einem solchen wechselseitigen Affizierungsgeschehen stehen. Auffällig ist gleichwohl, dass in den referierten Studien ebenso wie in der Vielzahl von Publikationen, die Tier-Mensch-Beziehungen unter der Perspektive auf Affekte reflektieren, stets von per se affizierten Beziehungen ausgegangen wird. Damit bleibt jedoch weiterhin klärungsbedürftig, ob und inwiefern Affizierungen überhaupt bedeutsam sind für die Konstitution von Tier-Mensch-Beziehungen bzw. Gefährtenschaft.

Die hier zu vier Clustern gebündelten Erklärungsansätze sind bislang größtenteils nicht empirisch untermauert worden. Viele der referierten Publikationen zielen auf eine Klärung vor allem des theoretischen Status von Tieren (oder Dingen). Aus der Zusammenschau der verschiedenen Zugänge und Einsichten lassen sich gleichwohl instruktive Hinweise auf mögliche Beweggründe für ein Leben mit Tieren generieren. Weitgehend offen bleibt indes, wie dieses Zusammenleben abläuft, und auf welche Weise sich hieraus Gefährtenbeziehungen zwischen den Spezies entwickeln. Die Forschungsdiskurse veranlassen dazu, zweierlei anzunehmen: Zum einen dürften die skizzierten Beweggründe und Motivkomplexe der Halter:innen einen Erwartungshorizont abstecken und insofern eine ›Fallhöhe‹ von Tier-Mensch-Beziehungen markieren. Zum anderen muss davon ausgegangen werden, dass nicht nur Halter:innen, sondern auch Tiere einen entscheidenden Beitrag zur konkreten Ausgestaltung des Zusammenlebens leisten.

2.1.6 Haustierbezogene Dienstleistungen

Bereits im 19. Jahrhundert gab es Tierfriedhöfe (Meitzler 2019), auf denen Menschen um Tiere trauerten. Auch ist bekannt, dass Tiere und Menschen schon in früheren Epochen auf engstem Raum zusammenlebten und sich körperlich nah waren. Auch wenn sich insofern Parallelen zur heutigen Tierhaltung zeigen, hat sich der Umgang doch verändert. Noch bis Mitte des letzten Jahrhunderts war die Vielfalt an Arten, die als Haustiere gehalten wurden, deutlich geringer; auch wurden Tiere vielfach überwiegend außer Haus einquartiert und mit Speiseresten versorgt. Inzwischen bieten diverse Firmen eine bunte Palette an Tiernahrung an, und zahlreiche Dienstleistungsberufe sind mit der Erziehung, Pflege, Betreuung oder dem Wohlbefinden von Tieren befasst. Von der Hundeschule, über die Pferdepension bis hin zum Katzenhospiz ist der gesamte Lebenslauf kommerzialisiert. Häufig stehen nicht nur die Tiere, sondern auch (oder gar primär) die Halter:innen im Fokus der Angebote.

Dass die gewachsene Zuneigung zum Tier und Praktiken ihrer *Individualisierung und Anthropomorphisierung* die Verbreitung von Beratungs- und Unterstützungsangeboten beschleunigt haben, ist kaum verwunderlich. Seitdem Haustiere als Äquivalent zu Freund:innen, Partner:in oder Kind bewertet und behandelt werden, zieht dieser veränderte Status auch eine ganze Reihe von (teils nur vermeintlich) erforderlichen Dienstleistungen nach sich. Das Spektrum hat insofern längst die zur Existenzsicherung notwendige medizinische Versorgung oder Futterherstellung überschritten. Viele der für Menschen zugänglichen Dienstleistungen werden inzwischen auch für Tiere angeboten, wie etwa Coaching, Heilpraktik oder Osteopathie. Das Tier soll die bestmögliche ›Ausbildung‹, Förderung, Gesundheitsversorgung usw. erhalten (Brockman/Taylor/Brockman 2008). Auch Pütz weist darauf hin, dass erst der veränderte Status der Tiere und deren Fähigkeit, zu Gefährt:innen zu werden, ihre *Kommodifizierung als Haustiere* ermöglichte. Er spricht daher, wie oben erläutert (1.5.4), von einer mehr oder minder gezielten Herstellung ihrer »*companionability*« (Pütz 2021: 586). Am Beispiel der von ihm untersuchten Mustang-Shows wird deutlich, wie (und durch wen) die Körper der eingefangenen Pferde, ihre sozialen und ökologischen Grundbedürfnisse sowie ihre Wesen so bearbeitet werden, dass daraus eine vermarktungsfähige und zudem hochattraktive Ware wird. Ob derlei Versuche, Tiere derart auf eine Gefährtenschaft hin zuzurichten, über den Kauf hinaus erfolgreich sind, bleibt bei Pütz offen. Klärungsbedürftig scheint uns folglich, wie sich nach dem Erwerb eines Tieres jene Beziehungsqualität einstellt, die die Käuferseite offenkundig so sehr ersehnt.

Bezogen auf den Konsum von Gütern für das Tier ist festzustellen, dass dieser stark emotional geprägt ist (Vänskä 2016) und das eigene Wohlbefinden der Halter:innen steigert (White et al. 2022). Der Konsum für das Tier erfüllt zudem für die Halter:innen den Zweck, auch den eigenen Status zu repräsentieren (Tesfom & Birch 2010). Tierbezogener Güterkonsum ist daher auch als mehrdimensionaler Ko-Konsum mit dem Tier zu verstehen (Kylkilahti et al. 2016). Die Forschungsaktivitäten sind entsprechend rege. Neben den psychologischen sind auch viele ökonomische Aspekte der Warenproduktion und -konsumption des Marktes für Haustierbedarf im internationalen Kontext bereits grundständig erforscht worden (vgl. Chen/Hung/Peng 2012; Zhang/Cao/Lin 2022; Priya & Nandhini 2019).

In Deutschland wurde das Feld der »animal services« bislang fast ausschließlich seitens der Wirtschaftswissenschaften erkundet. So haben etwa Julia Rötzmeier-Keuper, Jennifer Hendricks, Nancy V. Wünderlich und Gertrud Schmitz (2018) Interviews mit Anbieter:innen und Halter:innen geführt und auf dieser Basis eine Typisierung von *Dienstleistungstriaden* vorgenommen. Die Untersuchung ist insofern wegbereitend, als sie aufzeigt, was diesen Bereich des Konsums von anderen unterscheidet, und welche Konflikte sich im Vollzug der Dienstleistung ergeben können. Instruktiv ist dabei der Ansatz, eine Perspektive auf die Triaden aus Dienstleister:innen, Halter:innen und Tieren einzunehmen. Möglich werden dadurch Kontrastierungen: Die Autor:innen unterscheiden »harmonic«, »dysfunctional«, »challenging« und »doubtful triads« (ebd.: 298 ff.). Zwar hat die Projektgruppe keine realen Triaden erhoben, doch gelingt es aufzuzeigen, dass die je dyadischen Beziehungen den Erfolg des Dienstleistungsangebots beeinflussen. Die Funktionsweise der Triade wird indes, wie auch in anderen Studien (s. 1.4.2), nicht vertiefend untersucht.

Um dieser nachzugehen, bieten sich Anknüpfungspunkte an klassische soziologische Fragen nach den Effekten von *»Dritten«* (bereits Simmel 1992 [1908]: 63 ff.; Fischer 2010) und ihrer Bedeutung als Ressource von Ordnungsbildung oder »soziales Schmiermittel« (Mugford & M'Comisky 1975; Bergmann 1988; Landkammer 2017). Mit Gesa Lindemann (2014) lässt sich der Frage nach den Charakteristika der jeweiligen Entitäten (s. 1.5) folgen und davon ausgehen, dass erst die reflexive Struktur triadischer Konstellationen eine Orientierung an kulturellen Deutungsmustern ermöglicht, die eine konkrete Situation übergreifen und historisch variabel festlegen, wie und als was Entitäten anerkannt und identifiziert werden (ebd.: 119 ff.). An der Triade aus Tier, Halter:in und Dienstleister:in könnte die Soziologie deshalb *Vorgänge der Klassifikation von Tieren in den Beziehungen und Relationen* zwischen Tieren und Menschen *selbst* in den Blick nehmen. Denn die Dienstleister:innen scheinen uns mehr als nur schlichte Dritte zu sein. Ausgehend von Lindemann oder Haraway ist vielmehr anzunehmen, dass sie – wie auch Artefakte – *Bot:innen und Übersetzer:innen wissenschaftlicher Deutungen* sind (s. auch Fischer 2010). Zudem lässt sich mit Joachim Fischer (2010: 145 ff.) schlussfolgern, dass sie Verbündete oder Gegner:innen in der Ausgestaltung von Gefährtenbeziehungen sein können. Sie können unbeschwerte lebendige wechselseitige Erfahrung möglich machen, ebenso aber *Normierungen* in die Beziehung hineintragen, indem sie Standards für Umgangsweisen miteinander definieren und Verhaltensregeln vorgeben.

Hinsichtlich der Analyse dienstleistungsorientierter Triaden ist der arbeitssoziologische Forschungsstand zu personenbezogenen Dienstleistungen instruktiv, der die Besonderheiten der sie auszeichnenden Interaktionen aufzeigt (s. als Übersicht Dunkel & Weihrich 2018) und dafür sensibilisiert, die Beiträge aller hieran Beteiligten zu berücksichtigen (s. bereits Strauss 1968). Spätestens seit den Arbeiten von Arlie Russell Hochschild (1983) ist der Weg bereitet, die Anforderungen an und Beanspruchungen von Dienstleister:innen umfassender auszuleuchten und empirische Erhebungen angemessen subjektorientiert anzulegen. Gleichwohl ist, diese Einschränkung muss auch hier genannt werden, Skepsis geboten, dass Triaden, die mit Tieren ›andere‹ lebendige Wesen umfassen, gänzlich den Logiken humaner Dienstleistungssettings folgen. Zwar zeichnen sich letztere ebenfalls durch nicht-sprachliche, (leib-)körperliche Kommunikationen aus, doch lassen sich, wie wir zeigen werden, die auf Menschen bezogene Erfahrungen, Alltagsverständnisse und Erklärungsansätze im Arbeitsvollzug nicht durchgängig übertragen.

Zusammenfassend halten wir fest, dass in der soziologischen Erkundung triadischer, speziesübergreifender Figurationen mindestens drei Dynamiken begegnen: Erstens ist davon auszugehen, dass Eigenschaften und Eigenwilligkeit der Tiere nicht immer mit den Routinen menschlicher *Lebensführung*[10] kompatibel sind und professionelle Expertise erforderlich wird, um das Zusammenleben von Tier und Mensch zu unterstützen. Zweitens nehmen wir an, dass Dienstleistungen in triadischen Konstellationen durch tier- und humanbezogenen *Adressierungen und Leitbilder* beeinflusst sind. Schließlich ist drittens anzunehmen, dass *wissenschaftliche Erkenntnisse* und Diskurse die Deutungs- und Gestaltungsweisen der jeweiligen Beziehungen prägen. Damit ist Anlass dafür gegeben, Dienstleistungsaktivitäten hinsichtlich ihres Effekts auf human-animale Gefährtenschaft zu untersuchen.

2.2 Untersuchungsperspektive: Hypothesen, Fragen und methodologische Prämissen

Wenn Millionen von Menschen ein Tier (häufig mehrere und unterschiedliche Arten) halten und dies als Zielvorstellung für ihr zukünftige Lebensgestaltung verfolgen, dann liegt hier ein Phänomen von gesellschaftlicher Tragweite vor. Der Rekurs auf den Forschungsstand hat gezeigt, dass inzwischen umfassende Datenerhebungen zur Verbreitung von Haustieren, die anhängigen Märkte und neurobiologische Effekte der Tierhaltung stattgefunden haben. Die referierten repräsentativen Studien dokumentieren darüber hinaus, dass es sich bei der Expansion der Haustierhaltung um einen stabilen Trend handelt und sich der Haustier- ebenso wie der anhängige Konsummarkt als vergleichsweise unabhängig von ökonomischen Krisenlagen erweist. Weitgehend ungeklärt ist indes die Frage, wie sich das konkrete Zusammenleben der Spezies gestaltet. Es liegen zahlrei-

10 Den Begriff »Lebensführung« beziehen wir auf eine sowohl Alltags- als Lebenslaufperspektive, in der Menschen ihr Leben (mehr oder minder bewusst) gestalten. Sozialisatorische Effekte und strukturelle Abhängigkeiten sind damit nicht negiert, doch akzentuieren wir in der Traditionslinie der »subjektorientierten Soziologie« (s. als Überblick Voß 1991) eine aktive Gestaltungsleistung der Person (s. ausführlich Jürgens 2006: 144 ff.).

che Analysen zu Einzelaspekten vor, die wir in diesem Bericht nicht vollumfänglich darstellen konnten, die aber das Merkmal eint, dass sie sich auf bestimmte Tierarten fokussieren und den Status von Tieren bereits voraussetzen.

In Anbetracht der skizzierten Forschungsdesiderata wird zurecht beklagt, dass die Soziologie allzu große Zurückhaltung an den Tag legt, wenn es um Tiere geht. Dass diese zum Gegenstandsbereich der Disziplin zählen, ist inzwischen jedoch längst geklärt. Die eingeschlagenen Querbezüge zu allgemeineren theoretisch-konzeptionellen Arbeiten der Disziplin zeigen, dass aus der Soziologie heraus fruchtbare Anknüpfungspunkte bestehen, um ein tragfähiges Forschungsdesign für eine empirische Erhebung zu entwerfen. Bevor wir die Erhebungs- und Auswertungsmethodik unserer Studie präsentieren (2.3), wollen wir an dieser Stelle daher zunächst kurz bündeln, welche Schlussfolgerungen und Fragen sich aus den identifizierten Desiderata ergeben, und welche *Prämissen für die (Haus-)Tier-Mensch-Forschung* festzuhalten sind:

- Tiere können ›als Andere‹, gleich Partner:innen und Freund:innen, bedeutsam für die Bildung menschlicher Identität werden; sie können für Menschen zu *Gefährt:innen* werden, die in ihrer Eigen- und Fremdartigkeit und damit in ihrer Differenz zum Menschlichen anerkannt sind (vgl. Haraway 2003: 7 f.). Wie und warum Tiere diesen *Status* erlangen, und was diese konkreten Beziehungen auszeichnet, ist bislang noch weitgehend unklar. Halter:innen sollten daher idealiter über einen möglichst langen Zeitraum hinweg begleitet werden, um Motive der Tieranschaffung ebenso wie die konkreten Umgangsweisen mit Tieren im Beziehungsverlauf zu ergründen.
- Im Rekurs auf den Forschungsstand ist unübersehbar, dass viele Studien lebensweltlichen *Klassifikationen* von Tieren folgen, mit denen die wissenschaftliche Forschung Tiere entlang der ihnen von Menschen zugeschrieben Funktionen ordnet. Der in der Einleitung erwähnte Kater Larry ist jedoch Beispiel für einen Grenzgänger zwischen solchen Klassifikationen. Derartige Einteilungen sind hilfreich, da sie ein Sortierungsraster anbieten. Sie verfestigen jedoch gängige Stereotype und bringen letztlich die Kulturbezogenheit menschlichen Handelns zum Ausdruck: Je nach historischer Epoche und Lebensort sind manche Tiere, wie etwa Hunde, liebste Gefährten – oder sie landen als Fleisch auf dem Teller. Die Frage, wann und warum welches Tier überhaupt ein Haustier ist, bleibt damit indes noch immer unbeantwortet. Was also muss passieren, damit Larry (oder ein anderes Tier) vom Nutz- oder Assistenztier zum Haustier wird? Statt im Feldzugang derlei Klassifikationen zu reproduzieren, gilt es, den *Klassifikationen der Halter:innen selbst* nachzugehen und zu eruieren, welches *Verständnis* sie von Tieren (und sich selbst) haben.

- Es ist davon auszugehen, dass subjektive *Tierbilder* ebenso wie praktische Bezugnahmen auf Tiere von *Diskursen* beeinflusst sind. Bislang wurde kaum thematisiert, inwiefern sich Forschungsergebnisse durch ihre Verbreitung in öffentlichen Diskursen in der konkreten Ausgestaltung der Gefährtenbeziehung niederschlagen und die Konstitution des Gefährtenstatus von Tieren prägen. Dies erstaunt angesichts des Tatbestands, dass der Begriff »companion animal« in den USA der 1970er Jahre im Kontext (tier-)medizinischer und psychosozialer Arbeiten entstanden ist und sich erst von dort ausgehend gesellschaftlich verbreitet hat (Haraway 2003: 12 ff.). Er kategorisiert jedoch Tiere und normiert menschliche Bezugsweisen auf sie und Umgangsweisen mit ihnen. Forschung zur Haustierhaltung sollte daher solchen Übersetzungen und Einflüssen wissenschaftlicher Expertise nachgehen.
- Statt einen Zustand einer Haustier-Mensch-Beziehung anzunehmen, ist diese als *dynamisch* zu begreifen. Die tierlichen Gefährt:innen sind als solche nicht unmittelbar ›da‹, sondern vielmehr ist von einem *Prozess* auszugehen, in dem erst das entsteht, was viele Menschen mit der Tieranschaffung anstreben: eine innige Beziehung zu einer anderen, aufgrund ihrer ›Andersartigkeit‹ geschätzten Spezies, eine Gefährtenschaft. Diese kann jedoch verlustig gehen. Es ist also zu vermeiden, allzu vorschnell von einer Beschreibung von Tieren als Familienmitglieder auf eine Dezentrierung der Tier-Mensch-Grenze zu schließen. Denn wie bereits Irvine und Cilia (2017: 8) feststellten, erlaubt die kulturelle Ambivalenz gegenüber Haustieren sowohl deren Erhebung in den Personenstatus als auch die Abgabe in ein Tierheim. Speziesübergreifende Gefährtenbeziehungen sind insofern als *Seinsweise*, dabei aber immer auch, wie bereits Haraway (2008) reklamierte, in ihrem *Werden* zu untersuchen.
- Es ist davon auszugehen, dass dieses Werden von Gefährtenschaft eine *aktive Leistung* voraussetzt – und zwar sowohl der Halter:innen als auch der Tiere. Es sind daher nicht die jeweiligen Akteur:innen je für sich zu untersuchen, sondern ihre wechselseitigen Beeinflussungen und *Relationen* zu erheben. Gefährtenschaft ist folglich als *ko-konstituiert* zu begreifen und mittels Beobachtung oder Befragung sind jene Aktivitäten zu identifizieren, die den jeweiligen *Modus Operandi der Gefährtenbeziehung* auszeichnen.
- Forschung zur Haustierhaltung sollte dabei stets *tierartübergreifend* ansetzen. In diesem Zusammenhang ist danach zu fragen, inwiefern die jeweilige Tierart aus kulturellen Traditionen heraus als Gefährt:in gilt, oder ob und inwiefern sich die konkrete *Materialität* eines Tieres als einflussreich erweist. Folgt man mit Rosa (2016) der Annahme, dass sich Menschen von Tieren *affizieren* lassen und dadurch Resonanzerfahrung ihr Wohlbefinden verbessern, bleibt noch immer klärungsbedürftig, unter welchen *Bedingungen* dies überhaupt möglich ist. Der *Kontext* ist insofern als wirkmächtig anzunehmen.

- Zu berücksichtigen sind nicht nur die positiven Facetten der Haustierhaltung und die Gelingensbedingungen von Gefährtenschaft, sondern auch die *Stresspotenziale* im Zusammenleben mit Tieren müssen erhoben und in ihren Effekten eingeschätzt werden. Es sind folglich differenziertere Perspektiven auf auch die Belastungspotentiale der privaten Tierhaltung einzunehmen, die in der Forschung nahezu ausgeklammert scheinen.[11]
- Hieran anschließend ist zu berücksichtigen, dass auch die vielen *Dienstleistungen*, die die Tierhaltung umspannen und zu unterstützen versprechen, Einfluss auf die Tierbilder und Umgangsweisen mit Tieren nehmen. Dienstleister:innen transportieren wissenschaftliche Befunde, sie verfolgen jedoch darüber hinaus eigene, seien es z.B. ökonomische, politische oder tierethische Interessen mit ihrem Angebot und vermitteln in den Interaktionen ihr eigenes *Wissen*. Die fortschreitende Expertisierung und Professionalisierung in diesem Sektor tragen zudem dazu bei, die Haustierhaltung zu einem voraussetzungsvollen Projekt werden zu lassen, das ohne spezifische Kompetenzen nicht mehr zu bewerkstelligen ist.
- Als einflussreich sind auch *Artefakte* einzuschätzen, mit denen Tiere verwöhnt, ebenso aber auch gesteuert und kontrolliert werden. Eine kontrastierende Untersuchung von Tieren, Menschen und Artefakten kann daher dazu verhelfen, Tiere nicht auf den Status von Dingen zu reduzieren oder humansoziale Konzepte auf sie zu übertragen. Stattdessen ließe sich der Prozess dieser Zuschreibungen in den Relationen selbst in den Blick nehmen und ein *speziessensibles Agency-Konzept* entwerfen.
- Zu fragen ist folglich, inwiefern Dynamiken der Expertisierung und Artefakte letztlich eine *Verdinglichung* und *Entfremdung* von Tieren befördern. Einerseits stehen Befunde und Reflexionen im Raum, die auf ein an Tiere gekoppeltes Bedürfnis nach ›unverfälschter‹ Naturerfahrung hinweisen, andererseits können Tiere dieses nur bedingt erfüllen und werden vielfach erst hierauf hin zugerichtet. Die an Tiere geknüpften Erwartungen einer naturnahen und lebendigen Interaktion könnten insofern durch die Expertisierung und Professionalisierung gestillt werden – oder aber ins Leere laufen. Statt Resonanzbedürfnisse zu stillen, könnten sie, um mit Rosa zu sprechen, die Responsivität der Tiere und Tier-Mensch-Beziehung ›tot‹ stellen. Wie Menschen die dressierten und manipulierten und damit nicht mehr natürlichen, sondern nun

11 Die wenigen Ausnahmen hiervon (z.B. Ryan & Ziebland 2015; Amiot et al. 2016; Blouin 2012) problematisieren daher, dass negative oder Null-Effekte fast völlig aus dem Blick geraten, und auch die moderierenden Faktoren ebenso wie der kulturelle Kontext nicht angemessen berücksichtigt werden (vgl. Amiot & Bastian 2014). Auch Hitzler (2017: 259) verweist darauf, dass die Präsenz des Hundes nicht nur Probleme löse, sondern auch erzeuge.

»verfügbaren« Tiere wahrnehmen, bleibt daher eine virulente Forschungsfrage.

- Schließlich treten mit Dienstleister:innen und Artefakten *Dritte* auf den Plan, die in Untersuchungen von Gefährtenbeziehungen zu berücksichtigen sind. Es entstehen *triadische Settings*, die in mindestens zweierlei Hinsicht aufschlussreich sind: Zum einen ergeben sich Möglichkeiten, Effekte zu erheben, die sich ergeben, wenn sich jeweils Artefakte oder dienstleistende Personen auf den Platz ›des Dritten‹ schieben. Zum anderen liegen mit diesen Konstellationen Mischungen lebendiger und artifizieller Handlungseinheiten vor, die sich auf diese Merkmale hin kontrastieren lassen, und in denen die Eigenarten und Wesensmerkmale der beteiligten Entitäten leicht zu erkennen sein dürften.

2.3 Methodisches Vorgehen

Die qualitative Sozialforschung verfügt über gut erprobte Methoden, um humansoziale Beziehungen zu erkunden. Zeigt sich die Soziologie indes neuerdings dafür offen, andere Spezies (oder auch Dinge) nicht nur in ihr Verständnis von Gesellschaft, sondern auch in ihre empirischen Erhebungen und Analysen aufzunehmen, sind neue Vorzeichen gesetzt. Forschende stoßen, als Menschen, an Grenzen, wenn sie Tier-Mensch-Beziehungen erkunden wollen, da ihnen bewährte Vorgehensweisen für die Beobachtung von Tieren und für die Nachvollziehbarkeit tierlicher Verhaltensweisen fehlen. Bereits im Kontext der COVID-Pandemie, als sich die Forschungsaktivitäten im Themenfeld verstärkten, nahm die Kritik an unzulänglichen anthropozentrischen Fokussierungen an Fahrt auf (Tallberg et al. 2020). Wie solchen Herausforderungen methodisch begegnet werden kann, scheint gleichwohl noch immer nicht abschließend geklärt zu sein (vgl. bereits Roscher 2020). Die Human-Animal Studies verweisen daher bereits seit langem auf den Ertrag eines interdisziplinären Austausches (vgl. auch Kompatscher/Spannring/Schachinger 2017: 201 ff.; York & Longo 2017).

Diesen Einsichten folgend startete die hier präsentierte Studie mit *sechs Fachgesprächen* mit Expert:innen, die uns für das Forschungsfeld sensibilisierten. Dadurch erhielten wir Einblicke in die Befunde der Ethologie, der Tierethik und der Psychologie, aus denen sich Hinweise für eine soziologische Untersuchung von Tier-Mensch-Beziehungen destillieren ließen. Gleichwohl galt es zu berücksichtigen, darauf hat bereits Kenneth Shapiro (2020: 802) hingewiesen, dass es sich bei Haustier-Mensch-Beziehungen um komplexe Produkte vorwiegend humaner Konstruktionen handelt. Schon im Rekurs auf den Forschungsstand (2.1) war ersichtlich geworden, dass, nimmt man eine relationale Sicht auf Tier-Mensch-Beziehungen ein, von wechselseitigen Transformationsprozessen auszugehen ist. Auch die Human-Animal Studies fordern eine solche Perspektive ein und betonen, so auch Shapiro, dass Haustier-Mensch-Beziehungen stets von den konkreten Tieren mitkonstruiert werden. Hierfür sensibilisiert, scheint es uns gleichwohl möglich, Interspeziesinteraktionen systematisch zu erfassen und Transformationen von Menschen und Tieren in diesen Beziehungen strukturiert zu beobachten. Als forschende Soziolog:innen bleiben wir, diesen Vorüberlegungen und Vorarbeiten zum Trotz, letztlich Expert:innen für das Humansoziale. Wir können gleichwohl, hier lässt sich von Simmel (1992 [1908]: 722 ff.) lernen, eine die eigenen Sinne aktivierende Vorgehensweise ergreifen, die anzuraten ist, sofern auch materielle Aspekte von Beziehungen berücksichtigt werden sollen. Vor allem aber, dies scheint uns entscheidend zu sein, überschätzen wir nicht den Ertrag unserer Studie: Wir wollen nicht erklären, was Tiere warum tun oder wie etwas auf sie wirkt. Ziel ist es vielmehr, *menschliche* Bezugnahmen auf Tiere zu erhellen; im Fokus stehen Beziehungen, die von Tieren *und* Menschen ko-konstituiert werden.

Im Folgenden stellen wir zunächst vor, wie wir die Erhebung unserer Studie angelegt haben (2.3.1), um anschließend das Sample der Untersuchung (2.3.2) und die Methodik der Datenauswertung (2.3.3) zu präsentieren.

2.3.1 Erhebungsmethodik

In der Vorstellung der Untersuchungsperspektive (2.2) wurde bereits ausführlich begründet, welchen Fragen in der Studie nachgegangen werden soll. Da die Datenlage zur Haustierhaltung in Deutschland bislang ›dünn‹ ist und (auch international) wenige empirische soziologische Untersuchungen vorliegen, bot sich für die Erkundung eine qualitative Erhebung an. Das methodische Design wurde hierfür an zentralen Prämissen der Grounded Theory (Glaser & Strauss, 1998 [1967]) orientiert und der Forschungsprozess zirkulär angelegt. Auf diese Weise ließ sich im Verlauf der Studie angemessen flexibel auf Impulse aus dem untersuchten Feld oder erste Auswertungsergebnisse reagieren und das methodische Design bedarfsgerecht anpassen. Mit dem Fokus auf die Haustierhaltung waren primär Tiere sowie Menschen, die Tiere halten, in unsere Studie involviert. Darüber hinaus haben wir jedoch auch Dienstleister:innen in die Erhebung einbezogen, um deren Einfluss auf die Tierbilder von Halter:innen und die konkrete Ausgestaltung der Interspeziesbeziehungen zu erkunden. Daraus ergab sich eine *triadische Konzeption* der Untersuchung, die nach wechselseitigen Einflussnahmen zwischen *Tieren*, *Halter:innen* und *Dienstleister:innen* fragt.

In Anbetracht eines Untersuchungssettings mit unterschiedlichen Spezies und wechselnden nicht-/kommerziellen Kontexten entschieden wir uns für ei-

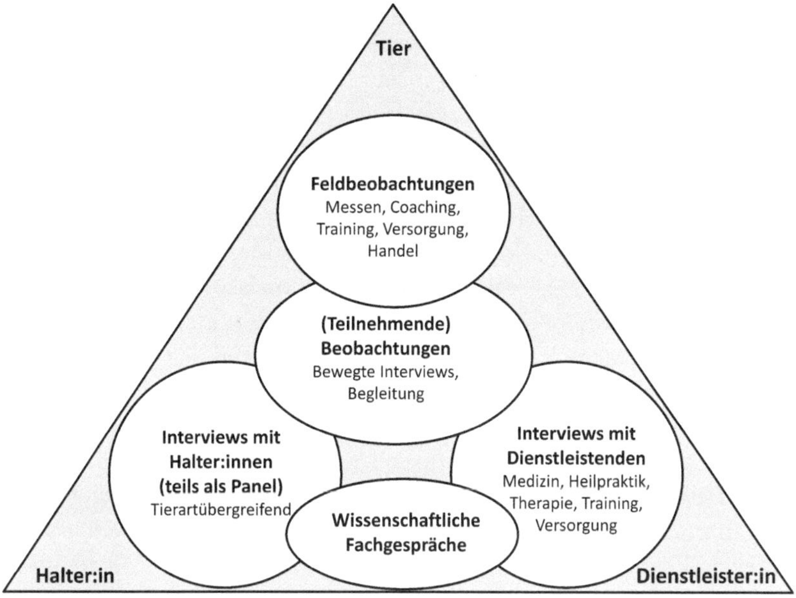

Abb. 3: Methodisches Design
Quelle: Eigene Darstellung

ne *Kombination unterschiedlicher Erhebungsinstrumente*: Zur Vorbereitung auf die Haupterhebung wurden zunächst, wie eingangs erwähnt, sechs *wissenschaftliche Fachgespräche* geführt, um sich über die je involvierten Tierarten kundig zu machen und angemessen sensibilisiert in die Erforschung von Tier-Mensch-Beziehungen einzutreten.

Den Schwerpunkt der Erhebung bildeten anschließend *leitfadengestützte, teilnarrative Interviews* mit Halter:innen (s. grundlegend Helfferich 2014). Die Interviews dauerten zwischen 60 bis 120 Minuten und wurden aufgezeichnet. Bedingt durch die Beschränkungen der COVID-Pandemie fanden Teile dieser Erhebung digital statt. Das gewählte Erhebungsinstrument hatte den Vorteil, dass sich die vorab aus dem Forschungsstand destillierten Einsichten und Hypothesen pointiert zu Erzählimpulsen verdichten ließen und in Probeinterviews getestet werden konnten. Über den Leitfaden war sichergestellt, dass die Impulse erfolgen und alle gewünschten Aspekte thematisiert werden, zugleich aber sollten die Befragten viel Raum für eigene Akzentsetzungen erhalten, um deren Deutungen angemessen sensibel nachzugehen und vorschnelle Rückschlüsse der Forschenden zu vermeiden. Die Interviews boten Gelegenheit, ausführlich Erlebnisse mit und Geschichten zu Tieren, ebenso aber auch krisenhaften Momente oder Stresssituationen zu schildern.[12] Auch Erzählungen über Erfahrungen, Körperlichkeit und Gefühle wurden stimuliert, um der Bedeutung von Affizierungen nachzugehen.[13] In biographischen Sequenzen wurden Motive der Tieranschaffung und Sozialisationseffekte exploriert.

Die Interviews deckten die in der Forschungsperspektive genannten Themen- und Fragekomplexe ab. Sie erhellen, warum Menschen in welcher Lebensphase welches Tier gehalten haben, und welche Erwartungen und Zuschreibungen hiermit verbunden waren. Um jedoch das *›Werden‹ von Gefährtenbeziehungen* einzufangen, musste die Erhebung eine Verlaufsperspektive erhalten. Dies gelang zum einen durch *zeitliche Perspektivwechsel* innerhalb der Interviews, mittels rückblickender oder vorausschauender Narrationen. Zum anderen war die Befragung der Halter:innen als *Panel* angelegt. Nicht das gesamte Sample, jedoch jene Fälle, die sich als besonders aufschlussreich erwiesen, wurden wiederholt befragt. Dadurch ließen sich Beziehungsdynamiken sowie ein Wandel in den Klassifikationen und Deutungen, ebenso aber auch in den konkreten Praktiken einfangen.

Ergänzend zu den Interviews fanden acht *ethnographische Beobachtungen* (vgl. zur Methodik grundlegend Garfinkel 1967; Geertz 1999 [1973]: 24 ff.) statt, in denen wir Tier-Mensch-Interaktionen *in situ* erfassen konnten.[14] Dadurch ließen sich Statuszuweisungen und Klassifizierungen von Tieren nachvollziehen und auch der Einfluss von materiellen, sozialen und professionellen Umwelten auf das Zusammenleben von Tieren und Menschen einschätzen. Auch ließ sich der Einsatz bzw. die Präsenz von Artefakten erheben, die für Tier-Mensch-Relationen als einflussreich anzunehmen sind (s. 2.1.5). Für die ethnographischen Beobachtungen wählten wir verschiedene Bereiche wie Tiertraining, Tierpension, Tiermesse und Mantrailing aus. Auch die Interviewerhebung enthielt beobachtende Elemente: Während der Interviews waren die Tiere i.d.R. präsent; eine Ausnahme bildeten Pferde, die in externen Ställen gehalten und zu einem späteren Zeitpunkt aufgesucht wurden. Darüber hinausgehend haben wir einen Teil der Halter:innen in außerhäusigen Aktivitäten mit Tieren begleitet. Hier führten wir *bewegte Inter-*

12 Für die Gefährtenbeziehung sind intime und moralische Aspekte als relevant einzuschätzen, die den methodischen Zugriff herausfordern (vgl. Ryan & Ziebland 2015). Nickie Charles (2017) regt daher an, (anonyme) schriftliche Narrationen zu erheben, in denen sich auch intime Erlebnisse und leibliche Erfahrungen mit dem Tier thematisieren lassen. Da uns in den Interviews solche Erfahrungen berichtet wurden, konnten wir auf dieses Erhebungsinstrument verzichten.

13 In der Forschung wird schon seit Längerem diskutiert, wie solcherlei Daten erhoben werden können (als Überblick s. Schröder 2022: 325 ff.).

14 Hierbei orientierten wir uns an den Prämissen der ethnographischen Forschung, konnten jedoch aus forschungsökonomischen Gründen z. B. keine umfangreicheren teilnehmenden Beobachtungen durchführen.

views, in denen wir von Beobachtungen direkt in eine erneute Befragung wechseln konnten (s. zur Methodik bereits Kusenbach 2003; Fletcher & Platt 2018).[15]

Einen weiteren Schwerpunkt bildete die Einbeziehung von *Dienstleister:innen*, die ebenfalls mittels leitfadengestützter, teilnarrativer Interviews befragt wurden. Auch hier waren biographische Passagen integriert, um rekonstruieren zu können, wie diese Personen zu ihrer aktuellen Tätigkeit kamen und diese ausgewählt haben. Ziel dieser Interviews war es, die Funktionsweise der Dienstleistung zu eruieren, darüber hinaus aber auch den Einfluss der Dienstleister:innen auf die Halter:innen, deren Tierbilder und Tier-Beziehungen zu ergründen. Um auch für diesen Bereich Tier-Mensch-Interaktionen in situ zu erfassen, wurden *Dienstleistungsinteraktionen* begleitet sowie ebenfalls ethnographische Beobachtungen durchgeführt. Hierfür wurde jene Bereiche ausgewählt, in denen sich Tier-Mensch-Dyaden in Annäherungen, Bezugnahmen aufeinander und Aktivitäten erfassen ließen, wie etwa, wie oben erwähnt, auf Messen, im Tierhandel, in Trainings oder in der Tiermedizin. Diese Beobachtungen umfassten auch triadische Settings, die Einblick in die sich rund um die Haustierhaltung formierenden Expertisen und Märkte sowie Professionalisierungsprozesse gaben. Hier gingen wir insbesondere der Frage nach, inwiefern Wissensbestände und Überzeugungen von Dienstleister:innen in die Haustier-Mensch-Beziehungen diffundieren und sich hieraus Dynamiken der Objektivierung, Normierung oder Verdinglichung von Beziehungen und Tieren ergeben.[16]

Der Großteil der Interviews und Beobachtungen wurde in Interviewtandems durchgeführt, die gleichzeitig befragen und beobachten können. Soziodemographische Daten wurden in separaten Fragebögen erfasst. Für alle Interviews wurden Einverständnis- und Datenschutzerklärungen abgeschlossen.

Gesamtumfang der Erhebung	
Wissenschaftliche Fachgespräche	6
Interviews mit Halter:innen	63 (davon 10 wiederholt befragt)
Interviews mit Dienstleister:innen	33 (davon 4 wiederholt befragt)
Ethnographische Beobachtungen	8

Tabelle 1: Gesamtumfang der Erhebung
Quelle: Eigene Darstellung

15 Hier schließt die Studie an die methodologischen Überlegungen von Manfred Lueger und Ulrike Froschauer (2018) zu Artefaktanalyse und Umgangsweise mit Materialitäten an.

16 Hinsichtlich der Beobachtungen und bewegten Interviews wurde berücksichtigt, dass die Befunde von der Anwesenheit der Interviewer:innen beeinflusst sind (vgl. grundlegend Geertz 1999 [1973]).

2.3.2 Sample

Mit einem Sample aus 63 Halter:innen, 33 Dienstleistenden und zwanzig Arten von Tieren legt das Projekt eine Datenbasis vor, die weit über bisherige empirische Zugänge hinausreicht und eine Bandbreite von Tier-Mensch-Beziehungen und Dienstleistungsangeboten abbildet. Im Fokus des hier vorgestellten Projekts stand nicht die Haustierhaltung im Allgemeinen. Vielmehr galt unser Interesse, wie mit Bezug auf Haraway (2003) begründet wurde, jenen Bezugnahmen auf Tiere, aus denen sich ein exklusiver Status für diese ergibt. Im Sinne eines theoretischen Sampling (Glaser & Strauss 1998) folgte die Auswahl von Interviewpartner:innen daher nicht primär entlang (humanbezogener) sozialstatistischer Kriterien, sondern orientierte sich, passend zur Forschungsfrage, an *Tieren* und *Tier-Mensch-Beziehungen*.

Tiere: erhobene Daten	
Tier-Halter:in-Dyaden	mindestens 63 (davon 10 wiederholt beobachtet/begleitet) sowie (bei Mehrfachtierhaltung) weitere nach Anwesenheit zum Befragungszeitpunkt
Weitere Erhebungen	Begleitung bei Aktivitäten, Besichtigung der Wohnverhältnisse und Unterbringung u.a. sowie ethnographische Beobachtungen (s.u.)
Ausgewählte Charakteristika des Samples der Tiere	
Spezies	insgesamt ca. 20 Arten, u.a. Chinchilla, Gecko, Huhn, Pferd, Ratte, Vogelspinne (s. Gesamtübersicht in Kap. 3.1)
Anzahl der Tiere	Leben in Einzelhaltung, Mehrfachtierhaltung (auch speziesübergreifend), Herdenverband, größere speziesübergreifende Tiergemeinschaft
Alter der Tiere	Jungtiere, adulte Tiere, ältere Tiere; Varianz Neuanschaffung bis nahendes Lebensende
Geschlecht der Tiere	bei Mehrfachtierhaltung häufig Varianz; für Halter:innen bez. Hund häufiges Auswahlkriterium; bei Kleintieren relevant für Gestaltung der Haltung
Wohnform der Tiere	u.a. frei in Haus/Wohnung, Voliere, Stall auf Grundstück oder extern, Gehege in der Wohnung, eigenes Zimmer, Terrarium, Aquarium, Teich, Gartenzugang/Freigang

Tabelle 2: Sample Tiere
Quelle: Eigene Darstellung

Um nicht allzu vorschnell den gängigen Stereotypen und kulturellen Klassifikationen zu Haustieren zu folgen, war für das Sampling ausschlaggebend, welche Tiere die Halter:innen selbst als Gefährt:innen definieren. Das Sample umfasst zwanzig Arten von Tieren, darunter vorrangig Hunde, Katzen und Kleintiere, darüber hinaus aber auch Pferde, verschiedene Vögel sowie Tiere, die üblicherweise nicht als tierliche Gefährt:innen klassifiziert werden, wie Hühner, Reptilien oder Schnecken. Ferner wurden über das Sampling unterschiedliche *Phasen von Beziehungen* einbezogen.[17] Es wurden Personen befragt, die gerade Tiere angeschafft haben, ebenso aber auch Halter:innen, die ihr Tier wieder abgeben wollen oder mit Krankheit oder Tod eines Tieres konfrontiert sind. Da davon auszugehen war, dass sich der Betreuungsaufwand für die Tiere und damit auch die Beziehung verändert, wurde zudem das *Alter der Tiere* beachtet. Berücksichtigt wurde auch, welchen Einfluss das *Geschlecht der Tiere* auf Umgangsweisen mit Tieren und Verhaltenszuschreibungen hat.[18]

Übliche, auf Menschen bezogene Auswahlkriterien der Sozialforschung waren somit zwar nachgeordnet, dennoch bildet das humane Sample eine angemessene Bandbreite ab: Im Sample sind Halter:innen aus unterschiedlichen *Regionen* Deutschlands und mit ländlichen bzw. städtischen Wohnorten vertreten. Auch eine Differenzierung nach *Alter, Geschlecht, Bildungsgrad und Einkommen* der Halter:innen wurde erreicht, so dass sich Unterschieden insbesondere hinsichtlich ökonomischer Ressourcen sowie Angeboten an Tierdienstleistungen nachgehen lässt.[19]

Halter:innen: erhobene Daten	
Interviewte Halter:innen	63 (davon 10 wiederholt befragt)
Weitere Erhebungen	Begleitung bei Aktivitäten, Besichtigung der Wohnverhältnisse und Unterbringung der Tiere u.a. sowie ethnographische Beobachtungen (z.B. Mantrailing)
Ausgewählte Charakteristika des Samples der Halter:innen	
Tierhaltung	verschiedene Spezies, häufig Mehrfachtierhaltung einer Spezies, aber auch speziesübergreifend
Alter	20–70 Jahre (Median 35,5 Jahre)
Geschlecht	d: 1, m: 15, w: 47
Wohn-/Lebensform	verschiedene Wohnformen (vom Singlehaushalt über Kernfamilie bis alternatives Wohnprojekt)
Wohnort	Dorf bis Großstadt (bundesweit)

Tabelle 3: Sample Halter:innen
Quelle: Eigene Darstellung

17 Aufschlussreich wäre es sicherlich, einen Verlauf über mehrere Jahre hinweg zu begleiten, doch lässt sich dies im Rahmen der stets befristeten Förderressourcen nicht umsetzen.

18 Hierzu ist bislang noch immer eine Blindstelle der Forschung zu konstatieren (Sachse 2014; zum Geschlecht der Halter:innen: Töpfer & Beeger-Naroska 2013).

19 Eine quantitative Gleichverteilung nach diesen Kriterien war nicht angestrebt.

Auch bei der Auswahl von *Dienstleister:innen* wurde den Prinzipien eines theoretischen Sampling gefolgt. Zentrales Auswahlkriterium war es, Dienstleistungen einzubeziehen, die mehr oder minder direkt in Tier-Mensch-Beziehungen involviert sind und auf deren Problemstellungen ›antworten‹ bzw. diese begleiten. Indem die Halter:innen als Auftraggebende fungieren, sind sie stets in die Dienstleistung involviert, jedoch in unterschiedlichem Grad. Es wurden daher sowohl Dienstleister:innen befragt, die primär mit Tieren arbeiten, als auch solche, die sich Tier-Mensch-Tandems widmen. Mit dem Einbezug der Dienstleister:innen ließ sich somit eine triadische Konstellation abbilden, jedoch handelt es sich hierbei nicht um de-facto-Triaden. Aufgrund fehlender Zusagen konnten wir nicht jene Dienstleister:innen befragen, die die Halter:innen unseres Samples in Anspruch nahmen. Die Erkundung dieser Settings ist unseren weiteren Forschungen vorbehalten.

Dienstleister:innen: erhobene Daten	
Interviewte Dienstleister:innen	33 (davon 4 wiederholt befragt)
Weitere Erhebungen	ethnographische Beobachtungen (z.B. Tierpensionen, Hundetraining)
Ausgewählte Charakteristika des Samples der Dienstleister:innen	
Von der Dienstleistung primär adressierte Spezies (mehrere möglich)	Hunde: 18, Katzen: 9, Kleintiere: 8, Pferde: 6, Vögel 5, speziesübergreifendes Angebot: 5
Alter	25–65 Jahre (Median: 40)
Geschlecht	d: –, m: 9, w: 24
Ausbildung für die ausgeübte Dienstleistung	berufliche Ausbildung: 3, hochschulische Ausbildung: 5, anderweitige Ausbildung: 8, Qualifizierung über Fortbildung: 6, ohne Qualifizierung: 11
Erwerbsmodell	Selbständigkeit: 19, abhängige Beschäftigung: 6, kombiniert: 2, (Ehrenamt: 6)

Tabelle 4: Sample Dienstleister:innen
Quelle: Eigene Darstellung

Im Gegenzug nahmen wir mit dem Sample eine deutliche Erweiterung unserer Erhebung vor: Sollten die Dienstleister:innen zunächst als Expert:innen befragt werden und als Ergänzung der Interviews mit Halter:innen dienen, wuchs dieser Baustein im Verlauf des Projekts auf 33 Befragte an. Anlass hierfür war der Befund, dass die Dienstleister:innen auch privat mit Tieren zusammenleben, so dass sich hier eine Lebensgestaltung untersuchen ließ, die vollumfänglich Tiere umfasst und, wie sich zeigte, auf diese ausgerichtet ist.[20] Zudem haben wir in

20 Bei fünf Interviews haben wir Dienstleister:innen über die Suche nach Halter:innen ›gefunden‹; wenn wir diese Befragten im Auswertungsteil zitieren, sind sie daher mit einem doppelten Kürzel (H/D) versehen.

den zwei Befragungsteilen bei insgesamt vier Interviews vor Ort je eine:n weitere:n Tierhalter:in bzw. Dienstleister:in angetroffen, die wir ebenfalls befragten, aber nicht als »Fall« mitgezählt haben.

Eine theoretische Sättigung war erreicht, als sich die Motive der Tierhaltung verdichteten und sich die Muster der Bezugnahmen auf Tiere und die Eigenlogiken des Zusammenlebens erkennen ließen. Wie bereits in der Einleitung reflektiert, sind die erhobenen Daten aufgrund des Sampling unter den Vorzeichen nationalspezifischer Besonderheiten zu lesen. Dennoch lassen sich mittels Rekurs auf den Forschungsstand länderübergreifend Schlussfolgerungen für weite Teile des Globalen Nordens ziehen.

2.3.3 Auswertungsverfahren

Nach der Durchführung der Interviews wurden wesentliche Erkenntnisse und Eindrücke in kurzen Protokollen festgehalten und die Aufnahmen transkribiert. Zu allen Interviews wurden anschließend ausführliche Fallanalysen erstellt und die Interpretationen im Projektteam diskutiert. Die Auswertung der Interviews sah eine offene Kodierstrategie vor, die sich an Verfahren der qualitativen Inhaltsanalyse (Mayring 1990) anlehnte, aber auch an heuristischen Konzepten orientiert war und die Entwicklung von Codes aus dem Material heraus zuließ (vgl. Kelle & Kluge 2010; Przyborski & Wohlrab-Sahr 2014). Es erfolgte eine softwareunterstützte Auswertung des Materials mit MAXQDA. Entlang der im Material als zentral identifizierten Codes wurden die Fälle anschließend nach einer maximalen Übereinstimmung bzw. Unterschiedlichkeit gruppiert (vgl. zum Vorgehen: Kelle & Kluge 2010, S. 83 ff.; zu Grenzen/Reichweite: Kruse 2015, S. 621 f.). Die hieraus gewonnenen vergleichenden Hypothesen und Interpretationen wurden weiter verdichtet und schließlich mit den Ergebnissen aus den anderen Erhebungsbausteinen verknüpft.

Um den Transfer wissenschaftlicher Befunde zu fördern, wurden Zwischenergebnisse fortwährend auf Tagungen präsentiert. Darüber hinaus wurden Formate der Vernetzung von Forscher:innen initiiert, die zu Tier-Mensch-Beziehungen arbeiten. Hieraus sind Veranstaltungen in interdisziplinärer Beteiligung entstanden, ebenso aber auch die Gründung des bereits erwähnten Arbeitskreises »Tier-Mensch-Forschung« innerhalb der Deutschen Gesellschaft für Soziologie (DGS).

In den folgenden zwei Auswertungskapiteln präsentieren wir nun die Befunde unserer Untersuchung: Zunächst widmen wir uns den Tierhalter:innen, anschließend stehen die befragten Dienstleister:innen im Mittelpunkt. Auch wenn über die Kapitelanordnung eine je getrennte Analyse zu vermuten wäre, sind hier stets die Befunde aus allen Erhebungsbausteinen eingeflossen und verknüpft worden.

Die Reihung und Fokussierung scheint uns jedoch plausibel, da sich so den Entwicklungsdynamiken von Gefährtenbeziehungen sinnvoll folgen lässt.

3. Befunde: von der Haustierhaltung zur Gefährtenschaft der Spezies

3.1 Befunde: Halter:innen

Die befragten Halter:innen beschreiben die Tiere, mit denen sie zusammenleben, als Familienmitglieder, Freund:innen und Partner:innen, zu denen sie eine oftmals engere und vertrautere Beziehung pflegen als zu anderen Menschen. Diese Einschätzung ist kennzeichnend für das Sample unserer Studie, in der wir jene Varianten der Tierhaltung untersuchen, in denen Menschen Tieren einen exklusiven Status einräumen. Wie dieser Status erlangt wird, und welche Merkmale die Beziehungen aufweisen, die sich hier etabliert haben, ist Gegenstand des vorliegenden Kapitels. Als Zusammenschau aller Erhebungsbausteine stellen wir vor, wie Tierhalter:innen das Zusammenleben mit Tieren gestalten und diese für sie in der beschriebenen Weise bedeutsam werden. Damit akzentuieren wir, weil wir in den Interviews Menschen befragt haben, die Sicht der Halter:innen, doch sind Tiere gleichrangig als Akteur:innen präsent. Nicht Mensch und Tier für sich, sondern ihre *Beziehung* war Gegenstand der Datenerhebung, die auch Feldbeobachtungen und bewegte Interviews beinhaltete. Auf dieser Grundlage lassen sich der Entstehungsprozess und die Funktionsweise *speziesübergreifender Gefährtenschaft* erhellen.

Das Kapitel startet mit einem erneuten Blick auf das Sample der untersuchten Tier-Mensch-Dyaden. Hier folgen wir den üblichen Perspektivierungen der Sozialforschung und zeigen auf, welche Merkmale unser Sample entlang der Kriterien Alter, Geschlecht, Lebens- und Wohnformen auszeichnen (3.1.1). Im Anschluss präsentieren wir zunächst jene Befunde, die sampleübergreifende Gültigkeit haben und aufzeigen, welche Veränderungen sich in der alltäglichen Lebensführung durch die Ko-Präsenz von Mensch und Tier ergeben (3.1.2). Im Schwerpunkt des Kapitels gehen wir vertiefend den Qualitäten und Eigenlogiken von Tier-Mensch-Beziehungen nach und stellen *Gemeinschaft*, *Aktivität*, und *Sorge* als drei Muster von Haustier-Mensch-Beziehungen vor (3.1.3). Auf dieser Grundlage lässt sich erkennen, welche Beziehungsmerkmale sich als konstitutiv für die Gefährtenschaft von

Tieren und Menschen erweisen (3.1.4) und wovon ein Gelingen bzw. Misslingen abhängt (3.1.5).

3.1.1 Das Sample: Merkmale und Auffälligkeiten

Nachdem in der Präsentation des Untersuchungsdesigns (s. 2.3) das Sample bevorzugt entlang der befragten Menschen dargestellt wurde, wollen wir nun die Merkmale der Tiere systematischer einbeziehen und über die angetroffenen Tier-Mensch-Konstellationen Auskunft geben. Wie bereits geschildert, sind wir im Sampling nicht den Klassifikationen von Tieren gefolgt, die in Gesellschaft und Wissenschaft verbreitet sind, sondern den Statuszuweisungen durch Tierhalter:innen. Hunde, Katzen und Kleintiere wie Meerschweinchen sind in unserem Sample am häufigsten vertreten, einbezogen sind aber auch afrikanische Weinbergschnecken, Schlangen, Spinnen, diverse Arten verschiedener Vögel, unter ihnen etwa Papageien, Sittiche und Hühner, und ein Aquarium, das von unterschiedlichsten Meerestieren bewohnt wird.

Hunde	Katzen	Kaninchen/Hasen	Meerschweinchen	Papageien
Pferd/Pony	Chinchillas	Hühner	Diverse Vögel*	Ratten
Meerwassertiere	Schlangen	Vogelspinnen	Geckos	Ziegen
Afrikanische Weinbergschnecken	Laufenten	Mini-Schweine	Hamster	

Tabelle 5: Übersicht Tierarten im Sample (Tiere variieren im Sample nach Kategorien wie Alter, Geschlecht und Versehrtheit, *ohne Hühner, Laufenten und Papageien)
Quelle: Eigene Darstellung

Das *Alter* der gehaltenen Tiere ist, wie das der tierhaltenden Menschen, breit gestreut. Das Sample umfasst vom Welpen bis hin zum knapp 30-jährigem Pony alle Altersgruppen. Damit ergab sich für uns die Möglichkeit, die körperliche Konstitution von Tieren zu berücksichtigen, und wir konnten untersuchen, welchen Einfluss diese auf die Qualität und Ausgestaltung der jeweiligen Tier-Mensch-Beziehungen hat. Ähnlich verhält es sich mit dem *Geschlecht* der Tiere. Folgen wir hier den biologischen Klassifikationen, so sind von den im Sample vertretenen Spezies je unterschiedliche Geschlechter präsent, d.h. auch hier lässt sich dem Einfluss auf Umgangsweisen mit Tieren nachgehen.

Werfen wir einen Blick auf die *Anzahl der gehaltenen Tiere und Spezies* in einzelnen Haushalten, dann ist zweierlei auffällig: Zum einen praktiziert der Großteil der Halter:innen eine Mehrfachtierhaltung, zum anderen treffen wir eine serielle Tierhaltung an, d.h. nach dem Verlust und Tod eines Tieres wurde stets wieder ein

Tier angeschafft. Beide Merkmale waren keine Suchkriterien für die Auswahl von Interviewpartner:innen. Allerdings zeigt sich, dass diese Merkmale bei einigen Befragten zugleich auftreten: Diese Befragten halten über ihr Leben hinweg sowohl hintereinander je verschiedene einzelne Individuen einer gleichen Spezies als auch gleichzeitig und parallel verschiedene Tierspezies und Arten von Tieren. Lediglich ein Fünftel der Befragten hielt zum Zeitpunkt der Befragung nur ein Tier, und auch hier strebt der Großteil an, die Tierhaltung zukünftig auszuweiten. Damit ist ein Hinweis darauf gegeben, dass ein Zusammenhang zwischen der Präsenz eines Tieres und der Entscheidung für ein Leben mit Tieren bestehen könnte. Welche Motive und Erfahrungen der Befragten dieser Entscheidung zugrunde liegen, haben wir daher in der Auswertung der Daten berücksichtigt.

Die allein gehaltenen Tiere in unserem Sample sind vor allem Hunde und überdies noch einige Papageien. Haben Interviewte sogenannte Exoten wie Schlangen oder Spinnen im Haushalt, halten sie zusätzlich dazu oftmals Säugetiere. In diesen Fällen werden die verschiedenen Spezies räumlich voneinander separiert, und die ›Exoten‹ bleiben alleine. Auch lässt sich eine interne Hierarchisierung der Tiere durch ihre Halter:innen beobachten, bei der die Säugetiere zumeist in den Rang eines bevorzugten Tieres bzw. Lieblingstieres rücken.

»Also die Schlange ist ja doch ein Tier einfach zum Beobachten und die Interaktion beschränkt sich im Großen und Ganzen hauptsächlich auf die Fütterung. Der ist zwar gewohnt, dass man ihn mal anfassen kann, aber der genießt es ja jetzt nicht mit mir zu kuscheln oder so, sondern er toleriert halt, wenn ich ihn mal rausnehme und anfasse. Aber ansonsten ist es eben eher ein Tier zum Beobachten und mit den Katzen ist es schon ganz anders. Also für mich so persönlich sind meine Katzen auch Familienmitglieder und zu denen habe ich schon eine viel, viel engere Bindung als jetzt zu Terrarientieren. Und mit denen hat man ja auch viel mehr Interaktion am ganzen Tag eigentlich.« (H60: 51–58)[1]

Hinsichtlich der Katzenhaltung ist hervorzuheben, dass das noch immer anzutreffende Klischee feliner Einzelgänger:innen auf unser Sample nicht zutrifft: Obwohl viele Befragte im Interview Katzen als Einzelgänger:innen einstufen, praktizieren sie überwiegend eine Mehrfachhaltung.[2] Entweder werden zwei bis drei Katzen in einem Haushalt gehalten, oder im Haushalt sind noch weitere Tiere präsent, vor allem Hunde. Auch Pferde werden, obgleich sie bei unseren Befragten oftmals lokal ausgesondert sind und nicht an der gleichen Wohnstätte

1 Mit den Angaben H bzw. D kennzeichnen wir im Folgenden Interviewaussagen der befragten Halter:innen (H) und Dienstleister:innen (D). Die Interviews wurden durchnummeriert; da wir einige Befragte mehrfach interviewt haben, sind hier teils Zusatzangaben zum konkreten Interview erfolgt (z.B. D29_2 für das Zweitinterview).

2 Hierfür sprechen auch die Angaben des ZFF, der für 2023 für Deutschland eine Präsenz von 15,7 Millionen als Haustiere gehaltenen Katzen konstatiert und hochrechnet: »In 42 Prozent aller katzenhaltenden Haushalte waren sogar zwei oder mehr Stubentiger zu Hause.« (ZZF 2024c).

wie ihre Halter:innen leben, nicht alleine gehalten. Sie werden zumeist in extern geführten Pensionsställen versorgt, in denen Pferde verschiedener Halter:innen miteinander Kontakt haben und/oder in einem Herdenverbund leben. Kleintiere wie Meerschweinchen, Kaninchen oder Chinchillas halten Befragte ebenfalls nicht einzeln, sondern in Paaren, größeren Verbünden oder auch sogenannten Haremsgruppen mit mehreren Tieren.

Werfen wir einen genaueren Blick in die Haushalte, zeigt sich ein *Spektrum an Lebens- und Wohnformen* der Befragten. Knapp die Hälfte der interviewten Halter:innen ist verheiratet oder befindet sich in einer nichtehelichen Lebensgemeinschaft. Je ein Viertel ist alleinlebend oder lebt in einem Familienverbund mit Kindern, teils auch mit den eigenen Eltern. Einige Befragte sind Mitglieder einer Wohngemeinschaft oder eines Wohnprojekts. Die Lebens- und Wohnformen sind divers: Im Sample ist das Leben in der Mietwohnung in der Klein- oder Großstadt ebenso vertreten wie das Haus am Stadtrand oder jenseits weiterer Bebauung. Diese Vielfalt ist der Bandbreite der Lebensstile geschuldet, steht aber, wie wir zeigen werden, auch in Zusammenhang mit der Tierhaltung.

3.1.2 Tierhaltung und Lebensführung

In allen Interviews haben wir mit den Befragten eine Rückschau auf ihr Leben mit Tieren vorgenommen. Wir haben Impulse dafür gegeben, über erste Begegnungen mit Tieren, Tiere in der Herkunftsfamilie und die Momente der Tieranschaffung zu berichten. Auf diese Weise ließ sich erheben, wodurch sich die Alltagsgestaltung der Befragten im Verlauf des Lebens je auszeichnete, und welche Veränderungen sich durch die Aufnahme eines Tieres ergaben. Dabei zeigt sich: Die Tierhaltung ist kein Selbstläufer. Tiere fügen sich nicht per se in bestehende Abläufe ein, sondern die Befragten haben sich teils weitreichend auf die neuen Mitbewohner:innen eingelassen. Sie haben sich umfassend über Tiere (sowohl die Tierart wie auch konkrete Tierindividuen) informiert, sie haben bisherige Routinen aufgegeben, und sie zeigen eine große Bereitschaft, sich auf Neues und Unbekanntes einzulassen. Die Anpassungen betreffen verschiedene Dimensionen der Lebensführung (s. zum Konzept Kap. 2.1.6):

Die Präsenz von Tieren induziert Veränderungen vor allem in *räumlicher* Hinsicht. Tiere erkunden den Wohnort und das Umfeld, die Halter:innen reagieren mit kreativen Praktiken, um sie einzuhegen: Sie dichten Nischen und Lücken ab, damit sich Kleintiere wie Goldhamster nicht darin verstecken, wenn sie Freilauf in der Wohnung bekommen, sie schließen Fenster oder ziehen Netze und Zäune, damit Tiere nicht entweichen, sie setzen Leinen oder Tracking-Systeme ein, um Bewegungen im Raum zu kontrollieren oder sie nutzen etwa Medien wie You-

Tube, damit ein Papagei in ihrer Abwesenheit nicht die Einrichtung zerstört. Ein Großteil nimmt in der eigenen Wohnung, im oder am Haus An- und Umbauten für die Tiere vor und/oder errichtet separate Gehege oder Stallungen im Außenbereich der Wohnstätten. Auch finden komplette Umzüge aufgrund von Tierhaltung statt, etwa, wenn Halter:innen ein Haus oder eine Wohnung im Erdgeschoss, bevorzugt mit Garten, wählen oder sich einen kleinen Hof »am Ende der Welt« (H6: 12) suchen und dort fernab von jeglicher Urbanität ein »Paradies« (H6: 781) mit ihren Tieren erschaffen. Räumliche Arrangements etablieren sich auch im Umgang miteinander: Halter:innen verlassen ihr Bett und legen sich nachts zum Hundewelpen auf den Boden, um ihn zu beruhigen (H25), oder sie legen im Fall der Mehrfachtierhaltung fest, wann sich welche Tiere an welchen Orten aufhalten dürfen, um Konflikte zwischen den Spezies zu reduzieren (H49). Auch das Mobilitätsverhalten verändert sich. Tiere erweitern den Radius, etwa, wenn mit Hunden oder Pferden die Umgebung erkundet wird, aber sie binden auch an den Ort, vor allem, wenn sie krank oder pflegebedürftig werden.

»Also meine Lebensgefährtin ist rund um die Uhr zuhause und aufgrund des, ich sage jetzt mal Hobbies oder Stellenwertes bei den Tieren, ist da eigentlich immer sichergestellt, dass jemand da ist. Oder wenn mal ein Termin ist, ja, auch mal mit zum Tierarzt fahren oder sowas, was man alleine machen kann. Und alles darüber hinaus bin ich ja dann letztlich neben der Arbeit auch verfügbar. [...] Und wie gesagt, wenn es jetzt wirklich mal Not am Manne ist und ich kriege einen Anruf, ein Tier müsste zum Arzt und es hat noch zwei Stunden Zeit. Ja, dann würde ich es halt- oder, wenn Impftermine sind oder irgendwas, dann richte ich mir das so ein, dass ich meine Arbeitszeit dann auch so strukturiere, dass ich das wahrnehmen kann. Ja. Und wie gesagt, wie so andere Geschichten: Urlaub hatten wir die letzten Jahre bei den Hunden so organsiert, dass wir halt viel an der See waren.« (H29: 121–134)

Exemplarisch am zitierten Fall wird deutlich, dass sich die Alltagsgestaltung auch in *zeitlicher* und *sozialer* Hinsicht verändert. Die Halter:innen berichten als Folge der Tieranschaffung von umgestellten Tagesabläufen und einer aufwendigen Koordination von Beruf und Tierhaltung. Freizeit und Urlaub werden primär in Abhängigkeit vom Tier gestaltet, sowohl zeitlich, aber auch räumlich, etwa durch den Verzicht auf Flugreisen, Autofahrten und durch den Urlaub zuhause. Tiere erzeugen zudem Neuerungen im sozialen Umfeld, etwa wenn durch das Tier andere Tierhalter:innen ins Leben treten, mit denen man sich austauscht und Zeit verbringt. Tiere fungieren insofern, wie wir bereits in Rekurs auf den Forschungsstand dargelegt haben, als soziale Mittler (s. 2.1). Dennoch ist in Bezug auf bisherige Sozialkontakte auch das Gegenteil möglich: Zahlreiche Fälle dokumentieren ein Abwenden von bisherigen Freund:innen, wenn diese zeitlich oder sozial nicht mit dem Tier kompatibel sind. Bei den Hundehalter:innen ist hervorzuheben, dass diese ihre Tiere gern mit an die Arbeitsstätte nehmen wollen. Lässt eine Tätigkeit solche Gestaltungsspielräume nicht zu, werden Stellenwechsel vorgenommen (oder in Erwägung gezogen); viele Befragte beauftragen Dienstleister:innen, um Unterstützung in der Versorgung der Tiere zu erhalten. Auch das soziale Umfeld wird hierfür mobilisiert, jedoch (wie auch bezüglich der Dienstleister:innen) nur nach sorgfältiger Abwägung (s. ausführlich 3.2). Halter:innen von Katzen und Kleintieren ziehen Familie und Freund:innen den Tierdienstleistenden vor. Als Grund geben sie an, Fremden keinen Zugang zu ihrem Wohnraum zu gewähren, wenn sie selbst nicht anwesend sind. Im Kontext von Pferdehaltung ist Fremdversorgung indes weitgehend alternativlos und wird entsprechend nicht problematisiert. Tiere sind in diesem Kontext keineswegs passiv, sondern legen ihrerseits Bedingungen fest, etwa, wenn sich Pferde der Haltung in einer bestimmten Herde widersetzen oder sich Katzen in der Wohngemeinschaft selbst die Menschen aussuchen, mit denen sie zusammen sein wollen.

Die Lebensführung der Befragten erfährt zudem eine *inhaltliche* Umakzentuierung. Diese besteht nicht nur in einer verstärkten Ausrichtung der Halter:innen auf das Tier, sondern umfasst auch eine intensive Beschäftigung mit zu Tieren vorliegenden Kenntnisständen. Die Tieranschaffung ist nur in wenigen Fällen erratisch; vielmehr informieren sich die Befragten im Vorfeld intensiv über die avisierte Spezies. Sie eruieren die Passfähigkeit zwischen eigener Lebenssituation und Tierhaltung und suchen häufig gezielt ein konkretes Individuum als »Wunschhaustier« (H27: 9) aus. Das Bestreben, ein umfassenderes Wissen über Tiere zu erwerben, setzt sich auch während der Tierhaltung fort. Halter:innen tauschen sich mit anderen Tierhalter:innen aus oder bilden sich sogar mittels Kursbelegung weiter und richten den Umgang mit den Tieren am Gelernten aus. Das gewählte Informationsmedium steht in Zusammenhang zur gehaltenen Tierspezies: Für Halter:innen von Kleintieren wie Ratten, Hamstern, Chinchillas, Meerschweinchen und Kaninchen, aber auch von Vögeln bis hin zu Katzen ist das präferierte Medium das Internet. Austausch mit anderen Halter:innen oder Expert:innen vor Ort findet in diesen Fällen eher selten statt, da der Auslauf dieser Tiere vorwiegend auf den eigenen Haushalt beschränkt ist.

Eine wiederholt thematisierte Problematik der Tierhaltung identifizieren wir in der *veterinärmedizinischen Versorgung*. Diese wird insbesondere für Kleintiere kritisch gesehen sowie für jene Arten von Tieren, die weniger verbreitet sind. Die betroffenen Halter:innen nehmen entsprechend mit ihren Tieren weite Wege in Kauf, um geeignete Spezialist:innen aufzusuchen. Austausch über Tiere und ihre Verhaltensweisen wird darüber hinaus nachgefragt, wenn sich Konflikte mit Dritten über die Tierhaltung ergeben, etwa wenn Halter:innen von Ratten und Chinchillas aufgrund der Tiere bei der Wohnungssuche auf Hürden stoßen. In all diesen Fällen tauschen sich die Befragten in den diversen »Online-Communities« (H26: 1512) im Internet aus, wo teils Kontakte geknüpft werden, die über Jahre hinweg bestehen. Halter:innen von Hunden und Pferden schildern uns hingegen, dass sie ihre Informationen häufiger aus dem direkten sozialen Umfeld erhalten. Das Internet nutzen sie lediglich, um sich auf den Websites bekannter Expert:innen und Trainer:innen zu informieren, oder sie greifen auf Ratgeberliteratur zurück. Methoden der Wissensaneignung und der sozialen Vernetzung (und folglich auch der Wissensanwendung) variieren somit entlang der Tierarten.

Die erörterten Zusammenhänge verdeutlichen, inwiefern die Tierhaltung in verschiedenen Dimensionen der Lebensführung der Halter:innen Veränderungen anregt. Umfang, Qualität und Ausmaß der skizzierten Veränderungen hängen dabei nicht nur von humanen Interessen ab, sondern sind, wie wir im Anschluss weiter zeigen werden, das Resultat von *wechselseitigen Einflussnahmen* und *Aushandlungsprozessen* zwischen den Spezies. Bezogen auf das gesamte Sample ist vorher jedoch, wie oben angedeutet, auf eine *Steigerungslogik* hinzuweisen: Bei Befragten mit langjähriger, serieller und konstanter Haltungsgeschichte nimmt die Anzahl der gehaltenen Tiere über die Jahre hinweg zu; überdies nehmen die Halter:innen in ihrem Leben immer umfassendere Veränderungen vor, je länger sie bereits mit Tieren zusammenleben. Erste kleinere räumliche Veränderungen ziehen große Maßnahmen nach sich; erste zeitliche Anpassungen münden in beruflichen Neuorientierungen, um mehr Zeit für das Tier zu haben. An den befragten Dienstleister:innen werden wir diese Zusammenhänge vertiefend ergründen (s. 3.2), wollen jedoch bereits hier eine Gemeinsamkeit aller Befragten nennen: Halter:innen wie Dienstleister:innen zeichnet aus, dass sie bereits seit der Kindheit oder Jugend den *Wunsch nach einem Leben mit Tieren* hegen. Haben die befragten Halter:innen dies bereits realisiert, trafen wir auch bei den Dienstleister:innen nur wenige Personen an, die privat noch ohne Tier leben. Die Halter:innen zeichnet aus, dass sie die Tierhaltung als »völlig normal« (H36: 17) und zugleich als eine »sehr, sehr wertvolle Erfahrung« (H36: 18) bezeichnen. Sie stellen das Leben mit Tieren wie etwas *natürlich Gewachsenes* dar.

»Ich komme grundsätzlich aus einer Familie, die schon auch Jahrzehnte Hunde hat. Ich selbst hatte meinen ersten Hund von- vor- 2003. Das sind jetzt fast 20 Jahre. Und, ja, dann immer so sukzessive. Ein Hund wird alt, man nimmt einen jüngeren dazu und dann stirbt einer oder wir hatten auch einen, der war mal schwer erkrankt. Den mussten wir einschläfern lassen. Und, ja, dann bilden sich so Strukturen heraus.« (H29: 78–82)

Die skizzierten Anpassungsleistungen könnten dazu verleiten, den subjektiven Ertrag der Tierhaltung in Zweifel zu stellen und die belastenden, möglicherweise auch überfordernden Aspekte der Tierhaltung zu betonen. Wie wir zeigen werden, kann Tierhaltung tatsächlich auch durch fortwährenden Konflikt geprägt sein und misslingen (s. 3.1.5). Ein zentraler Befund unserer Studie ist jedoch, dass ein zentrales Motiv der Tieranschaffung darin liegt, genau ein solches, an Tieren ausgerichtetes und entsprechend facettenreiches Leben zu führen. Einige Befragte schaffen sich explizit weitere Tiere an, damit auch ihre Kinder dieses in vielfältiger Hinsicht mit Tieren geteilte Leben kennenlernen. Um solche Positionierungen zur Tierhaltung ursächlich zu ergründen, wenden wir uns nun den Qualitäten der Tier-Mensch-Beziehungen zu und wollen erkunden, was die Gefährtenschaft der Spezies auszeichnet.

3.1.3 Beziehungsmuster und Relationen: Gemeinschaft, Aktivität und Sorge

Unser Sample beinhaltet eine Bandbreite an verschiedenen Tieren und Menschen, und genauso vielfältig sind auch die Beziehungen, Praktiken und Arrangements, die ihrem Zusammenleben zugrunde liegen. In der Auswertung aller Fälle dieses Samples aus Halter:innen sind wir mittels Einzelfallanalysen und Fallkontrastierungen auf drei wiederkehrende Muster gestoßen: Die Beziehungen zeichnen sich aus durch 1. familiale und gemeinschaftliche Bezugnahmen auf Tiere (*Gemeinschaft*), 2. mit Tieren geteilte Aktivitäten und Sport (*Aktivität*) und 3. sorgende und pflegerische Praktiken (*Sorge*). Damit sind Beziehungsmerkmale angesprochen, die auch von humansozialen Beziehungen bekannt sind und in der allgemeinen (medialen ebenso wie wissenschaftlichen) Thematisierung von Tier-Mensch-Beziehungen vielfach begegnen (s. 2.1). Auf der Basis unserer Erhebung lässt sich jedoch genauer erkunden, was diese, zumeist nur plakativ aufgerufenen Facetten des Zusammenlebens auszeichnet. Wir wollen daher zum einen den Qualitäten und Eigenlogiken der jeweiligen Beziehungsmuster nachgehen, vor allem aber die Voraussetzungen ihres Zustandekommens sowie ihre Effekte freilegen. Hierfür nutzen wir jene Auswertungsdimensionen, entlang derer sich die Beziehungen unterscheiden. Hierbei handelt es sich um die *Tierbilder* der Halter:innen (a), *Affizierungen* (b) und *räumliche Ordnungen* (c).

(a) Tierbilder: Tier-Mensch-Beziehungen sind nie frei von Machtverhältnissen (s. 2.1). In ihrer Ausgestaltung und insbesondere den Bezugnahmen von Menschen auf Tiere sind sie durchzogen von normativen, historisch varianten sowie kulturell und gesellschaftlich geprägten Ideen und Vorstellungen. Diese begreifen wir als Tierbilder (vgl. hierzu auch Wild 2024). Im Interviewmaterial lassen sich Tierbilder vor allem in jenen Narrationen finden, in denen Halter:innen Tiere als Beziehungspartner:innen beschreiben und Erwartungshaltungen zum Ausdruck bringen, die sich auf das Sein und das Verhalten von Tieren beziehen. Diese Beschreibungen erfassen, so unser Befund, nicht lediglich imaginäre Bilder von Tieren oder Beziehungskonstellationen, sondern sie sind darüber hinaus verwoben mit Praktiken der Halter:innen und den Erscheinungsformen des Zusammenlebens der Spezies. Sie sind Darstellungen einer konkreten Status-

und Rollenkonstellation und eines Nähe-/Distanz-Verhältnisses zwischen Tier und Mensch. In ihnen dokumentiert sich somit nicht lediglich eine menschliche Sichtweise, sondern zugleich eine Interaktionsweise der Spezies; Tiere beeinflussen die menschlichen Tierbilder. Folge der Orientierung an solchen Tierbildern sind Statuszuweisungen an Tiere und Rollenverteilungen zwischen tierlichen und menschlichen Akteur:innen. Daher geben die Tierbilder Aufschluss über die Klassifikation und Statuskonstitution von Tieren in Tier-Mensch-Beziehungen.

(b) Affizierungen: In den Interviews wie auch den Beobachtungen begegnete uns ein Affizierungsgeschehen. Hierzu zählen wir all jene Prozesse zwischen den Spezies, die auf einer nonverbalen und (leib-)körperlichen und damit eher impliziten, quasi vorreflexiven Ebene ablaufen (vgl. Mönkeberg/Jürgens/Kurth 2024; weiterführend Schröder 2022, Seyfert 2019, von Scheve & Berg 2018). Affekte und somit auch Affizierungen ergeben sich in Situationen und sind, anders als Emotionen, kurzfristiger und unmittelbarer. Um sie zu erfassen, haben wir z.B. umfassende Beobachtungen von Tier-Mensch-Interaktionen und bewegte Interviews durchgeführt sowie Narrationen zu den verschiedenen Erfahrungen und Erlebnissen mit Tieren erhoben (s. 2.3). Mit Affizierung betonen wir, dass hier eine wechselseitige Reaktion der Beteiligten stattfindet: Ein Affekt, wie etwa die spontane Freude über etwas, lösen beim Gegenüber eine Reaktion aus. Damit haben Affizierungen ein transformatives Potential. Sie können ein gemeinsames (Anders-)Werden von Menschen und Tieren zur Folge haben und sind insofern als eine Voraussetzung und ein Merkmal von Tier-Mensch-Beziehungen und Gefährtenschaft zu begreifen. In den Fallvergleichen wurde deutlich, dass sich das Affizierungsgeschehen zwischen den Spezies sowohl in Umfang als auch Inhalt unterscheidet. Affizierungen geben somit Aufschluss über die Qualitäten von Tier-Mensch-Beziehungen und folglich auch den Status von Tieren.

(c) Räumliche Ordnungen: Die Tierhaltung induziert in räumlicher Hinsicht umfassende Veränderungen der Lebensführung (s. 3.1.2). Wir weisen dieser Dimension den Rang einer Schlüsselrolle in Haustier-Mensch-Beziehungen zu (s. dazu auch Jürgens/Kurth/Mönkeberg 2022; überblicksweise zu Raum und Tieren: Ullrich 2014, Pütz/Schlottmann/Kornherr 2022). Dies gründet auf dem Befund, dass sich nicht lediglich veränderte räumliche Alltagsarrangements infolge der Tierhaltung identifizieren lassen, sondern wir auf räumliche Ordnungen gestoßen sind. Im Unterschied zu Gestaltungsweisen des Alltags, umfassen Ordnungen Festlegungen und Zuweisungen von Bewegungen und Platzierungen im Raum, und sie erzeugen dadurch Nähe- und Distanzverhältnisse. In der Kombination aus Vor-Ort-Beobachtungen und Interviews ließen sich sowohl solche (An-)Ordnungen (s. zu diesem Begriff auch Stark 2014) erkennen als auch die ihnen zugrundelie-

genden Aushandlungsprozesse zwischen den Spezies. Mittels Fallanalysen und -vergleichen zeigte sich, dass im Sample heterogene Raumpraxen anzutreffen sind, die in Zusammenhang zu den Wohnformen der Befragten stehen. Diese räumlichen Ordnungen haben entscheidenden Anteil an der qualitativen Ausgestaltung der Tier-Mensch-Beziehungen und sind zugleich deren Resultat, d.h. erweisen sich als eine verfestigte Struktur.

Auf der Grundlage der skizzierten Dimensionen konnten wir die Fälle vergleichen und gruppieren, so dass sich die Interpretationen verdichten und schließlich *Beziehungsmuster* erkennen ließen.[3] Diese kreisen um die Thematik der Gemeinschaft (3.1.3.1), Aktivität (3.1.3.2) und Sorge (3.1.3.3). Im Folgenden präsentieren wir entlang von Schlüsselfällen, welche Ausprägungen sich in unserem Sample entlang der drei Dimensionen zeigen. In der Zusammenführung lässt sich nicht nur erhellen, welche Funktionslogiken den untersuchten Tier-Mensch-Beziehungen zugrunde liegen, sondern auch welche *Relationen* von Tier und Mensch ihnen inhärent sind.

3.1.3.1 Gemeinschaft: Geteilter Alltag

Abbildung 4 zeigt den Hund einer Befragten. Wir haben mit seiner Halterin ein bewegtes Interview während einer Gassi-Runde geführt. Der Hund hatte an diesem Tag Geburtstag. Abends bekam er eine Hackfleischtorte serviert, und es wurde eine kleine Feier mit Freund:innen und Bekannten veranstaltet. Mittlerweile ist der Hund leider verstorben. Da er zum Interviewzeitpunkt bereits ein recht stattliches Alter erreicht hatte, haben wir seine Halterin gefragt, wie sie über sein Lebensende denkt. Geantwortet hat sie Folgendes:

> »Also ist glaube ich schon so, wie wenn man einen guten Freund oder so verliert oder eine nahestehende Person. Und ich wurde auch schon mal gefragt, was ich mir denn für einen Hund anschaffen würde, wenn [Tiername, d.Verf.] nicht mehr ist und das […] finde ich irgendwie eine komische Frage, […] weil das ist halt irgendwie für mich halt nicht nur ein Hund so, sondern ist halt so mein Freund und mein Begleiter […]. Ist schon irgendwie eine-, für mich schon so eine besondere Bindung.« (H5: 849–857)

Die weiteren Ausführungen der Befragten verdeutlichen, wie diese »besondere Bindung« (H5: 857) im geteilten Alltag über die Jahre hinweg gewachsen ist: Ihr Hund kam im jungen Erwachsenenalter als Welpe zu ihr; ein Jahr später zogen beide gemeinsam von zu Hause aus, zunächst für das Studium von H5. Sie haben in verschiedenen WGs gewohnt und H5 durchlief diverse berufliche Stationen.

---

3 Zur Methodik s. 2.3. Die identifizierten Muster streuen über das Sample hinweg; auf weitere quantifizierende Angaben verzichten wir absichtsvoll, da es nicht das Ziel unserer qualitativen Studie ist, Aussagen über Verteilungen zu treffen.

Abb. 4: Geburtstagstorte für Hund von H5
Quelle: Privat, zur Verfügung gestellt von H5

Immer hatte sie auszuloten und zu organisieren, wie das alles funktioniert mit einem Hund. Kam es zu Engpässen oder wollte H5 auch einmal etwas ohne ihren Hund unternehmen, haben sich Mitbewohner:innen, Freund:innen und ihre Eltern gerne um ihn gekümmert, denn er war allseits beliebt und, wie sie sagt, ein »einfache[.][r] Hund« (H5: 953). So blieb er über die verschiedenen Lebensstationen von H5 hinweg eine Konstante. Er war so gut wie immer dabei: beim Treffen mit Freund:innen, im Urlaub, am Arbeitsplatz.

Diese Form der Integration eines oder mehrerer Tiere in die alltägliche Lebensführung der Halter:innen, in Praktiken und Routinen ist charakteristisch für das Beziehungsmuster der Gemeinschaft. Hier knüpfen Halter:innen mit ihren Tieren durch das *Teilen alltäglicher Gewohnheiten* jene »besondere Bindung« (H5: 857), von der uns H5 im Interview berichtet. Die Geburtstagsfeier ihres Hundes liefert uns ein Sinnbild für diese besondere Form des speziesübergreifenden Zusammenlebens und Beziehungsqualität. Denn dieses gemeinsame Feiern und insbesondere auch der Akt des Überreichens der Geburtstagstorte bringen zum Ausdruck, wie Halter:innen ihre Tiere an menschlichen Ritualen und somit auch an Kultur teilhaben lassen.[4] Zugleich aber unterliegen die Alltags- und Lebens-

4 Ein weiteres Beispiel für eine solche Teilhabe der Tiere liefern Tierbestattungen (s. dazu z.B. Meitzler 2019; Rosenberger 2020).

gestaltung infolge der Tierhaltung und in Rücksichtnahme auf die Tiere einer inhaltlichen Restrukturierung, wie sich ebenfalls am Beispiel des Hundegeburtstags verdeutlichen lässt: Zum Feiern geht es in den »Garten« (H5: 44) anstatt in den Club, und die Torte ist aus Hackfleisch und nicht mit Zuckerguss überzogen. Bei alledem handelt es sich gerade nicht um etwas in irgendeiner Weise Anstößiges oder Aufsehenerregendes; vielmehr bedeutet gemeinschaftlich mit Tieren zusammenzuleben, das ganz und gar Gewöhnliche mit ihnen zu teilen, den *gewöhnlichen Alltag*.

»Also ein klassischer Tag zuhause, wenn ich- der läuft so ab, dass ich morgens- ((lacht kurz)) ich bin so wahnsinnig langsam. Morgens ist nie meine Uhrzeit. Ich bin wie mein Hund, der ist auch so langsam, der [Name Tier, d.Verf.]. ((atmet tief ein)) Na ja, wir tüddeln ein bisschen im Garten rum, und ich trinke dabei meinen ersten Kaffee. Dann machen wir eine kleine Pippi-Kack-Tour in den Wald (.) Dann äh gucken wir, ob es allen Hühnern gut geht. (.) Und dann gibt es Frühstück für alle und dann fahre ich los und bin dann meistens so vier, fünf Stunden weg. Und solang schlafen die hier. (.) Und wenn ich zurückkomme, dann gehen wir wieder raus. Also nächste Pipi-Kack-Tour kurz ((atmet tief ein)) [...] Ja, und dann kommt nachmittags Programm, je nachdem was ich auch vorhabe. (..) Und (...) dann machen wir abends, wenn es, also im, im, im Winter nachmittags, da machen wir dann richtig lange Runden, ja. Also da gehe ich dann zwei, zweieinhalb Stunden mit denen. [...]. Also dann gibt es Abendessen (.) dann schlafen die wieder. Und zwischendurch kommt dann mal jemand und kriegt seine lustigen fünf Minuten und sagt: ›Komm, wir spielen jetzt‹, und das sind dann immer so Fünf-Minuten-Sequenzen, wo wir ein bisschen raufen oder so.« (H6: 334–358)

Tierbild: Tiere als Charaktere und Persönlichkeiten

Die Halter:innen im Muster »Gemeinschaft« bezeichnen ihre Tiere als *Freund:innen und Familie*; mitunter finden wir auch weitläufigere *Tier-Mensch-Gemeinschaften* vor, in denen die Lebensführung der Halter:innen besonders stark von den Tieren bestimmt wird. Kommen wir kurz erneut auf die Interviewte H5 zurück. In der einleitend zitierten Stelle verweist sie darauf, dass ihr Hund für sie »halt nicht nur ein Hund« (H5: 854) sei, sondern ihr »Freund und [...] Begleiter« (H5: 854). Solche Beschreibungen von Tieren finden wir in einer Vielzahl an Fällen vor, teils sprechen die Befragten davon, dass die Tiere »wie« (H27: 106) ihre »Babys« (H27: 106) seien.

Dass der Großteil der Interviewten in solchen und ähnlichen Beschreibungen der Tiere wortwörtlich die Konjunktion ›wie‹ verwendet, zeigt an, dass hier ein *Vergleich von Tieren mit Kindern* vorgenommen wird, d.h. keine Gleichsetzung stattfindet. Folglich liegt in den skizzierten Fällen keine Vermenschlichung der Tiere vor.[5] Diese Interpretation wird dadurch bestärkt, dass die Befragten entsprechende Zuschreibungen an Tiere reflektieren. Verorten sie die eigene Tierhaltung z.B. selbst in einem Zusammenhang mit einer »Ersatzfunktion« (H40: 109) für Kinderlosigkeit, zeigen sie sich zugleich aufmerksam dafür, die Tiere dennoch nicht menschengleich zu behandeln. Gelingt dies nicht, wird uns von Problemen im Umgang mit den Tieren berichtet, die sich in Grenzübertritten oder einem besonders ängstlichen Verhalten des Tieres äußern können.[6] Der Großteil der Halter:innen betont hingegen auch dort, wo das Thema »Kinderersatz« (H27: 406) im Raum steht, dass sie mit ihren Tieren Beziehungen führen, die sich deutlich von Beziehungen zu anderen Menschen unterscheiden, dass das

»also schon etwas Anderes [ist, d.Verf.]. Eine Freundschaft zu Menschen, und, sagen wir mal, mit einem Tier oder mit einem Hund zusammenzuleben. Aber ja, wenn ich vielleicht ganz ehrlich bin, habe ich mich schon mal gefragt, ob es nicht vielleicht auch eine gewisse Ersatzfunktion-. Ich habe keine Kinder. Vielleicht ist es eine gewisse Ersatzfunktion in meinem Unterbewusstsein. Das will ich nicht ausschließen. Das könnte sein.« (H40: 106–110)

Auch der Hundegeburtstag sei, so H5, letztlich

»eher halt was für mich oder für mich und mein Umfeld. Also das hat auch irgendwie so eine Vermenschlichung, und er hat da glaube ich jetzt keine große Erinnerung dran. Er findet es halt geil, dass er was Geiles zu Essen kriegt« (H5: 67–70).

Die in den Interviews auftauchenden Tier-Kind-Vergleiche sind, so unsere Deutung, Resultat eines Fehlens anderer sprachlicher Möglichkeiten. Über den Vergleich der Tiere mit Kindern bringen die Befragten eine besondere Beziehungsqualität zum Ausdruck. Diese Qualität besteht für sie darin, dass die Tiere zur etablierten humanen Lebensgemeinschaft zählen und »ganz klar zur Familie gehören« (H1_1: 394). Sie leben mit ihren Tieren eine speziesübergreifende Innigkeit und Vertrautheit, treffen alltägliche und Lebensentscheidungen mit Rücksicht auf ihre Tiere, denen sie ein gutes und wertiges Leben ermöglichen möchten. Der Tier-Kind-Vergleich lässt sich daher als eine *Metapher* begreifen, auf die die Befragten zurückgreifen, da ihnen adäquate Beschreibungsmöglichkeiten für diese speziesübergreifende Innigkeit fehlen.[7] Die folgende Aussage einer Halterin, die wir gebeten haben, die Beziehung zu ihrer Hündin zu beschreiben und

5 Zur Thematik der Vermenschlichung von Tieren und des Anthropomorphismus s. grundsätzlich Serpell 2003, Hilbert 2019. In der Psychologie ist Anthropomorphismus häufig mit Empathie und Bindung verknüpft (etwa Mota-Rojas et al. 2021, Paul et al. 2014, Prato-Previde et al. 2022).

6 Es sind solche Konstellationen, die Einsatzpunkte für die Inanspruchnahme von Tierdienstleister:innen darstellen können, z.B. Hundetrainer:innen oder Katzenpsycholog:innen (s. dazu Kap. 3.2).

7 Mütherich (2015) zufolge beinhaltet, vom ›Tier‹ oder ›Tieren‹ zu sprechen die Angabe einer Positionierung, in welcher das Tier als minderwertig gilt. In anderen Kulturen als den westlichen wird dieses Problem oftmals über sprachliche Variationen gelöst (dazu etwa Kohn 2013).

uns mitzuteilen, welche Rolle diese als Beziehungspartnerin für sie einnimmt, führt dies vor Augen:

»Sie ist auf jeden Fall sehr loyal glaub ich. Also- oder- wie soll man das sagen? Sehr- ach. (.) Mh. Mir fehlen da so ein bisschen die Worte. Also sie, sie- ähm sie ist schon anhänglich und irgendwie, also ich hab‹ das Gefühl, sie verzeiht mir auch viel. Also so ähm- ich mach ja auch nicht alles richtig, und ähm auch wenn ich da mein Bestes gebe. Aber so ich hab‹ das Gefühl, das- da kommt nicht so leicht was zwischen uns sozusagen.« (H1_2: 296–300)

Zudem fällt an dieser Passage auf, dass die Hündin mit Attributen dargestellt wird, durch die sie als eine individuelle Persönlichkeit in Erscheinung tritt. Vergleichbare Beschreibungen treffen wir in einem Großteil der Interviews an, die das Muster »Gemeinschaft« konstituieren. Tiere werden hier als *Charaktere und Persönlichkeiten* dargestellt. Nicht die Gleichsetzung von Tieren mit Kindern, sondern diese Markierung der Tiere ist essenziell. Sie steht in Zusammenhang zu Umgangsweisen mit dem Tier und bringt zum Ausdruck, welchen Status Halter:innen Tieren in ihrem Leben einräumen: Bereits im Vorfeld einer Tieraufnahme haben sich die Befragten recht konkrete Vorstellungen darüber gemacht, wie ein Tier, das zu ihnen passt, sein sollte. Dabei sind auch Art des Tieres, Rasse, Alter und Geschlecht von Bedeutung. Findet Multispezies- und Mehrfachtierhaltung statt, erörtern Befragte darüberhinausgehend, dass und inwiefern ein harmonisches Miteinander nicht nur abhängig ist von der Auswahl und Kombination der Arten und Rassen der Tiere, sondern auch von der Passfähigkeit der tierlichen (und menschlichen) Charaktere als konkrete Individuen.

»Also der [Tiername, d.Verf.], der trifft gerne eigenen Entscheidungen. Das gestehe ich ihm zu. Also den kann man zum Beispiel fragen, wo möchtest du entlang: ›Möchtest du jetzt hier lang oder da lang?‹ Zeige ich mit den Augen die Varianten und dann wählt er einen Weg aus. (.) Er entscheidet selber, ob er draußen oder drinnen ist. (..) So, also der ma-, der trifft sehr kluge Entscheidungen, hat noch nie irgendwie danebengelegen. [...] (...) [Tiername, d.Verf.], (..) die wird ganz verwirrt, wenn die selber Entscheidungen treffen muss [...]. (.) Die wird dann ganz konfus im Kopf. Das heißt, die ist irgendwie immer bei mir, die geht auch nie alleine in den Garten. Die ist immer, immer in meiner Nähe [...] und fragt eigentlich den ganzen Tag: ›Und was jetzt? Und was jetzt? Und was jetzt? Und [...] was jetzt?‹ (..) Ja, also das, was so (...) ((langgezogen)) ja. Na ja, eigentlich, eigentlich dieser klassische Hund. Die war wie ein wildgewordener Handfeger als Welpe. Konnte keine Sekunde alleine bleiben. Ich wär' irre geworden, wenn der Große nicht ihre Erziehung in die Hand genommen hat. Von dem habe ich gelernt, wie man wilde, kleine Welpen bändigt.« (H6: 251–263)

Zwar sind Auswahl und Aufnahme eines konkreten Tieres für alle von uns interviewten Halter:innen immer auch eine Frage von Spezies und Rasse. Im Muster Gemeinschaft fällt jedoch auf, dass die Entscheidung für ein bestimmtes Tier schlussendlich häufig vom Auftauchen konkreter tierlicher Individuen bestimmt ist, in die sich Befragte, so wie sie es selbst ausdrücken, regelrecht »verliebt« (H27:

14) hätten. Es sind keine abstrakten oder willkürlichen Tiere, sondern konkrete tierliche Individuen bis hin zu Persönlichkeiten, die einen besonderen Einfluss auf die Biografie der Befragten nehmen, und mit denen im gemeinsamen Alltag ein besonderes Band gewoben wird. Mehr als rationale Beweggründe ist es hierbei die faktische *Begegnung* zwischen Mensch und Tier, die einen Einfluss auf den Entschluss hat, das Leben mit genau diesem und keinem anderem Tier zu teilen. Hier erweist sich ein Affizierungsgeschehen als einflussreich.

Affizierung: Zu-Neigung[8]

Die Tiere haben im Beziehungsmuster »Gemeinschaft« eine hohe *physische Präsenz*. Sie sind allgegenwärtige und leiblich ›an-wesende‹ Begleiter:innen, mit denen geschmust, gekuschelt und gespielt wird. Die Halter:innen eint, dass sie aufmerksame Beobachter:innen der Tiere sind und umfänglich auf deren körperliche Ausdrücke reagieren und eingehen. Sie lassen sich gern und schnell auf Interaktionen ein. Die Tiere wiederum animieren die Halter:innen, etwa wenn sie aus menschlicher Sicht Freude oder Angst zeigen, zu Handlungen wie Berührungen, einem besonderen Stimmeinsatz und Ähnlichem. Darüber hinaus haben die Tiere leiblich Anteil an den Entscheidungen der Halter:innen, indem diese ihre Alltags- und Lebensplanung auf die körperliche Konstitution und die hiermit verbundenen gesellschaftlichen Umgangsweisen mit Tieren hin anpassen. Sie meiden Situationen in Beruf oder Freizeit, in denen Tiere ausgeschlossen wären und schaffen sich Lebensumstände, in denen die Tiere nicht stören oder verboten sind, sondern ihnen nah sein können und wechselseitige Affizierungen möglich sind.

Die skizzierte wechselseitige (leib-)körperliche Affizierung zwischen Mensch und Tier typisieren wir als *Zu-Neigung* (englisch: affection), die wir für konstitutiv in sehr engen und intimen Tier-Mensch-Beziehungen erachten. Hier gestalten Menschen ihren Lebensalltag so, dass er bestmöglich den Tieren zugeschriebenen Bedürfnissen entspricht, und die jeweiligen Tiere in den Dyaden scheinen hierzu zu passen. Weder Distanzierungen, Aggressionen noch Konflikt sind Befunde aus Beobachtungen und Interviews, sondern die Orientierung am je anderen. Tier und Mensch knüpfen gemeinsam jene bereits erwähnte »besondere Bindung« (H5: 857). Hierzu zählt, dass auch die Initiation des Zusammenlebens nicht einseitig vom Menschen ausgeht. Zwar geht die Tieranschaffung bei diesen Befragten auf einen langgehegten Wunsch zurück, doch war eine Begegnung

8 Diese Auswertungsdimension und die hierzu gesammelten Befunde, die wir für jedes Beziehungsmuster vorstellen, haben wir in ähnlicher Weise bereits in einem Aufsatz in der Zeitschrift für Theoretische Soziologie präsentiert (s. Mönkeberg/Jürgens/Kurth 2024).

mit einem konkreten tierlichen Individuum ausschlaggebend. Befragte berichten, wie sie sich diesem spontan so zugeneigt fühlten, dass sie beschlossen, das Leben mit ihm zu teilen.

Zu-Neigung ist jedoch nicht voraussetzungslos. Unsere Ergebnisse zeigen sehr deutlich, dass sie ein Tier erfordert, das auch seinerseits *zugeneigt* ist, d.h. weniger ein ›aggressives‹ und ›wildes‹ Verhalten an den Tag legt.

»Ja. Also der Hund, unser [Tiername, d.Verf.], das war ein Wunschhaustier. Den hatten wir uns rausgesucht von einer Züchterin […]. Und hatten uns mehrere Hunde rausgesucht, hatten uns auch mehrere Hunde angeguckt und dann haben wir unseren Stinker halt gefunden. Und ja nachdem er uns dann seine kleinen Pfötchen in die Hände gelegt hat und uns das erste Mal tief in die Augen geschaut hatte und abgeschlabbert hat, haben wir uns direkt in diesen Hund verliebt und ihn dann auch zu uns genommen und ihm bei uns ein neues Zuhause gewährt.« (H27: 9–15)

Zu-Neigung erfordert, so wie im Fall von H5, einen »einfache[n] […] Hund« (H5: 953), der ›umgänglich‹ (englisch: companionable) ist, sich in den Lebensalltag eines Menschen integriert, sich ihm und seinem weiteren Umfeld gegenüber offen zeigt und in Interaktion tritt. Dies ist jedoch keineswegs immer gegeben. Gerade bei Tieren, die auf Aggression gezüchtet wurden oder negative Erfahrungen mit Menschen gemacht haben, kann es in der Praxis einen beachtlichen (nicht nur zeitlichen und finanziellen) Aufwand und Training erfordern, ein Tier in den Status einer Freundin, eines Freundes und eines letztlich friedfertigen Familienmitglieds zu erheben. Wie unser Datenmaterial zeigt, gelingt dies mitunter nur unter Zuhilfenahme professioneller Tiertrainer:innen.

Insbesondere wenn Tiere nicht mit den Erwartungen der Halter:innen an das interspezifische Zusammenleben und die Ausgestaltung einer familiären Beziehung übereinstimmen, ist ein Scheitern der Beziehungen möglich. So begegnete uns in unserem Sample z.B. ein Beziehungsabbruch zu einem »Papageienmädchen« (H7: 102), das letztlich ›zu viel‹ Zuneigung vom Menschen einforderte. Auch kann sich der Charakter einer Beziehung aufgrund einer mangelnden affektiven Passung und Kompatibilität ändern. Eine Person schildert, wie ihre Hündin in der Folge von sich verändernden Lebensumständen vermehrt Angst gezeigt habe. Für sie selbst hat dies in ein Gefühl der Hilflosigkeit gegenüber dem Tier geführt:

»Ähm (.) ja. Also es ist einfach- (.) Ähm (.) Ich glaub es ist so 'n bisschen zweigeteilt, auf der einen Seite dieses, man hat da diesen Hund, der hat diese starken Emotionen von Angst oder auch-, sie geht ja da doch manchmal vor. Ähm, also das heißt sie- das heißt- ja aggressiv doch, aber, also es ist- es passiert nichts, aber sie macht manchmal halt Ansagen. So sie geht halt hin, und es ist auch alles gut, ich lerne auch damit umzugehen, aber dieses- ähm- Auf der einen Seite hat man diesen Hund, und man denkt so: ›Ja ok diese Angst tut ihr ja überhaupt nicht gut, so.‹ Und die hat halt einfach Angst, und man steht da, ist halt hilflos und weiß halt nicht: ›Was kann ich jetzt machen?‹, und dann kommen natürlich auch in einem selbst die Emotionen, ne, wenn sie dann in die Leine fünfmal geht, weil sie da Angst hat, und man muss, man muss ja immer ruhig bleiben, und dieses: ›Okay‹. Ich muss jetzt hier führen. Ähm. Genau, und einfach diese Hilflosigkeit erstmal, dass man diese, diesen, ich sag mal, negativen Emotionen- Ich weiß, es ist ((unverständlich)), aber, ähm- Was in ihr auslöst, was nicht gut ist, oder was ihr nicht guttut, was einfach Stress in ihr freisetzt, und da kann man halt nichts machen. Also was heißt nichts? Man kann bestimmt was machen. Aber man weiß nicht, was man in dem Moment machen kann. Das auf der einen Seite. Und auf der anderen Seite dieses, ähm- ›Ich mach alles für dich‹ ((lacht verzweifelt)) ›Warum musst du jetzt das machen, so?‹« (H23_2: 175–191)

Die Befragte beschreibt, die Hündin habe sich zurückgezogen und keine Lebensfreude mehr gezeigt, sondern ein ängstliches Verhalten und sich distanziert. Auch hier stehen Beziehungsqualität und Affizierung in Zusammenhang: Das Erleben von Angst erzeugt Gefühle der Entfremdung, das Erleben gemeinsamer Freude indes stiftet (Ver-)Bindung. Folge ist, dass sich die Tier-Mensch-Beziehung verändert. Die vom Tier gezeigte Vulnerabilität wird handlungsleitend, induziert eine neue Bezugnahme und die Beziehung nimmt einen pflegerischen und sorgenden Charakter an (s. 3.1.3.3).

Räumliche Ordnung: Privatraum

Die Zu-Neigung der Spezies dokumentiert sich in den angetroffenen räumlichen Arrangements. Der Nähe und Intimität der Tier-Mensch-Beziehung ›nach innen‹ steht die *Abgrenzung ›nach außen‹* gegenüber. Dies umfasst insbesondere fremde Menschen und Tiere, vor denen in den Aussagen der Halter:innen eine gewisse Scheu oder auch Furcht zum Ausdruck kommt. Sie sollen oder dürfen z.B. die Tiere nicht in Abwesenheit der Halter:innen betreuen, da sie den privaten Wohnraum nicht alleine betreten sollen. Lässt sich dies nicht umgehen, wie etwa bei der Haltung von Katzen und Kleintieren, wird dies widerwillig in Kauf genommen – oder auch das Freizeitverhalten angepasst und auf Urlaub verzichtet (s.o.). Bevorzugt wird daher eine Betreuung der Tiere durch nahe Verwandte, Freund:innen und Nachbar:innen.

»Mh, nein, eher nicht, glaube ich. (.) Also weil (.) so eine komplett fremde Person in die Privaträume zu lassen, (.) während man selbst nicht da ist, ((lacht kurz)) wahrscheinlich eher nicht, so. Also in einem großen Notfall, wenn niemand anderes kann und man unbedingt wegmuss, dann schon, aber- (.) Ja, wir versuchen es auch immer so zu planen, dass (.) ja, wir jemanden finden können, der sich um unsere Katzen kümmert.« (H14: 296–300)

Auch im öffentlichen Raum treten Mensch und Tier, wie sich im Rahmen der Beobachtungen feststellen ließ, performativ als eine gemeinschaftliche *Einheit* in Erscheinung, die sich gegen äußere Einflüsse abgrenzt. Halter:innen versuchen z.B. zu vermeiden, dass ihr Hund im öffentlichen Raum auf Fremde zuläuft, vor allem aber versuchen sie zu umgehen, dass ihr Tier ungefragt von anderen berührt wird. Hierfür ist das Mittel der Wahl, die räumliche Distanz zwischen sich und dem Tier möglichst gering zu halten.

Zu-Neigung und Abgrenzung nach außen dokumentieren sich auch in der Ausgestaltung der privaten Wohnräume (s. bereits Jürgens/Kurth/Mönkeberg 2022). Die Halter:innen sind bestrebt, Barrieren gegenüber allem zu errichten, was für sie nicht zu ihrem gemeinschaftlichen Leben mit den Tieren dazugehört. Hierfür nehmen sie umfassende An- und Umbauten für ihre Tiere vor.

»Wir haben unseren kompletten Garten [...] so gestaltet, dass er sowohl sicher ist, dass die Katzen nicht unten hochkönnen, als auch nicht oben drüber und deswegen ist unser ganzer Garten sozusagen ihr Freigehege. [...] (..) Und da dürfen sie, sobald wir zu Hause sind, ist meistens die Terrassentüre offen, dann können die da draußen auch, ich sag mal, in Anführungszeichen was erleben, auch mal den Wind spüren, sich in die Sonne legen, auch mal Regen abbekommen oder einfach mal so dieses Katzenleben halt auch leben, ohne dass ich sie zu sehr aus den Augen lassen muss, dass sie mir halt irgendwo auf die Straße laufen oder irgendwas passiert. [...] (..) Also [...] das war eigentlich schon bei der Neuanlage vom Garten, weil das hört sich jetzt ein bisschen doof an, aber wir haben eigentlich nur ein Haus gebaut, dass wir uns mal Katzen halten können. Weil wir halt festgestellt haben in Wohnungen ist immer so ein Drama mit den Vermietern. [...] Und dann haben wir uns halt beschlossen, weil wir ja auch eine günstige Gelegenheit hatten, dass wir ein Haus gebaut haben. Und dann haben wir das auch gleich schon so mit dem Garten so geplant, dass die Katzen halt da auch mit raus können.« (H58: 230–264)

Im beschriebenen Fall liegt dieser räumlichen Gestaltung eine lange Planungs- und Vorbereitungsphase zugrunde. Nachdem sich die Katzenhaltung zuvor in der Mietwohnung als problematisch erwies, schaffte erst der Bau des Eigenheims die Möglichkeit, mit den Tieren jene Intimität zu teilen und eine *Exklusivität* zu praktizieren, die die Beziehung kennzeichnet. Dass das Paar inzwischen aufgrund der Katzenhaltung nicht mehr über einen längeren Zeitraum verreist und sich niemand anderes um die Katzen kümmern soll, steht hiermit in Zusammenhang. Dies sei keine Entbehrung, weil es »auf der Welt nirgendwo so schön sein [kann, d.Verf.], wie zu Hause bei unseren Katzen« (H58: 332–333).[9]

Wenn diese und andere Halter:innen ein mit ihren Tieren geteiltes *Territorium* errichten, so bietet ihnen dies einen Entfaltungs- und Schutzraum für ein Leben in geteilten Gewohnheiten. Sie errichten sich ein *Refugium*, in dem sie von anderen ungestört sind und die Zu-Neigung exklusiv für jene bleibt, die ›drinnen‹ sind. Eine Befragte habe sich so ein »Paradies« (H6: 781) am »Ende der Welt« (H6: 12) geschaffen. Hier identifizieren wir eine Steigerungslogik in den Lebensverläufen: Sind es zunächst die beschriebenen Plätze in einer Wohnung, die für

9 Hier materialisiert sich ein ›Preis‹, der für diese besondere Bindung von Halter:in und Tier zu entrichten ist, nämlich die Grenzziehung nach außen, wie sie für Gemeinschaften insgesamt charakteristisch ist (s. dazu grundsätzlich Plessner 2013, Bauman 2014). Nach wie vor werden Tiere auch zum Schutz von Eigentum eingesetzt, man denke nur an sogenannte Wach- oder Schutzhunde.

Tiere und das Zusammensein gebaut oder gestaltet werden, wird es später ein Eigenheim mit Garten oder das Haus jenseits anderer Humanzivilisation. Hier entscheiden dann zuweilen sogar die Tiere, im zitierten Fall der Hund, über die Gestaltung von Besuchen:

»Also er toleriert das, er ist auch freundlich zu allen und setzt sich dann aber neben die Leute. Und so nach einer halben Stunde fängt er an, unterm Arm den Arm hochzustupsen und das heißt: ›Stehe jetzt mal bitte auf.‹, ›Du kannst jetzt gehen, die Session ist beendet.‹, ja. [...] Also er, er komplimentiert die Leute dann wirklich raus, indem er ihnen sagt: ›Steh auf.‹. [...] Macht er mit mir auch, wenn wir irgendwo, wenn wir irgendwo zu Besuch sind und dann tüddelt er mal in den Gärten rum oder was auch immer, (.) kontrolliert alles. Und nach einer halben Stunde, manchmal auch nach einer Stunde, kommt er zu mir, schiebt mich hoch, sagt: ›Wir können jetzt gehen, ich habe alles gesehen.‹.« (H6: 559–568)

Werden Tiere im sozialen Umfeld nicht als vollwertiges Mitglied der Gemeinschaft erachtet und anerkannt, werden Kontakte oder Beziehungen auch beendet oder abgebrochen. Die Menschen, die mit Tierhalter:innen befreundet oder bekannt sind, müssen sich mit den Tieren und der Art und Weise, wie die Tier-Mensch-Beziehungen zwischen Halter:innen und Tieren konkret gelebt werden, arrangieren. Oftmals werden aufgrund der Tierhaltung neue, zur Gemeinschaft passende Beziehungen etabliert. Räumliche Ordnungen stehen somit in Zusammenhang nicht nur zu einem Affizierungsgeschehen, sondern auch zu humansozialen Vernetzungen und Sozialkontakten.

Relation: Anpassung ans angepasste Tier

Menschen und Tiere begegnen sich als Familie und Freund:innen. Sie richten sich wechselseitig aufeinander aus. Für die Halter:innen lässt sich feststellen, dass sie ihre Lebensgestaltung umfassend und mehrdimensional auf die Anwesenheit eines Tieres abstimmen. Sie nehmen in zeitlicher, vor allem aber auch räumlicher und sozialer Hinsicht Veränderungen vor, die teils so weitreichend und radikal sind, dass das Leben in der Außenansicht ›auf den Kopf gestellt‹ scheint. Das Wohnumfeld wird verlassen, und die sozialen Kontakte mischen sich neu. Die Halter:innen passen sich nicht nur in der Freizeitgestaltung an den tierlichen Aktionsradius oder seine Konstitution an, sondern auch in den Praktiken der Zuwendung. Teils zeigt sich im Interviewmaterial, wie am Fall H6 illustriert, dass eine solche Ausrichtung auf Tiere auch zu einer Fremdbestimmung durch deren Vorlieben und Befindlichkeiten führen kann.

Diese Anpassung ist jedoch kein eindimensionaler Prozess. Der Anpassung des Menschen entsprechen auf tierlicher Seite weitreichende Anpassungen, weswegen wir diese Relation als eine *Anpassung* (des Menschen) *ans angepasste Tier* fassen: Die Tiere müssen, wie auch die Menschen, gewissen Ansprüchen genügen, damit ein Zusammenleben im Sinne der Gemeinschaft möglich ist. Sie müssen ein bestimmtes Benehmen haben, damit sie dem Bild von Tieren als Freund:innen und Familie entsprechen und als Individuen mit Charakter und Persönlichkeit erfahren werden. Sie sollen kein ›aggressives‹ und ›wildes‹ Verhalten an den Tag legen, sondern sich, so wie der Hund von H5, als umgänglich erweisen. Tiere müssen angemessen offen und interaktionsfreudig sein, um dem für die Halter:innen kennzeichnenden Bedürfnis nach Nähe und Intimität zu entsprechen. Wenn jene Exklusivität entstehen soll, die diese Beziehungen auszeichnet, dürfen sie sich aber auch nicht allzu zugewandt gegenüber anderen verhalten, seien es Menschen oder Tiere. Um dies zu erreichen, wenden die Halter:innen, neben räumlichen (An-)Ordnungen, verschiedene Strategien zur Formung der Tiere an. Diese reichen von der Züchtung zugewandter und friedlicher Tiere bis hin zu besonderen Erziehungstechniken. Entsprechen die Tiere nicht dem Bild der umgänglichen, freundlichen und stetigen Begleiterin werden professionelle Tiertrainer:innen in Anspruch genommen. Bleiben die Bemühungen erfolglos, sind ein Scheitern der Beziehung und eine Trennung möglich.

3.1.3.2 Aktivität: Geteilte Erlebnisse

Bereits im Grundschulalter wünschte sich die Befragte H56 einen Hund. Die Eltern ließen sich jedoch nicht überzeugen und erlaubten ›nur‹ die Anschaffung eines Kaninchens. Als wir sie im Alter von 20 Jahren für unsere Studie befragen, lebt sie noch immer ohne Hund, dafür aber nun mit über 50 Kaninchen. Allein die Anzahl an Tieren könnte als Hinweis auf ein Motiv der Zucht gedeutet werden. Bei näherer Betrachtung zeigt sich indes eine gänzlich andere Lage: H56 betreibt mit ihren Tieren das so genannte Kanin-Hop. Es handelt sich um einen Sport mit Kaninchen, bei dem diese Hindernisse überwinden und dabei von ihren Halter:innen begleitet werden. Kanin-Hop gleicht damit dem bekannteren und weitverbreiteten Agility-Training, d.h. jener Form der gemeinsamen Betätigung von Mensch und Hund, von der Haraway (2003) in ihren Studien über die Beziehung zu ihrer Hündin Cayenne Pepper ausführlich berichtet hat. Die von vielen mit Hunden betriebene Aktivität teilt H56 insofern nun mit jenen anderen Tieren, die sie seit ihrer Kindheit begleiten.

Für H56 steht im Vordergrund, mit ihren Tieren aktiv zu sein, und das geht ihr zufolge mit Kaninchen genauso gut wie mit anderen Tieren. Schon bevor sie

> »das Kanin-Hop gemacht habe, bin ich oft irgendwie mit einer Karotte durch den Garten gerannt und meine Kaninchen sind mir hinterhergerannt. […] Und dann habe ich mich auch wirklich, eigentlich echt jeden Tag oder jeden zweiten Tag mindestens wirklich mit denen beschäftigt, wirklich mit Tricks, also Männchen machen, Pfote geben und sowas in die Richtung oder halt durch den Garten rennen. (..) Das habe ich viel gemacht.« (H56: 85–91)

Abb. 5: Kanin-Hop
Quelle: Privat, zur Verfügung gestellt von H56

Wenn sie an einem Turnier teilgenommen hat, habe sie auch »wirklich was mit dem Tier gemacht und habe wirklich- Das ist was ganz Anderes, wie jetzt einfach nur da zu sitzen und das Tier zu streicheln« (H56: 413–415). Gerade, weil es sich bei Kaninchen um sehr schreckhafte Tiere handle, beeindruckt sie das Vertrauen des Tieres, das »einfach in einer ganz fremden Umgebung, ganz selbstverständlich, mit ganz viel Mut und ganz viel Vertrauen in einen, einfach so eine Bahn springt, als wäre es nichts« (H56: 417–418).

Solche Motivlagen sind für die Tierhaltung im Muster »Aktivität« charakteristisch. Die Befragten wollen etwas gemeinsam mit ihren Tieren machen, sich mit ihnen beschäftigen und *Erlebnisse teilen*. Sie wollen, wie es die bereits zu Wort gekommene Katzenhalterin ausdrückt, keine Tiere halten, die »als Deko-Objekt oder Kuscheltier in meiner Wohnung so oder in meinem Haus so mit rumlieg[en, d.Verf.], sondern wirklich auch was aktiv mit den Tieren machen, dass man einfach wirklich so ein bisschen zusammenarbeiten kann« (H58: 52–54).[10] Im Bereich der Katzenhaltung treffen wir auf viele Befragte, denen es ein Anliegen ist,

10 Dass hier Fälle erwähnt sind, die bereits im Muster »Gemeinschaft« auftauchten, ist kein Versehen. Wir werden im Verlauf der Argumentation auflösen, in welchem Zusammenhang Beziehungsmuster und -verläufe stehen; dabei wird auch die Bedeutung der Mehrfachtierhaltung aufgegriffen, in der wir Beziehungen von Menschen zu mehreren Tieren antrafen (s. 1.3.5).

auf die Möglichkeiten einer aktiven Beschäftigung hinzuweisen und mit aus ihrer sich überholten Klischees ›aufzuräumen‹. Eine Befragte untermauert dies durch einen ausführlichen Bericht über das Clickertraining[11], das sie mit ihren Wohnungskatzen praktiziert:

»Und ich finde auch für die Erziehung der Katzen macht es das auch nochmal deutlich einfacher. Also erstens denke ich auch vom Verständnis von beiden Seiten, oder dass sie einfach auch lernen, was ein Nein ist und das auch auf andere Situationen übertragen können. (.) Und auch ja generell, dass man- Ich find das ist halt was wo Katzen oft total unterschätzt werden. Das heißt einfach: ›Ja, die kann man nicht erziehen, die machen halt, was sie wollen‹ und- und: ›Die machen alles kaputt, was sie wollen, hüpfen hoch, was sie wollen‹, aber die können ja schon sehr viel lernen. Nur halt vielleicht anders als Hunde. Und natürlich kann man nicht ihre- ihnen das normale Verhalten verbieten, aber man kann es ja dahin steuern, wo es dann erlaubt ist. Und dann lässt sie es auch da, wo es halt in Anführungszeichen verboten ist. [...] Eben auch unter dem Aspekt, dass es eben Wohnungskatzen sind und natürlich jetzt ihr Alltag halt auf das beschränkt ist, was sie halt in der Wohnung sehen und erleben. Und da möchte ich das auch als Bereicherung für sie machen, dass einfach ihr Alltag nicht so langweilig ist und sie immer wieder neue Herausforderungen haben. Also schon auch einfach zum Spaß, und das macht einem ja selber viel Spaß. Und auch die Katzen merkt man, dass sie da total Spaß dran haben, also wenn ich die Sachen rausräume, die kommen auch sofort beide und haben dann auch Lust mitzumachen.« (H60: 138–156)

Die Halter:innen schätzen an den gemeinsamen Aktivitäten vor allem die Möglichkeit des *Sich-Einlassens auf die tierlichen Wahrnehmungsweisen*. Dies lässt sich erneut exemplarisch an H56 verdeutlichen. Sie ist fasziniert von dieser Form der Interaktion mit ihren Tieren und beschreibt ihre Kaninchen als

»so frei. Ja, die sind so frei und die (.) sind auch so interessiert an Menschen und an Interaktionen und (.) ich weiß nicht, die betrachten die Welt so anders irgendwie. Ich weiß zwar auch nicht wie, aber wenn ich die mir so angucke, die sind so interessiert und neugierig und total lebensfroh und das begeistert mich einfach voll« (H56: 99–102).

Im Kanin-Hop-Parcours sind Halter:in und Kaninchen durch eine Leine verbunden. Jedwede Dominanz der Halter:innen etwa durch Druck oder Ziehen führt jedoch, wie H56 erklärt, zum Punktabzug während des Wettkampfs. Die Zusammenarbeit von Tier und Mensch erfolge daher vor allem über eine sensible und sich in das tierliche Gegenüber einfühlende körperliche Kommunikation. H56 beschreibt diese als eine besondere Fähigkeit, die sich einerseits aus einer über die Jahre gesammelten Erfahrung im Training der Tiere speist; andererseits spiele eine Rolle, wie gut Mensch und Tier sich kennen und aufeinander abgestimmt und miteinander eingespielt sind.

11 Beim Clickertraining werden Verhaltensweisen, die Halter:innen fördern wollen, mit einem Click ›markiert‹ und belohnt.

Dass den Halter:innen diese Verständigung gelingt, resultiert maßgeblich daraus, dass sie ihre Lebensgestaltung umfassend an der Aktivität mit den Tieren ausrichten. Die Freizeit wird fast ausschließlich dafür verwendet, etwas mit Tieren zu tun, sich in den passenden sozialen Netzwerken zu informieren und auszutauschen oder Kurse zu besuchen, in denen man sich zum Thema fortbilden kann. In vielen Fällen sind hieraus Freundschaften mit Menschen erwachsen. Die Beziehung zwischen Halter:in und Tier ist im Muster »Aktivität« somit nicht von einem geteilten gewöhnlichen Alltag wie bei der Gemeinschaft gekennzeichnet, sondern, im Gegenteil, vom *Teilen des Außeralltäglichen*. Im Zentrum dieser Tier-Mensch-Beziehungen stehen *besondere Erfahrungen und Erlebnisse*.

Tierbild: Tiere als animalische Wesen

Im Unterschied zum gemeinschaftlichen Zusammenleben von Tier und Mensch beschreiben die Befragten Tiere nicht primär als Freund:innen oder Familienmitglieder, sondern bevorzugt als *Partner:innen* mit denen sie ein *Team* bilden. In den Interviews finden sich ausführliche Darstellungen, in denen über die zumeist seit vielen Jahren mit Tieren geteilten Hobbies und Unternehmungen berichtet wird. Die geteilten Erlebnisse rangieren an erster Stelle des Freizeit- und Privatlebens, und die Befragten schaffen sich teils eine Fülle an Equipment an, lernen über die Aktivität mit den Tieren »gleichgesinnte Menschen« (H40: 100) kennen und passen ihre Sozialkontakte entsprechend an. Haben die Befragten langjährige und umfassende Erfahrung im gewählten Betätigungsfeld, werden sie für Neueinsteiger:innen zu Ratgebenden. So wird durch die Beteiligung in Tiervereinen und ehrenamtliche Tätigkeiten aus einem anfänglichen Hobby ein größeres Engagement bis hin zu einem Lebensstil, an dessen Aufrechterhaltung die Tiere einen entscheidenden Anteil haben.

Häufig beginnen die Befragten eine bestimmte Aktivität zusammen mit einem konkreten Tier, für das sie nach einer Beschäftigung suchen. Im weiteren Verlauf jedoch ändert sich das Vorgehen: Bei nachfolgenden Tierauswahlen wird die Frage, ob die Aktivität auch mit dem neuen Tier möglich ist, d.h. seine *Eignung*, zum *Auswahlkriterium* für weitere Tiere – ganz wie im eingangs geschilderten Fall von H56, die sich gegen einen Hund und für eine wachsende Zahl an Kaninchen entscheidet. In diesem Zusammenhang rückt ein Tierbild in den Vordergrund, das stärker an *art- und/oder rassetypischen Merkmalen* orientiert ist.

Illustrieren lässt sich dies an der Befragten H41, die im Interview schildert, wie sie über ihre erste Hündin »den Spaß an einem speziellen Hundesport, nämlich Dummytraining entdeckt« (H41: 45) hat. Hierbei werden Hunde durch das Apportieren von Attrappen in ihrem Jagdtrieb geschult. Von Zuchtverbänden werden Prüfungen und so genannte »Working-Tests« (H41: 101), auch in

Wettkampfform, angeboten, an denen sportbetreibende Halter:innen teilnehmen können, und die auch »im Rahmen von Zuchtzulassungen [...] teilweise erforderlich« (H41: 97–98) sind. Gefragt nach dem Zeitaufwand, werden für eine fokussierte Dummy-Arbeit durchschnittlich zwei Stunden pro Woche angegeben. Katzenhalter:innen berichten uns von täglichen Trainingssessions à 15–20 Minuten, und Pferdehalter:innen arbeiten täglich mehrere Stunden mit ihren Tieren. H41 nimmt professionelle Trainer:innen in Anspruch und bereitet Erlerntes selbständig zu Hause und im Gelände auf. Hier kommt das bereits erwähnte Equipment zum Einsatz:

»Also, was man auf jeden Fall braucht, sind eben Dummys. Das sind diese, ich sage mal, sandgefüllten Säckchen, die halt eben das zu apportierende Wildstück imitieren sollen. Die gibt es in verschiedenen Gewichten und Größen und Formen und was weiß der Kuckuck. Und das-, also, das macht man eigentlich mindestens-, braucht es eben so einen Standard dann. Oder eben auch mehrere, um dann verschiedene Aufgaben auch-, also, je nach Aufgabenstellung braucht man eben auch mehrere [...]. Und dann braucht der Hund eigentlich sonst nichts an Ausrüstung. Der läuft also auch tatsächlich während der Dummy-Arbeit nackig, wenn er halt-, ganz ohne Geschirr. Da gibt es aber extra diese Moxon-Leinen extra dafür oder Retriever-Leinen werden die manchmal auch genannt, die eben Leine und Zugstopp halt dann in einem sind [...]. Dann gibt es noch für den Hunder- also, für den Hundeführer gibt es noch, also, Ausrüstung, ja, Verschiedenes. Eine Pfeife ist auf jeden Fall essenziell, die braucht man auf jeden Fall. Und dann gibt es aber eben auch noch so verschiedene Westen mit extra wasserdichten Taschen, wenn man die damit einerseits gut verstauen kann, da kommen ja auch ein paar Kilo zustande, wenn man nicht nur eins dabeihat, sondern vielleicht ein paar. Und wo man sie auch wegtun kann, also, dass der Hund sie nicht mehr im Sichtbereich hat. Ja, und wo Platz ist für sonstiges Utensil, Leckerchen, irgendetwas, um zu prüfen, aus welcher Richtung der Wind kommt, Markierungsstäbchen oder -fähnchen und was es da nicht alles gibt. Spielzeug zur Belohnung, das ganze übliche Zeug, das man sowieso immer dabeihat als Hundemensch, also, Pfeifchen, Tütchen, was gibt es noch, so etwas alles.« (H41: 117–142)

Auch H41 hat ihre derzeitige Hündin gezielt ausgewählt, um einen begonnenen Tier-Sport nun mit ihr weiterbetreiben zu können. Die Hündin stammt »aus einer Arbeitslinie und aus einer jagdlichen Leistungszucht, die sind sehr krass triebig und haben auch so einen enormen Bewegungsdrang und, ja, neigen halt einfach dazu, so ein bisschen hyper zu sein« (H41: 79–82). Gefragt nach ihrer Motivation, mit ihrer ersten Hündin mit dem Dummy-Training zu beginnen, antwortet H41, dass sie diese vor allem »auch rassengerecht« (H41: 174–175) beschäftigen wollte. Auch ihr selbst habe Dummy-Arbeit als Form der Betätigung mit dem Tier besonders zugesagt; mehr als »Unterordnung beispielsweise oder Obedience[12] oder irgendwelche Tricks« (179), weil »der Hund [...] auch wirklich eigen-

12 Unter »Obedience« werden Übungen versammelt, die dazu dienen sollen, dass ein Tier den Anweisungen eines Menschen folgt, d.h. gehorsam ist.

ständig arbeiten können muss, und, ja auch wirklich sein Gehirn dabei benutzen« (H41: 184–185).

Dieses Motiv, die *Eigenständigkeit der Tiere zu fördern*, ist zentral im Muster »Aktivität«; Tiere sollen »etwas Selbstbestimmtes machen« (H60). Gezielt suchen die Halter:innen nach einer gemeinsamen Tätigkeit und Unternehmungen mit ihren Tieren, durch die sie deren besonderen Sinnen gerecht werden und sie fördern können. Im Gegenzug suchen sie zugleich nach Tieren, mit denen »man viel machen kann« (H40: 80), die »durchaus kernig sind« (H40: 80) und eine »Herausforderung« (H28: 68), so wie es ein Hundehalter ausdrückt. Zusätzlich zu einem bereits vorhandenen Schäferhund adoptierte er daher eine Huskyhündin.

»Weil der Schäferhund ist eben-, das wird langweilig, wenn du-. [...] Der läuft-, egal was du machst, der läuft dir immer hinterher. Also bei denen ist das sehr, sehr ausgeprägt. [...] Das wird eben dann-, irgendwann ist das langweilig. [...] Du hast da also wie gesagt gar keine Herausforderung mehr in dem Sinne natürlich. Jetzt holst du einfach noch einen Hund. Und dann ist das eben ein Husky geworden. Eigentlich wollte ich einen Hybriden haben, so einen Wolfs-. Also etwas original-. Da hat aber meine Frau gesagt: ›Das kannst du vergessen.‹ Und dann ist es eben ein Husky geworden. Weil der Husky ist ja auch, sage ich einmal so die-, kommt ja gleich nach dem Wolf, im Prinzip.« (H28: 183–195)

Insgesamt zeigt sich ein Tierbild, in dem die Tiere als Wesen einer wilden oder wahren Natur gezeichnet werden. Solche Tiere sind nicht vordergründig ›umgängliche‹ Familienmitglieder, sondern *animalische Wesen*, ausgerüstet mit besonderen Sinnen, über die Menschen nicht voraussetzungslos zu verfügen scheinen, die sie aber trainieren und formen und in den mit Tieren geteilten Aktivitäten erfahren können.

Affizierung: Tier-Werdung

Während der Erhebung sind wir erstmals im Rahmen einer Feldbeobachtung im Bereich des sogenannten Mantrailings darauf aufmerksam geworden, dass sich Menschen im Zuge geteilter Aktivitäten an den Wahrnehmungsweisen der Tiere orientieren und diesen folgen. Beim Mantrailing handelt es sich um eine Suche nach Personen oder Gegenständen, die mit einem Hund vorgenommen wird bzw. für die ein Hund trainiert wird. Mittlerweile wird Mantrailing von vielen Hundehalter:innen praktiziert, wobei es vielfach weniger um die Ausbildung eines Rettungs- und Suchhundes geht, sondern im Vordergrund steht die Freizeitgestaltung mit Tieren. Daneben sind Varianten anzutreffen wie die bereits skizzierte Dummy-Arbeit, Obedience und Schutzhundeausbildungen und nicht zuletzt Agility. Im Mantrailing sollen die Hunde durch sogenannte »Nasen-Arbeit« (H9: 374) verlorene Gegenstände oder vermisste Personen aufspüren. Die Halter:innen sollen ihre Tiere dabei nicht stören, sondern ihnen folgen. So ist der Mensch, vermittelt durch die Hundeleine, mit der Hundenase verbunden und orientiert sich an der tierlichen Wahrnehmung; der Tierkörper wird zu einem Medium der menschlichen Wahrnehmung, muss aber auch entsprechend trainiert werden, und die Hunde müssen die letztlich ritualisierten Abläufe der Nasen-Arbeit einstudieren.

In der Forschung ist der affektive Charakter derart geteilter Unternehmungen sowohl für Hunde als auch für Pferde bereits gut dokumentiert (s. Haraway 2003, 2008; Despret 2004; Maurstad/Davis/Cowles 2013; Pütz 2019, 2021). In unserer Studie berichten uns darüber hinaus Halter:innen von Katzen oder Kleintieren wie Kaninchen davon, dass sie solche Aktivitäten mit ihren Tieren unternehmen, wie etwa das erwähnte Clickertraining oder Kanin-Hop. Die Befragten stehen in intensiver (leib-)körperlicher Kommunikation mit ihren Tieren und reagieren auf deren Körpersprache. Sie lassen sich nicht nur auf die tierlichen Wahrnehmungsweisen ein, sondern lassen diese auch aktiv zu. Halter:innen schildern uns, wie sich beim Spazierengehen mit ihren Tieren ihre Wahrnehmung verändert.

»Ja, also, ich finde, es gibt ja noch viel mehr Situationen mit dem Hund, die irgendwie-, also, wo ich denken würde, das fördert auch meine Entspannung total. Also, ja, also, klar, natürlich auch so irgendwie gemeinsam Kuscheln oder so, oder wenn ich jetzt mit ihr in der Natur bin und [...] es gibt manchmal so Momente, wo sie so-, da sieht sie wirklich aus, als wenn sie lacht. Das ist natürlich meine menschliche Interpretation, aber so der ganze Hund ist so voller Energie und Freude, und sie pest so über die Felder und wirkt einfach so richtig ausgelassen und glücklich. Und da merke ich manchmal, also, das macht mich dann auch glücklich. Also, wenn ich das sehe, das überträgt sich irgendwie so. Ich weiß nicht, das hat dann manchmal richtig, so richtig Gänsehaut, und du denkst so, es ist so schön, irgendwie diese Lebensfreude, die ich dann so sehe. Also, so interpretiere ich es jedenfalls. Ja, das ist dann schon auch wieder was sehr, sehr Positives, wenn der Hund dabei ist, so. Ja.« (H1_2: 245–256)

Einige Personen berichten, sie könnten ohne ihre Tiere (insbesondere Hunde) überhaupt nicht spazieren gehen. Es fehle dann etwas; mitunter erscheint es ihnen als sinnlos. Eine weitere Halterin schildert, wie sich der Bedeutungsgehalt einer großen Straßenkreuzung wandelt, je nachdem, ob ihre ängstliche Hündin dabei ist oder nicht.

»Also ich bin früher glaube ich total, auch so im Straßenverkehr herumgelaufen. Ja, man kennt es als Mensch. Es ist laut und so weiter. Das mache ich jetzt überhaupt nicht mehr. Weil sie ja total Angst vor lauten Motoren hat, zum Beispiel. Bin ich jetzt auch immer. Wenn ich schon merke, okay, es geht Richtung einer Straße, nehme ich das viel intensiver wahr zum Beispiel.« (H18_2: 104–108)

Das Tier vermittelt seine Angst über den körperlichen Ausdruck, die Halterin antizipiert eine ihr bereits bekannte tierliche Wahrnehmungsweise und wählt, aus Rücksicht, einen anderen Weg.

Die skizzierten Affizierungen typisieren wir als *Tier-Werdung*. Mit diesem Begriff wollen wir dem Sachverhalt gerecht werden, dass Halter:innen im (leib-)körperlichen Zusammensein mit ihren Tieren und in geteilten Unternehmungen tierliche Wahrnehmungsweisen antizipieren und mitunter übernehmen. Dadurch gelangen auch sie selbst zu einer veränderten Raum-Zeit-Wahrnehmung.[13] Tier-Werdung ist nicht auf den Bereich des Trainings oder Sports mit Tieren beschränkt, sondern in der Breite der Aktivitäten anzutreffen, so z.B. auch auf gemeinsamen Spaziergängen. Als Affizierungsweise ist sie ebenfalls nicht voraussetzungslos. Die skizzierten sowie vergleichbare Aktivitäten setzen zum einen ein Tier voraus, das daran Freude zeigt und gern ›mitmacht‹. Vor allem erfordern sie aber einen Tierkörper, der entsprechend belastbar ist. Kann eine rassetypische physische Konstitution der Tiere per Auswahl beeinflusst werden, sind mit der Alterung des Tieres und seinem Gesundheitszustand Einflussfaktoren aufgerufen, die die Aktivität beeinträchtigen können. Lassen sich Erlebnisse nicht mehr teilen, bleibt davon auch die Beziehung zwischen Tier und Mensch nicht unberührt.

Räumliche Ordnung: Gegenwart und Umgebung

Während der Aktivitäten und geteilten Erlebnisse werden *besondere Weltzugänge* aufgespannt (s. dazu auch Mönkeberg/Jürgens/Kurth 2024: 19).[14] Alle Befragten schildern uns als Konsequenz des Sich-Einlassens auf tierliche Wahrnehmungsweisen, dass sie stärker ins ›Hier und Jetzt‹ kämen: Sie erschließen Welt als konkrete und direkte Umgebung und erfahren sie als unmittelbar und ›im Moment‹ gegeben, ohne einen darüberhinausgehenden referentiellen Kontext oder Verweisungszusammenhang. Eine Befragte, die in ihrer Freizeit eine Ponystute betreut, drückt dies folgendermaßen aus: »Ich würde wirklich sagen, dass das halt so ein komplett anderer Modus ist zu denken. Also, so vielleicht auch so, wenn man es so (.) eher so etwas Nichtbegriffliches irgendwie« (H21: 429–431). Sie findet im Tier »ein Gegenüber [...], das auf einen reagiert, und mit dem man irgendwie so mehr oder weniger kommunizieren kann, aber auf einer nichtdiskursiven Ebene, sage ich mal« (H21: 382–384). Mit unseren Worten: Sie findet eine *ge- und belebte Gegenwart*. In der Folge »erwische« (H21: 397) sie sich manch-

13 »Tier-Werdung« verstehen wir hier, weniger metaphorisch als Deleuze & Felix Guattari in »Tausend Plateaus« (1992: 324), als Betonung konkreter Interaktionen und Begegnungen von Tieren und Menschen (s. dazu Mönkeberg/Jürgens/Kurth 2024: 7 ff.; bereits Schröder 2022). Damit orientieren wir uns an den Thematisierungen in den interdisziplinären Human-Animal Studies und in der empirischen Tier-Mensch-Forschung.

14 Der Begriff findet sich auch im Werk von Lindemann (2014), ist dort jedoch theoretisch-konzeptionell angelegt, hier indes empirisch zu verstehen.

mal »so nach drei Stunden, dass ich jetzt drei Stunden nicht nachgedacht habe über irgendwie entweder die Arbeit oder halt irgendwelche Nachrichten oder so etwas« (H21: 397–399). Ein Hunde- und Katzenhalter schildert, wie er »ein Stück weit ruhiger« (H27: 288) wird durch seine Tiere. Nach einem stressigen Tag

> »sind unsere Tiere da und sind für uns halt auch irgendwo der Ruhepol. Die bringen uns runter. […] Ja, also wenn ich jetzt, ich sage mal 15 Stunden auf der Arbeit bin […], und ich komme dann nach Hause völlig entnervt, völlig gestresst, wartet dann glücklicher Hund auf mich schon sehnsüchtig an der Tür, ist ganz glücklich, wenn ich reinkomme, wedelt freudig mit seinem Schwänzchen, springt hoch, freut sich, mich zu sehen, knutscht mich ab und ja, zeigt mir halt auch einfach: ›Komm runter, jetzt bist du bei mir. Ich brauche dich. Ich gebe dir gute Laune.‹« (H27: 292–297)

Die Befragten berichten, dass ihnen solche Erfahrungen im Zusammensein mit anderen Menschen oftmals verschlossen bleiben; sie werden als Mehrwert des interspezifischen Zusammenlebens hervorgehoben.

Die geschilderten *Vergegenwärtigungen* stehen in Zusammenhang mit einer besonderen Raumerfahrung: Folgen Menschen Hundenasen und erschließen sich die Welt in einer derart ›kleinteiligen‹ Weise, stellt sich eine Fokussierung ein. Raum wird als *konkrete Umgebung* er- bzw. durchlebt, wie sich auch in den skizzierten Erfahrungsberichten über das Stehen an einer lauten Straßenkreuzung dokumentiert oder in der ansteckenden Lebensfreude, wenn eine Hündin freudig über eine Wiese läuft. In diesen Fällen tritt Begegnendes gemäß der mit dem Tier erlebten Situation und respektive als Resultat der jeweiligen Qualität der Tier-Mensch-Beziehung in Erscheinung. Wird das Tier als ängstlich erlebt, wird auch der Raum beziehungsweise die Raumerfahrung durch potentiell Bedrohliches strukturiert, so wie im Fall von H18, die neue Wege ohne Straßenlärm sucht. Erscheint das Tier hingegen freudig, ist die Erfahrung des Raumes entspannt und zerstreut, so wie im Fall von H1. Erneut treten somit Gefühle wie Angst und Freude in Erscheinung, die entweder Entfremdung oder (Ver-)Bindung erzeugen (s.o.). Nun aber ist der Ausgangspunkt für diese Veränderung die Beziehungsqualität selbst. Ihr folgen die Qualität einer Raumerfahrung und eine räumliche Ordnung, die für das Muster »Aktivität« charakteristisch sind: Dieser Raum ist kein Territorium, das, durch die Zu-Neigung von Tier und Mensch aufgespannt, klar in sich und nach außen hin begrenzt ist. Der Raum der Aktivität ist demgegenüber ein *Umgebungsraum*. Er erinnert an die Umwelten von Jakob von Uexküll (1970) und wird in besonderer Weise gemeinsam mit dem Tier er-fahren und durchschritten. Konstitutiv ist eine größere *Tier-Mensch-Distanz* und die zugrundeliegenden Beziehungen zeichnen sich durch eine *hohe Mobilität* der Spezies aus; sie sind weniger an einen Ort gebunden als im Muster Gemeinschaft. Um- und Anbauten beziehen sich entsprechend vor allem auf bewegliches Mobiliar oder den Ausbau von PKWs; Anschaffungen der Halter:innen für die

Tiere betreffen bevorzugt bewegungsermöglichende Gerätschaften wie spezielle Tieranhänger.

Relation: Herausforderung von Tier und Mensch
Im Muster »Aktivität« treffen Tiere und Menschen als Partner:innen aufeinander und bilden ein Team. Die Halter:innen räumen den mit Tieren geteilten Aktivitäten Priorität in ihrem Freizeit- und Privatleben ein. Sie ordnen ihre humanen Sozialkontakte dieser Schwerpunktsetzung unter und nehmen teils umfassende Investitionen in Technik und Equipment vor. Mit zunehmender Erfahrung im gewählten Betätigungsfeld fungieren sie für Neueinsteiger:innen als Ratgebende und Unterstützer:innen; aus einem anfänglichen Hobby wird durch die Beteiligung in Tiervereinen oder ehrenamtliche Tätigkeiten häufig ein immer größeres Engagement. Als handlungsleitend und beziehungsstrukturierend erweist sich der Anspruch der Halter:innen, nicht nur etwas gemeinsam mit ihren Tieren zu unternehmen, sondern erst dadurch den ›Tieren als Tieren‹ gerecht zu werden. Dies erfordert die Bereitschaft und Befähigung, sich umfassend auf ein Tier einzulassen, seine Wahrnehmungsweisen zu erschließen und immer wieder die Rahmenbedingungen und Initiationen für gemeinsame Aktivitäten und Erlebnisse mit dem Tier zu stiften.

Durch die mit Tieren geteilten Aktivitäten gelangen die Befragten zu einer veränderten Raum- und Zeitwahrnehmung, die mit einer Erfahrung *gelebter Gegenwart* verbunden ist. Sie wird als besonderer Mehrwert der Tierhaltung und eine besondere Lebensqualität akzentuiert, ergibt sich jedoch nicht aus der unmittelbaren Begegnung von Mensch und Tier, sondern wird aktiv befördert: Die Befragten betonen, dass Tiere bereits von sich aus alles für die gemeinsame Aktivität ›mitbringen‹, doch dokumentieren Interviews und Beobachtungen, dass sie sich Tiere auch allererst als Wesen mit anderer Wahrnehmung erschließen und trainieren.

Folglich erhalten die Tiere in den Beziehungen großen Entfaltungsspielraum, doch müssen sie qua Rasse, Alter, Geschlecht und gesundheitlicher Konstitution auch die Voraussetzungen dafür mitbringen, dass bestimmte Aktivitäten überhaupt stattfinden können. Die Halter:innen lassen sich umfassend auf ihre Tiere ein, doch werden diese auch trainiert, damit sie sich in die von Menschen gewählten Aktivitäten einfügen, etwa, indem sie in der Dummy-Arbeit oder im Mantrailing die ritualisierten Abläufe der ›Nasen-Arbeit‹ einstudieren. Die identifizierten Wahrnehmungsweisen sind also nicht rein tierliche, sondern menschlich-tierliche Wahrnehmungsweisen und immer auch Ergebnis einer Formung des tierlichen Körpers. Das Muster »Aktivität« zeichnet sich insofern durch eine *Herausforderung von Tier und Mensch* aus. Anders als in der Gemeinschaft steht hier nicht eine nahezu holistische Nähe und Intimität im geteilten Alltag im Vordergrund, sondern die Tier-Mensch-Differenz ist im Vergleich größer. Die Tiere erscheinen als ausgestattet mit besonderen animalischen Sinnen, an deren Hervorbringung die Halter:innen aber einen mindestens genauso entscheidenden Anteil haben, wie im Umkehrschluss die Tiere an der humanen Lebensgestaltung. Die Befragten schätzen ihre Tiere als Wesen, die anders sind als sie selbst und orientieren ihre Lebensgestaltung stärker an dem Anspruch, den Bedürfnissen der Tiere *als* Tiere gerecht werden. Hierin übernehmen sie, gerade als Menschen, »eine Verantwortung [...], die sie [die Tiere, d.Verf.] nicht übernehmen können« (H18_2: 150–151).

3.1.3.3 Sorge: Geteiltes Leid

Abbildung 6 zeigt eine Vogelvoliere samt Bewohner. Der Befragte, der es uns zur Verfügung gestellt hat, ist zum Interviewzeitpunkt zwischen 30 und 40 Jahre alt und bewohnt ein Haus mit großem Garten. Es gibt mehrere Volieren, in denen verschiedene Vögel und Kleintiere beheimatet sind; weitere Tiere leben mit im Haus.

Abb. 6: Vogelvoliere für Papagei von H48
Quelle: Privat, zur Verfügung gestellt von H48

H48 hat eine lange Tierhalterkarriere, zu der bereits früh Pflegetiere gehörten. Im Alter von fünf Jahren hat er sich um eigene Kaninchen gekümmert. Weitere Tiere waren stets im Haus, und früh ermutigte er seinen Vater, eine Voliere für die Vögel zu bauen, da ihm die vorhandenen Käfige als zu klein erschienen. Nach und nach ist er so in die Versorgung und Verantwortung für die Tiere hineingewachsen. Früh entstand der Wunsch, beruflich etwas mit Tieren zu machen, den H48 auch in die Tat umsetzte.

Die Tiere, die H48 hält, stammen allesamt aus problematischen Verhältnissen. Er berichtet davon, dass die Halter:innen der Tiere, die er bei sich aufnimmt, mit diesen überfordert seien und sich ihre Versorgung insbesondere am Lebensende der Tiere nicht zutrauen. Er selbst hingegen verfüge über das nötige Knowhow, um die Tiere angemessen zu pflegen:

»Ja, weil ich, weil ich halt damit äh kein Problem habe, so ein Tier aufzunehmen. Und ich mir dem auch bewusst bin, was das für 'ne Arbeit ist, wenn die ein Medikament kriegen müssen. Und das ist halt oft so, dass die Leute das nicht machen können. Oder halt Angst dann davor haben, diesen Schritt zu gehen, wenn man sagt: ›Jetzt geht's halt nicht mehr.‹ [...] Für viele ist das Ende halt, dieses Abschiednehmen, das das Schwerste. Und das wollen- das versuchen, die meisten halt vor sich hinzuschieben und hoffen halt immer, dass das Tier von alleine dann halt einschläft und äh. Ich hab' damit halt kein Problem, dann halt auch zu sagen, wenn's denn einfach nicht mehr geht, dann zu sagen: ›Wir erlösen das Tier jetzt.‹, weil ich ja auch weiß, sie hatten es dann bei mir gut für die Zeit, wo sie da waren und äh- Ja. Dass sie dann halt äh nicht mehr oder weniger irgendwo abgegeben werden, wo die Leute sich dann nicht mit auskennen oder halt dann wirklich bis zum Ende äh quälen oder solche Sachen.« (H48_2: 58–72)

Die Frage, ob er sich ein Leben ohne Tiere vorstellen könne, verneint H48 klar und gibt dazu den Hinweis »Der Mensch ist [...] für den Moment, und die sind, Tiere sind ja ein Leben lang äh bei einem« (H48: 419). Seiner Einschätzung nach kann man sich bei Menschen, im Unterschied zu Tieren, nie sicher sein, ob sie einen wieder verlassen. H48 beschreibt sie als undankbar und nicht authentisch; Tiere hingegen zeigten unmittelbar an, wenn sie jemanden nicht mögen, z.B. indem sie aggressiv sind oder beißen. Helfe er ihnen, erlebe auch er selbst eine Veränderung zum Positiven:

»Ja also viele- ob jetzt Kaninchen oder meine Papageien, das merkt man schon, dass die, wenn die dann auf einmal Platz haben zum Fliegen oder zum Hoppeln, dass die dann schon extrem aufblühen und auch nochmal so 'n Schub kriegen, und wie die dann halt auch aufgehen in den Gruppen. [...] Äh, da, dass, dass die auf einmal halt äh sich mit den anderen beschäftigen. Man sieht's also, wenn die dann auf einmal baden oder äh ihr Obst kriegen und (.) einfach 'n ganz Anderes- Die sitzen ja oft im Käfig einfach nur so rum und sind einfach äh, einfach da. Und hier fang' die halt an zu klettern, zu fliegen und und ja. [...] Die werden einfach aktiver, mobiler. Und äh ja.« (H48_2: 84–95

In unserem Sample sind zahlreiche Halter:innen vertreten, die Tiere adoptieren oder bei sich aufnehmen, die pflegebedürftig, krank oder in irgendeiner Weise beeinträchtig sind. Diese Befragten richten ihr Leben umfassend an den Tieren aus. Sie wenden viel Zeit und Geld auf, um den Tieren zu helfen, und nehmen ebenfalls weitläufige Umbauten für die Tiere an ihren Wohnstätten vor. Anderen Halter:innen stehen sie umfassend mit Rat und Tat zur Seite. In der Regel praktizieren sie Mehrfachtierhaltung und vermitteln aufgenommene Tiere, sofern möglich, weiter. Im Zentrum dieser Tier-Mensch-Beziehungen steht nicht ein Teilen des gewöhnlichen Alltags oder von besonderen Erlebnissen, sondern ein mit Tieren *geteiltes Leid*, dem die Halter:innen Abhilfe schaffen wollen. Sie wollen Tieren helfen, erfreuen sich daran, wenn es diesen in der Folge bessergeht, und können zudem die Expertise einbringen, die sie über die Jahre hinweg im Umgang mit den Tieren erworben haben.

Tierbild: Tiere als vulnerable Wesen

Die Befragten beschreiben ihre Tiere als hilflose Wesen, die sich nicht angemessen wehren können und, anders als Menschen, eine missliche Lage nicht selbst verschuldet hätten. Sich selbst begreifen sie »als Sprachrohr für das Tier« (H32: 357). Die Tiere der Halter:innen sind in besonderer Weise pflegebedürftig, jedoch trifft dies, insbesondere bei Mehrfachtierhaltung, keineswegs auf alle Tiere zu, und auch der Grad der Beeinträchtigung schwankt. Von den Befragten werden die Tiere als (grundsätzlich oder potenziell) *vulnerable Wesen* dargestellt. Sie seien nicht hinterhältig und lügen nicht, sondern, gerade vor dem Hintergrund einer durchgemachten Leidensgeschichte, besonders authentisch bis dankbar, wie ein Befragter ausführt.[15] Gemeinsam mit seiner Lebensgefährtin hält er mehrere Hunde aus dem Tierschutz. Erst kürzlich haben sie eine Hündin mit ihren Welpen bei sich aufgenommen.

»Also ich denke ein Hund gibt ganz viel zurück. Ich weiß nicht, ob man sagen kann, dass er dankbar ist. Weiß ich nicht. Kann jetzt nicht so sagen. Aber man hat Gefühl, oder man hat das Gefühl, dass da so ziemlich ungefiltert eins zu eins das auch durchkommt, was man bewirkt, oder was man Gutes tut. Ja. [...] Das auf jeden Fall und aber auch gepaart mit schon, ja, ja ich sage jetzt mal Dankbarkeit. Also ich meine, ich habe das Gefühl immer, so ein Hund, vielleicht auch gerade, wenn er gewisse Erfahrungen hat auf der Straße, da kommen so manche Sachen schon gut an. Der weiß das schon zu schätzen, wenn er mal ein warmes Bett hat oder mal ein gutes Essen oder überhaupt sich mal sattessen kann, ja, oder Kontakte hat in einem Umfeld mit anderen Hunden, mit sozialisierten, wo es nicht darum geht, die anderen nur zu verbeißen, weil man dessen Schlafplatz braucht oder das letzte Stück Futter irgendwo aus dem Gelben Sack holen muss. Ja. Also ich, ja-. Also Hunde sind mir fast die lieberen Menschen.« (H29: 142–154)

In den Interviews ist eine *ausgeprägte Tier-Mensch-Differenz* auffällig. In etwas abgeschwächter Form trafen wir diese bereits bei den Halter:innen im Beziehungsmuster »Aktivität« an (s.o.), wo Tiere als Wesen eigener Art im Sinne von Natur-

15 Mit Bezug auf die Arbeiten von Barbara Smuts hat Haraway darauf hingewiesen, dass eine solche Zuschreibung von Ehrlichkeit an Tiere einen Ankerpunkt in deren nicht-linguistischen und verkörperten Kommunikationsformen finden könnte (vgl. Haraway 2008: 26 f.).

wesen konzipiert wurden. Hier hingegen dominiert ein Tierbild, das die empathische Seite von Tieren akzentuiert und sie als *fühlende Wesen* ausweist. Fragen der artgerechten Haltung oder des Stellenwerts oder Einflusses von Rasse, Alter und Geschlecht im Verhalten der Tiere sind für die Halter:innen fast ausschließlich unter der Perspektive der Versorgung relevant. Diese ist vom Anspruch der Halter:innen geleitet, Tieren ein gutes und würdiges Leben zu ermöglichen. Steht im Muster »Aktivität« die Eigenständigkeit der Tiere im Vordergrund, so geht es hier darum, Tiere darin zu unterstützen, ihre Fähigkeiten in einem durch ihre Einschränkungen begrenzten Radius auszuschöpfen.

»Ich-, wir hatten einen Hund aus [Landesname, d.Verf.]. Als wir-, als ich mit dem die ersten paarmal gegangen bin, war es kaum möglich den an der Leine- der war nicht leinenführig- den an der Leine zu halten, weil er den Gelben Säcken nachgestellt ist und auf die gesprungen ist, weil das für ihn existenziell war, sich von denen zu ernähren. [...] Da hat er natürlich auch spitzgekriegt, wenn er gemaßregelt wurde, dass das uns nicht gefällt. So. Und eine Zeitlang, als er die Konditionierung hatte, und hat gemerkt, er kriegt regelmäßig sein Futter. Er kriegt gutes Futter. Er hat da keinen Mangel, ist das komplett- Und das natürlich verbunden auch mit einem anderen Wohlwollen, wie man mit dem Hund umgeht, dass man ihn halt nicht maßregelt, ja, und nicht als zur Ordnung ruft, hat er dann über die Zeit das Verhalten komplett abgestellt. Durch die, ja- weiß ich nicht. Mit Sicherheit hat durch diese grundlegende Geschichte, dass er, ich sage es mal, ausreichend und besseres Futter bekommt, aber auch bin ich der Meinung, dadurch, dass er merkt, dass mit ihm anders umgegangen wird. Ja. Aufgrund weil er sich halt, ich sage jetzt mal angepasster oder unserem Bild angepasster verhält. Ja. Und wie gesagt, dieses Zusammenspiel, dieses Wechselspiel da, was da gegeneinander wirkt. Das kommt bei dem Hund ja an. Wie relaxt oder, na, relaxt ist das falsche Wort, aber wie wohlwollend man ihm gegenübertritt, egal jetzt mit Strenge oder nicht. Das kommt ja an.« (H30: 183–203)

Häufig sind Kontakte mit konkreten tierlichen Individuen initial für das Beziehungsmuster der Sorge. Nicht nur H48 schildert, wie zunächst ein konkretes Tier, ein »Pflegehund kleben geblieben [ist, d.Verf.], weil der halt sehr speziell ist« (H48: 121–122). Auffällig viele Befragte berichten von einem besonderen Tier, das sie veranlasst habe, in Zukunft weiteren Tieren zu helfen und die Lebensgestaltung hierauf auszurichten.

»Also wir hatten-. Nachbarn von uns, die hatten zwei Katzen, eine weiße und eine schwarze. Und dann haben wir da gesehen, ah, die behandeln die nicht so richtig. Und hat uns dann eigentlich leidgetan, die Katzen. Wurden immer rausgeschickt. [...] Katzen suchen sich ja ihre Herrchen. [...] Und dadurch kam eine Katze von denen automatisch, ohne dass wir es wollten- und eine superschöne weiße Katze, die kam dann zu uns. [...] Und diese Katze, die war so hübsch, so groß und so einmalig in dem Moment, ja, die hat dann ihren Weg über das Außenfenster zu uns gefunden. Ja. Und da waren wir irgendwie begeistert. Ohne gefragt zu haben. (...) Genauso war das ja auch. [...] Und das haben wir immer so gehalten, dass wir eigentlich immer beide Katzen haben. [...] Na ja, und jetzt haben wir wieder zwei neue. Aber alles Katzen aus, ja, entweder aus schlechten Haltungen, aus Tierschutzgründen, da sind wir auch ein bisschen engagiert. Und aus

Tierschutzgründen nehmen wir also keine Katzen von Züchtern. Sondern eigentlich nur aus, ja (...) aus [Landesname, d.Verf.]. Eine aus [Landesname, d.Verf.], genau. Tierheim, kommen da nicht klar. Und das sind dann also Katzen, die dann auch zeigen, die wollen ihren Besitzer haben. Und nicht in Großkäfigen mit anderen Katzen zu leben.« (H30: 86–113)

Die Befragten zeichnet aus, dass mit zunehmender Dauer der Tierhaltung die Bezugnahme auf konkrete Tiere abnimmt. Es kommt zu Mehrfachtierhaltung und serieller Haltung, d.h. einer Verstetigung des Wechsels der Tiere, indem Tiere weitervermittelt und neue aufgenommen und verstorbene Tiere ersetzt werden. Auch hier folgt die Auswahl, wie bei den anderen Beziehungsmustern, der jeweiligen Bezugnahme auf das Tier: ›Nachfolge-Tiere‹ sind verletzte, verängstigte Tiere, die von den Befragten in besonderer Weise versorgt oder unterstützt werden müssen. Resultat ist eine weitgehend *habitualisierte Sorgepraxis*, die sich sukzessive zu einem Kernelement von Lebensführung und Identität entwickelt.

»Ich könnte mir jetzt gar nicht vorstellen kein Tier zu haben. Das wäre für mich 'ne Sache- Das wäre einsamer. Die Aufgabe würde fehlen. Die auch ab und zu nicht gerade so angenehm ist, nämlich bei Winterwetter musst du mit dem Hund raus zwei Mal. Du hast dich ganz anders versorgt mit Pflege, mit Ausgehen, da wird sich getroffen mit anderen zum Spazierengehen. Also soziale Kontakte haben alleine über den- äh die Tiere zugenommen. Man bemüht sich ganz anders äh äh äh mit den Tieren. Die sind eben Teil einer Familie geworden.« (H30: 44–49)

Ist die Sorgepraxis nicht in einem familienähnlichen Arrangement verankert, fällt eine größere, vor allem auch räumliche (s.u.) *Distanz zwischen Mensch und Tier* auf. Diese steigert sich, wie im Fall H48, mit der Anzahl der gehaltenen Tiere und Spezies. Auch dieser Befragte kann sich ein Leben ohne Tiere nicht vorstellen, da ihm »der ganz normale Tagesablauf« (H48_2: 271) fehlen würde. Die Versorgung der Tiere stellt für ihn keine Belastung dar, sondern bereichert sein Leben.

»So morgens früh aufstehen, die Tiere, Hunde versorgen, mit den Hunden rausgehen. Und wenn das auf einmal wegfällt, wäre schon komisch für mich. [...] Man hat ja irgendwie so einen Tagesablauf. Äh, was wie gesagt so seine Routinen, äh wie man halt was äh macht dann. [...] Und die Tiere, also gerade bei den Papageien merkt man das schon morgens früh, wenn ich später dran bin als sonst, merkt man schon, dass sie unruhig werden, unruhig sind, und dann auch da so sitzen, so, äh: ›Jetzt mach mal voran. Wir wollen unser Obst, unser Essen haben.‹ Das merkt man schon bei denen. [...] Ich freue mich, wenn ich die versorgen kann, ich freue mich, wenn ich die füttern kann, versorgen kann, wenn ich die beobachten kann. (.) Äh das finde ich halt wirklich ganz spannend. Auch das Verhalten, die Tiere miteinander schon faszinierend zu sehen, dass sie ja genauso Charakterzüge haben wie wir Menschen. Dass es da zurückhaltendere Tiere gibt, man hat zickigere Tiere, man hat halt, ja, es ist alles halt vertreten.« (H48_2: 271–291)

Affizierung: An-Rührung

Die Halter:innen richten ihr Leben umfassend an der Tierhaltung aus und wenden viel Zeit und Geld auf, um den Tieren zu helfen. Ein Halter, der mehrere Hunde aus dem Tierschutz bei sich aufgenommen hat, schildert, inwiefern sich inzwischen seine gesamten Freizeitaktivitäten um Tiere drehen.

»Ich arbeite 30 Stunden oder 25 Stunden. Und der Rest meines Lebens geht dann für meine Hunde drauf. Also ist dann für meine Hunde da. Also ich weiß, die Zeit kann mir niemand wiedergeben und das hat für mich oberste Priorität, jede freie Minute mit den Tieren zu verbringen halt auch. Also ich würde jetzt auch nicht irgendwie wegfahren oder so ohne meine Hunde. Also ich glaube, ich bin mit denen verwachsen.« (H22: 517–522)

Für diesen Befragten, der sich auch ehrenamtlich im Tierschutz engagiert, gibt es »nichts Schöneres, als Tieren helfen zu können« (H22: 109–110). Er beschreibt es als seine »Erfüllung sozusagen« (H22: 110) und »das größte Glück überhaupt« (H22: 108–109), ein Tier »aus der Scheiße« (H22: 107) rausgeholt zu haben und zu sehen »›Okay, das Tier lebt jetzt da ein Leben wie im Himmel‹« (H22: 108). Das Zusammensein mit seinen eigenen Tieren bedeutet für ihn

»die höchste Lebensqualität überhaupt. Also ich habe da-, mein Herz geht auf. Ich habe eine sehr, sehr große Liebe zu diesen Geschöpfen und ich erfreue mich jedes Mal. Also es ist für mich das pure Glück, wirklich. Also wenn ich mit denen irgendwie draußen sein kann oder-, und ich sehe, denen geht es gut, die laufen umher und kuscheln dann oder wenn [Tiername, d.Verf.] halt auf mir drauf liegt und sich rekelt, das ist für mich das Schönste überhaupt. Also es ist-, ich möchte es nicht mehr missen. Also es ist wirklich für mich das schönste Gefühl überhaupt, wenn ich nach Hause komme, und dann sind meine Hunde da. Also das ist einfach so ein warmes Gefühl. Es ist halt für mich mein Lebensinhalt, also das Schönste überhaupt. [...] Und ich genieße halt auch wirklich jeden Augenblick halt und ich möchte nicht irgendwann sagen, ja, war halt wirklich nur bei Tieren nur eine begrenzte Lebenszeit da ist, dass ich halt mit denen nicht jeden Moment meines Lebens verbracht habe. Weil ich möchte halt wirklich die Zeit nutzen, weißt du. Das ist mir halt so wichtig. [...] Ich habe denen halt auch die Möglichkeit gegeben, ein schönes Leben-, also geliebt zu werden und das ist für mich halt auch so wichtig, dass die Ratten halt diese Liebe von mir spüren. Ja, dass ich denen das Leben ermögliche, genau. Weil sie halt alle irgendwie Scheiße hinter sich haben. Genau.« (H22: 531–578)

Gefragt nach ihren Beweggründen, berichten uns die Halter:innen zunächst von einem *Mitleid* mit den Tieren. Es erwächst, so unser Befund, in der (leib-)körperlichen Ko-Präsenz von Tieren und Menschen und wird von den Halter:innen am körperlichen Ausdruck der Tiere bemessen. Sie beobachten die Tiere, erfahren sie als starr, verschlossen und zurückgezogen und betonen deren Verletzlichkeit. Die Tiere hörten »das Fressen auf und ziehen sich komplett zurück und sind halt einfach vom Wesen her, vom Charakter her ganz anders« (H48_2:74-75). Auch im Fall der ängstlichen Hündin (s.o.) bemerkt die Halterin deren Nervosität vor allem in Form einer Gestaltveränderung des Tieres:

»Sie ist sehr schreckhaft. Vor vielen lauten Geräuschen hat sie Angst. Äh wenn jetzt zum Beispiel so 'ne Horde Menschen kommen würde, da würd' sie richtig in die Leine gehen und wegwollen, so. Ähm. Genau, nervös. Ähm sie zittert [...] aber auf einmal ist sie sehr nervös. Es ist schwierig, dass sie den Fokus auf mich behält. Mh ja, genau so. Viel rumgucken, alles irgendwie- alles ist zu viel, merkt man ihr einfach an. Äh ich glaub', wie so bei 'm Menschen, der dann irgendwie so Angst kriegt und dann nervös wegrennt.« (H23_2: 347–356)

Alle Befragten berichten von dem Wunsch, die Zustände tierlichen Leids aufzuheben oder zumindest zu ändern. Genesen die Tiere in ihrer Obhut, so ziehen auch sie selbst daraus einen Mehrwert. Es erfüllt sie mit einer tiefen *Freude* zu sehen und mitzuerleben, wie die Tiere infolge ihrer Pflege »aufblühen. Wie die sich dann eben weiterentwickeln. Ich sage mal vom schüchternen Tier zum aufgeblühten Tier oder zum Tier, was halt keine Angst mehr zeigt. Das ist schon schön zu sehen« (H48_2: 368–370). Die Tiere bewegen sich mehr und treten mit den Halter:innen, aber auch mit anderen Tieren in Interaktion. Die Halter:innen sehen die Versorgung der Tiere nicht als Last an.

»Ich hole auch ganz oft-, wenn ich mit den Hunden gehe, bringe ich Äste mit, frische Äste, wo schon Blätter dran sind oder Knospen. Die werden dann [in die Vogelvoliere, d.Verf.] reingehangen und dann sind die wie blöd. Dann haben die so viel zu tun den ganzen Tag. Und dann denke ich immer: ›Ach schön.‹ Unterwegs denke ich manchmal: ›Scheiße, jetzt musst du die Äste wieder mitschleppen.‹ ((lacht)) Aber wenn ich dann sehe, dass die da so Freude dran haben, dann macht mir das halt totale Freude. Weil ich immer denke, die hatten es-. Also, viele von den Tieren hier, hatten es ja auch vorher einfach nicht gut. Die kannten das ja gar nicht.« (H50_2: 526–532)

Für das Beziehungsmuster der Sorge ist auf der affektiven Ebene also nicht nur ein Mitleid mit den Tieren charakteristisch, sondern auch eine mit den Tieren geteilte Freude.[16] Aufgrund dieser *Doppelstruktur* fassen wir die bedeutsame Affizierung als *An-Rührung*. Hierbei steht, anders als in Zu-Neigung und Tier-Werdung, ein, letztlich kontemplatives, Beschauen der Tiere im Zentrum. Einerseits erfahren die Halter:innen die Vulnerabilität der Tiere in der betrachtenden Wahrnehmung ihrer Körper; andererseits ziehen sie eine Freude aus der Beobachtung der genesenen Tiere, und auch hierbei steht der körperliche Ausdruck der Tiere im Fokus. An ihm beobachten Befragte beispielsweise den Übergang von Angst zu Freude, wenn sich die zitternde ängstliche Hündin in »ein nicht zu haltendes, wackelndes Wesen« (H23_2: 359) verwandelt.

16 Auch Haraway stellt den geteilten existenziellen Erfahrungen des Leids, der Verletzlichkeit und der Endlichkeit des Lebens in den Verbindungen zwischen Tieren und Menschen eine expressive, relationale Vitalität zur Seite. Sie schlägt vor, dass »joy« eine nützliche Umschreibung für diese Vitalität sein könne (Haraway 2008: 310 f.).

Um mit den Tieren Mitleid und Freude zu empfinden, müssen die Tiere ihren Halter:innen also nicht körperlich nah, sondern vor allem *aus der Distanz heraus beobachtbar* sein, wie es in den Ausführungen des Befragten H33 exemplarisch zum Ausdruck kommt. Gemeinsam mit seiner Frau hält er zwei Kaninchen in einem Außengehege im Garten. Im Interview erörtert er, wie beruhigend es für ihn ist, »wenn man denen zuguckt da« (H33: 38). Da er die »Hasen« (H33: 12) als »Fluchttiere« (H33: 187) klassifiziert, besteht zwischen ihm und den Tieren so gut wie kein Körperkontakt; andere Personen sollen die Tiere ebenfalls nicht berühren.

> »Aber die Kinder, wenn sie dann zu uns kommen […]. Wir haben ja mehr kleine Kinder bei uns in der Familie, wenn die dann kommen, ich möchte mal rein, ich möchte mit dem spielen. Ich sage: ›Nein, kannst sie dir angucken, aber nicht-.‹ Das war natürlich- Kinder sind ja immer, die wollen ja anpacken und grabschen. Nein. Die dürfen nur gucken. […] Ja, soll man ja auch gar nicht machen. Die Hasen werden ja verstört, die haben ja Angst dann auch. […] Die sind ja immer auf der Hut, immer auf der Hut. Also wenn irgendwas ist, gehen die Ohren gleich hoch und dann gucken sie erst mal.« (H33: 370–309)

Vor allem Halter:innen von Kleintieren wie Meerschweinchen oder Degus schildern uns die Berührung dieser Tiere als eine fälschlich verstandene Tierliebe. Als Konsequenz platzieren sie die Tiere oftmals auch in einem größeren Abstand zu sich. In diesem Kontext weisen sie darauf hin, dass in der Versorgung der Tiere ein besonderes Wissen über deren Krankheiten und Gesundheitszustand sowie spezies- und rassetypische Fragen der Tierhaltung nötig ist. Die Befragten eignen sich dieses Wissen in der Regel selbständig an; mit fortschreitender Tierhaltungsgeschichte können sie auf einen großen Erfahrungsschatz zugreifen, setzen Erlerntes routiniert in die Praxis um und stehen anderen als Ratgebende zur Seite. Dies unterstreicht, dass die Affizierung der An-Rührung gleichwohl nicht voraussetzungslos erfolgt. Sie erfordert vulnerable Tiere und ein fundiertes Wissen um deren angemessene Versorgung. Daher sind auch in der Sorge Formveränderungen der Beziehungen bis hin zu Abbrüchen möglich, sobald sich die Tiere widersetzen und nicht ins Muster passen. Da die Halter:innen im Sample jedoch per se pflegebedürftige Tiere auswählen, ließen sich solche Situationen nicht umfassend beobachten.

Räumliche Ordnung: Habitate

Die Halter:innen richten *weitläufige Gehege* für die Tiere ein. Sie betreiben Hühnerhaltung außerhalb des eigenen Wohnortes und statten den Stall umfassend mit technischen Equipment zur Versorgung und Überwachung der Tiere aus. Sie bauen großzügige Volieren für Vögel und Kaninchengehege im Außenbereich ihres Wohnraumes oder gestalten ganze Wohnungen und Häuser um. Befragte berichten, wie sie eine gesamte Etage in einem Wohnhaus für aus dem Tierschutz aufgenommene Tiere reservieren und baulich umgestalten. Sie begründen solche Maßnahmen z.B. damit, dass eine Hündin in Ruhe ihre Welpen zur Welt bringen kann. Oder auch damit, dass verschiedene Papageien, Meerschweinchen und Kaninchen genügend Raum erhalten, um sich freier bewegen zu können. Der Raum selbst ist häufig schon vorhanden, wird aber von den Halter:innen *umgewidmet* und den *Tieren zur Verfügung* gestellt. Selten müssen sie neues Eigentum für ihre Tiere erwerben oder Umzüge durchführen. Platz entsteht z.B. durch den Auszug von Kindern oder die Umgestaltung des Elternhauses, so dass die Tierhaltung mitunter den Charakter eines Mehrgenerationenprojektes annehmen kann.

Ausschlaggebend für dieses *Raumschaffen für die Tiere* sind für die Halter:innen Fragen einer tier- und speziesgerechten Haltung und das tierliche Wohlergehen im Kontext der An-Rührung. Für sie impliziert insbesondere die Beobachtung der Tiere häufig eine Entspannung und ein Zur-Ruhe-Kommen; darüber hinaus erfüllen das Herrichten und Sauberhalten der Anlagen sowie die tägliche Verpflegung der Tiere ihr Leben mit einem Sinn und geben Befriedigung. Viele machen daher auch das einstige Hobby zum Beruf, indem sie vorhandenen Raum umnutzen. Die Befragte H50 hat z.B. eine Tierpension für verschiedene Vögel und Kleintiere im Obergeschoss und Garten ihres Elternhauses eingerichtet. Sie begründet diesen Schritt mit einer veränderten Sichtweise auf Arbeitsqualitäten:

»Also ich-, meine Eltern sagen ja auch immer, ich habe einen Knall. Warum machst du dir so viel Arbeit, Kind? ((lacht)) Und dann sage ich, ich mache lieber drei Volieren am Tag sauber, weil ich im Anschluss sehe, wie die Vögel wieder da rumknispeln, weil alles neu ist. Und da wieder gucken, dass ein Ast anders hängt. Das machen die ja auch tatsächlich. Das macht mir mehr Spaß, als wenn ich acht Stunden arbeiten gehe. Weil ich einfach-, weil, ich sehe danach, wie den Tieren das gefällt, irgendwie.« (H50_2: 520–525)

Ähnlich wie im Muster »Aktivität« sind die Halter:innen bestrebt, die *Autonomie der Tiere* zu fördern. Aufgrund der tierlichen Vulnerabilität wird dieser Anspruch jedoch weniger in Form gemeinsamer Unternehmungen umgesetzt, sondern durch eine besondere räumliche Ordnung: Die Halter:innen *bauen den natürlichen Lebensraum der Tiere nach*. Erneut lassen sich diese Zusammenhänge an dem Befragten H48 illustrieren, der in seiner Kindheit seinen Vater ermutigt hatte, eine Vogelvoliere zu bauen.

»Ich habe mich damit richtig beschäftigt, weil äh. Ja weil ich hatte die Vögel zuerst nur im großen Käfig, und dann haben sie zwar Freiflug in der, in der Wohnung bekommen. Habe dann aber gemerkt, dass wenn die dann abends äh in den Käfig sollen, dass die dann, ich sage mal, unglücklich waren. Dann habe ich mich halt mit dem Thema Voliere, Außenvoliere und sowas beschäftigt, und dann hab' ich die halt von meinen Eltern bekommen. (.) Weil die dann gebaut worden. [...] Ja, wenn die draußen waren in der Wohnung, sind die halt rumgeflogen und haben erzählt. Und in der Voliere waren sie halt, die saßen nebeneinander, waren aber halt ruhig. Und man-, ja man hat's ihnen einfach angemerkt, dass sie zufriedener sind, waren, wo sie raus konnten und sich halt frei bewegen konnten, also richtig fliegen konnten, wie sie wollten. Da konnten sie sich ja auch die Schlafposition äh so aussuchen, wie sie sie die gerne hätten. Und so im Käfig war ja halt alles mehr oder weniger vorgeschrieben.« (H48_2: 156–169)

Die Befragten richten den Tieren ein *Habitat* ein. Dieses fungiert für sie selbst zugleich als ein Raum, in dem sie die Tiere dabei beobachten können, wie sie *ihr Leben leben*. H48 konstatiert, dass sich die Tiere ganz anders verhielten, je nachdem, ob sie sich in ihren Gehegen beobachtet oder unbeobachtet fühlen. Hierbei zieht er auch Vergleiche zu wildlebenden Tieren:

»Ja, dieses Verhalten der Tiere, wenn, wenn- wie die sich verhalten, wenn die, ich sag mal, alleine sind. Und wie, wenn man dabei ist. Also man hat's- bei den Papageien merkt man schon, wenn, wenn keiner dabei ist. Oder wenn man in der äh Entfernung sitzt, dass sie sich dann anders verhalten und anders kommunizieren, als wenn die einen sehen. (.) Das ist halt schon interessant zu sehen, auch wie die dann äh, wenn die ihr Fressen bekommen, wie die damit dann umgehen, was die dann machen. Ich sag mal so, oft die Papageien präsentieren sich dann wirklich so, wenn du dabei bist, wenn man dabei ist. Und die, die- wenn man nicht dabei ist, fressen sie halt, wie so kleine Schweinchen, wo dann halt wirklich gematscht wird und solche Sachen. Das ist halt oft so, dass sie es nicht machen, wenn man da zuguckt. [...] Es ist auch entspannend, wenn man die fliegen sieht, oder wenn die da so sitzen und rumzwitschern oder erzählen. Das finde ich auch halt entspannend. [...] Ich hab' ja auch bei mir Wildvögel sitzen, die äh aus der Natur kommen, weil se halt Behinderungen haben oder flugun- also flugunfähig sind. Das ist schon faszinierend wie-, wenn man sieht, wie die ähm Wildtiere, also die Wildformen sind, und wie die dann halt in den Volieren werden. Was sie dann für 'n Unterschied, das merkt man schon extrem. (.) Das ist halt spannend zu beobachten, zu sehen, wie die sich dann entwickeln, solche Sachen.« (H48_2: 341–363)

Insgesamt werden die Tiere eher abständig von den Menschen in ihren Gehegen platziert und bleiben unter sich. Somit rücken Tier und Mensch in einen größeren räumlichen Abstand zueinander, als es bei den anderen Beziehungsmustern der Fall ist. Vergleichen wir an dieser Stelle die räumlichen Ordnungen in den drei Mustern, ist festzuhalten, dass die *Einheit der Raumaneignung*, die durch die Tier-Mensch-Beziehung konstituiert wird, eine je andere ist: Sie besteht in der *Zugehörigkeit von Halter:in und Tier* (Gemeinschaft), in einer *speziesübergreifenden Raumerfahrung* (Aktivität) und in der Herstellung von *speziesspezifischen Räumen* (Sorge). Die räumlichen Ordnungen des Privatraums, der Umgebung und Gegenwart und des Habitats unterscheiden sich dadurch, ob Grenzen ›nach außen‹ gezogen werden (Gemeinschaft), Effekt einer Praxis sind (Aktivität) oder die Beziehung zwischen Halter:in und Tier selbst betreffen (Sorge).

Relation: Verlebendigung von Tier und Mensch

Die Befragten wollen Tieren helfen und deren Leid mindern. Sie nehmen bevorzugt Tiere auf, die eine Beeinträchtigung oder einen vermeintlichen Makel aufweisen und von ihren ursprünglichen Besitzer:innen abgegeben wurden und/oder ohne Obdach sind. Der Großteil ist über die Umsorgung eigener Tiere hinaus ehrenamtlich oder beruflich im Tierschutz oder der Tierpflege engagiert. Beide Engagements bestärken sich wechselseitig; bei einigen Befragten befördern die Erfahrungen im Rahmen der privaten Tierhaltung eine berufliche Neuorientierung. Die Halter:innen treten insofern umfassend als *Beschützer:innen und Hüter:innen vulnerabler Tiere* in Erscheinung. Die Pflege der Tiere hat für sie einen hohen Stellenwert. Sie investieren viel Zeit und Geld und räumen den Tieren wortwörtlich Raum in ihrem Leben ein. Sie eignen sich ein umfassendes Wissen über tierliche Verhaltensweisen und Krankheiten an und beobachten die Tiere unter diesem Fokus in den eigens für sie errichteten Habitaten. Hierbei sind sie bestrebt, die Eigenständigkeit der Tiere zu befördern und bleiben in größerer, sowohl physischer als auch räumlicher Distanz zu ihnen als andere Befragte.

Tiere werden von den Halter:innen als vulnerable und in besonderer Weise empathische Wesen gesehen, die menschenfern bzw. vom Menschen ungestört leben sollen. Wie in den beiden anderen Beziehungsmustern stehen insofern auch hier Nähe- und Distanzverhältnisse in Zusammenhang zu Tierbildern und Umgangsweisen mit Tieren: Die Tier-Mensch-Differenz ist bei den Halter:innen im Muster »Sorge« jedoch besonders ausgeprägt. Tiere werden zwar als Individuen gesehen und oft sind besondere Begegnungen mit ihnen ausschlagend für die Tieraufnahme; dennoch stehen in dieser Hinwendung zu Tieren nicht bestimmte Tiere im Vordergrund. Stattdessen erweist sich die *Praxis des Sorgens* als Kern der Bezugnahme. Die Halter:innen nehmen immer wieder erneut Tiere auf, die häufig nur befristet bleiben, weil sie versterben oder weitervermittelt werden; auffällig ist zudem die große Anzahl an Mehrfachtierhaltung. Die Beziehungen zeichnen sich entsprechend durch eine hohe *Kurzfristigkeit* und eine *Verstetigung des Wechsels der Tiere* aus.

Stellt Mitleid die Initiation der Tieraufnahme dar, ist die Freude über die Genesung die komplementäre Komponente, die der Sorge um und der Umsorgung von Tieren zugrunde liegt; die Tiere wiederum ›blühen auf‹. Beide Spezies, Tier und Mensch, erfahren in diesen Beziehungen eine *Verlebendigung*. Sie gestaltet sich als ein von Tier und Mensch gemeinsam beschrittener Übergang vom Leid zur Freude, in dem die Menschen dafür Sorge tragen, dass die Tiere zu der ihnen eigenen Lebendigkeit zurückfinden und sich dadurch zugleich selbst als lebendig erfahren.

3.1.4 Tier und Mensch im Dialog: Gemeinschaft, Aktivität und Sorge als konstitutive Komponenten der Gefährtenschaft

Die befragten Halter:innen eint, dass sie Tieren einen exklusiven Status einräumen und ihre Lebensführung in vielfältiger Hinsicht auf Tiere ausgerichtet ist. In der konkreten Ausgestaltung des Zusammenlebens lassen sich jedoch markante Unterschiede feststellen. Hier erweisen sich die Tierbilder, das zwischen Tier und Mensch stattfindende Affizierungsgeschehen und die Raumordnungen als einflussreich. Die jeweiligen Ausprägungen in diesen Dimensionen zeigen auf, wodurch sich die Beziehungen aktuell auszeichnen, sie geben aber zugleich auch Hinweise z.B. darauf, wie sie entstehen, welche Prämissen und Motivlagen der Halter:innen ihnen zugrunde liegen, und welche Effekte sie auf den Lebenslauf der Person oder ihr humansoziales Umfeld haben. Die Muster erhellen nicht nur, wie die Spezies zueinander positioniert sind, sondern auch die je wechselseitig initiierten Veränderungen der Beteiligten: Tier und Mensch lassen sich umfassend aufeinander ein und richten sich aneinander aus.

	Gemeinschaft	**Aktivität**	**Sorge**
Tierbild	Tiere als Charaktere und Persönlichkeiten	Tiere als animalische Wesen	Tiere als vulnerable Wesen
Affizierung	Zu-Neigung Tiere und Menschen als Familie und Freund:innen füreinander	Tier-Werdung Tiere als Partner:innen, ›echte‹ Tiere und ›Naturwesen‹; Menschen als Trainer:innen der Tiere	An-Rührung Tiere als bedürftige Wesen; Menschen als Hüter:innen der Tiere
Raumordnung	Privatraum: Zugehörigkeit von Tier und Halter:in	Umgebung: speziesübergreifende Raumerfahrung	Habitate: speziesspezifische Räume
Relation	Anpassung ans angepasste Tier	Herausforderung von Tier und Mensch	Verlebendigung von Mensch und Tier

Tabelle 6: Drei Beziehungsmuster
Quelle: Eigene Darstellung

Mit Blick auf diese Befunde wäre es naheliegend, die vorgestellten Beziehungsmuster »Gemeinschaft«, »Aktivität« und »Sorge« als unterschiedliche Varianten oder auch Typen von Haustier-Mensch-Beziehungen zu begreifen. Dies ist jedoch, wie wir betonen wollen, nicht der Fall. Die Beziehungen wandeln sich, und *im Beziehungsverlauf werden sowohl gemeinschaftliche, aktive als auch sorgende Anteile gelebt*. Hierfür finden sich im Sample viele Belege, wie wir anhand der bereits aufgegriffenen Interviews illustrieren können:

H41 hat ihre zweite Hündin vor allem aus dem Motiv heraus angeschafft, mit ihr Dummy-Arbeit zu betreiben (s. 3.1.3.2). Sie selbst verspricht sich davon »auch so ein bisschen Action im Alltag« (H41: 209) und findet es »einfach schön, wenn da neben dem Job irgendwie auch noch so ein bisschen, ja, sonstige Aufgaben, Forderungen, wie gesagt, Action und so weiter« wartet (H41: 211–212). Tierhaltung impliziert für sie nicht zwangsläufig, Abstriche in der Alltagsplanung machen zu müssen, vielmehr erwartet sie, dass sich ein Tier hier flexibel einfügt.

»Also, meine Hündin damals, da war ich so ein bisschen mein Motto: ›Lieber Hund, gewöhne dich daran, dich an wenig zu gewöhnen.‹ Also, die war echt auch sehr flexibel mit mir zusammen dann. Also, es gab jetzt keine punktgenauen Fütterungszeiten. Natürlich gab es irgendwie eine Spanne. Es ist ja schon auch so, dass Hunde Rituale lieben und so. Ich finde das dann halt immer nur ätzend, wenn die das dann auch zum Teil so krass einfordern oder wenn man dadurch wirklich so, so wahnsinnig eingeschränkt- also, zusätzlich noch eingeschränkt ist im Alltag. Also, ich-, was weiß ich, für mich wäre das zum Beispiel der Horror und ich kenne aber Hunde, die eben so sind, manchmal ja auch-, es ist ja nun einmal auch einfach nicht zu ändern, die nicht alleine bleiben können. Oder für mich wäre es auch schlimm, zu wissen, keine Ahnung, der Hund muss jetzt abends um 18 Uhr sein Essen kriegen, sonst ist der unerträglich. Oder mein Hund kann das auch nicht-, hat das nicht gelernt, auch einmal bei anderen Personen, die er kennt, mit denen einmal mitzugehen und vielleicht da auch einmal tageweise zu sein oder so. Das würde mich zu sehr einschränken, deswegen habe ich auch jetzt bei dem Hund so ein bisschen wieder das so aufgebaut und versucht, danach zu leben mit ihr.« (H41: 275–288)

Die Erwartungen erfüllen sich indes nicht: Bereits die erste Hündin war im fortgeschrittenen Alter schwer erkrankt, und H41 musste sie schließlich »einschläfern« (H41: 254) lassen. Die aktuelle Hündin leidet unter einer Gelenkerkrankung und wurde bereits in jungen Jahren operiert. Dadurch haben die beiden jetzt eine »Zwangspause [...] und jetzt haben wir gerade noch so ein bisschen Reha vor uns, bis es- bis wir versuchen können, das wieder zu starten, und dann aber schon (.) gucken müssen, bis wohin es geht, so belastungstechnisch« (H41: 64–68). Die stark auf gemeinsame Aktivität ausgerichtete Beziehung wandelt sich und nimmt einen sorgenden Charakter an. Es ändert sich nicht lediglich der Zustand des Tieres, sondern mit dieser Veränderung gehen umfassende Umgestaltungen des je individuellen und gemeinsamen Lebens einher sowie eine neue menschliche Bezugnahme auf das Tier. Die Beziehung kann dies ›aushalten‹, kann jedoch an einer solchen Wende auch scheitern (s. 3.1.5).

Die latente Volatilität eines Beziehungsmusters dokumentiert sich auch im Fall der ängstlichen Hündin (s.o.). Ihre Halterin hatte sich gewünscht, die »Hauptbezugsperson« (H23_1: 27) für das Tier zu sein. Sie strebt, so unsere Deutung, die Gemeinschaft mit dem Tier an. Im Vorfeld der Tieranschaffung hat sie sich über die Charakteristika verschiedener Rassen informiert. Ziel war es bestmöglich auszuloten, welcher Hund den Erwartungen an die Tierhaltung entspricht und zur vorliegenden Tiererfahrung und der Wohn- und Lebenssituation passt.

»Also es war wirklich ein längerer Prozess ((lacht)). Und dann am Ende hat' ich noch ähm 'nen Dalmatiner, 'nen Labrador und 'nen Boxer. Und hab dann Dalmatiner noch ausgeschlossen, weil die auch scheinbar sehr sensibel sind, und ich brauch' doch da eher 'n bisschen 'n kleinen taffen Hund. Ähm (.) Und ähm (.) genau, dann waren's noch Labrador und Boxer, und dann irgendwie dacht' ich: ›Es ist die Zeit für 'n Boxer.‹.« (H23_1: 104–108)

Die Hündin sei dann jedoch »sehr ängstlich geworden« (H23_2: 35). Im Zweitinterview schildert uns H23 ausführlich, wie sie sich bemüht, wieder eine Verbindung mit dem Tier aufzubauen und zu einer tiefen Vertrautheit und Nähe zu gelangen. Hierfür nimmt sie auch eine professionelle Unterstützung durch ein Coaching in Anspruch. H23 betont, dabei zugleich an sich selbst arbeiten zu müssen, denn die Anbieterin sei sehr »ganzheitlich« (H23_2: 113) orientiert und »geht anstatt auf dieses: ›Man-muss-diesen-Hund-korrigieren‹ und äh geht sie auf die Beziehung zu, ähm- Mensch-Hund-Beziehung ein« (H23_2: 114–116). Der Fall illustriert, wie eine ursprünglich auf gemeinschaftliche Aspekte ausgerichtete Beziehung sich mehr und mehr in eine sorgende transformiert.

Nicht immer müssen es radikale Einschnitte sein, die eine Veränderung der Beziehung induzieren. Allein der Alterungsprozess der Tiere und auch der Menschen erzwingt einen Wandel, wie das Beispiel von H4[17] zeigt. Der Befragte hält einen Terrier, mit dem er viel in Bewegung ist, regelmäßig Spaziergänge in die Natur unternimmt und Trainings absolviert. Hierfür wurde der Hund eigens angeschafft und ausgebildet. Mittlerweile ist er im fortgeschrittenen Alter und kann kaum noch laufen. Er hat deshalb »alles schon bekommen, was man so machen kann« (H4). Danach »ging es ihm ein paar Tage besser, aber nun wieder anders. (.) Es ist mal so, mal so. Aber solange er noch will, soll er alles mitmachen« (H4). Der Befragte ist selbständig und nimmt den Hund mit zu Terminen bei Kund:innen, wo er im Auto bleibt und dort »einen schönen Platz hat« (H4). In den Pausen waren sie früher stets viel draußen unterwegs, jetzt sind es nur noch kürzere Spaziergänge:

»Früher bin ich mit ihm stundenlang gelaufen, mindestens zwei, drei Stunden. (.) Da hat er mich auch richtig gefordert. Die Bewegung, das fehlt mir jetzt, aber ich weiß auch nicht, ob ich das jetzt noch könnte. (.) Das war echt viel Strecke.« (H4)

Das Altern des Hundes, den er seinen »Freund« (H4) nennt, sorgt H4. Er kümmert sich aufopferungsvoll um ihn; die zunehmende Pflege bringt Schlafentzug, Reinigungsarbeiten u.Ä. mit sich. Waren bei der Anschaffung des Hundes die gemein-

17 Zu H4 wurde kein Transkript erstellt, daher sind die folgenden Zitate aus dem schriftlichen Protokoll entnommen und hier ohne Zeilenangabe aufgeführt.

same Bewegung und Verausgabung bis zur Erschöpfung zentrale Motive, rücken mit dessen fortgeschrittenem Alter die Freundschaft zu ihm und das Sorgen in den Vordergrund. Wie sich an einer späteren Neuanschaffung eines erneut sehr agilen Hundes zeigt, hat der Befragte seine Orientierung an der Aktivität mit Tieren nicht aufgegeben. Auch an diesen zweiten, zunächst jungen und daher noch nicht mobilen Hund, hat er sich jedoch umfassend angepasst. Freizeitaktivitäten, Beruf und soziales Leben werden der Tierhaltung untergeordnet.

In den skizzierten Veränderungen kommen die *Agency und potenzielle Widerständigkeit von Tieren* zum Ausdruck. Zwar handelt es sich auch bei den von uns untersuchten Tier-Mensch-Beziehungen um asymmetrische Beziehungen, in denen letztlich die Menschen entscheiden, welcher Lebensort gewählt oder welches Gehege wo und wie aufgestellt wird.[18] Zugleich aber gehen die Halter:innen umfänglich auf ihre Tiere ein und orientieren sich an ihnen: Wer einen geteilten, gemeinschaftlichen Alltag leben will, muss mit dem Tier in Interaktion treten und seine Verpflegung und medizinische Versorgung sicherstellen; wer mit seinem Tier aktiv sein und Erlebnisse teilen will, muss für seinen körperlichen Zustand Sorge tragen und sich auf ein konkretes Individuum und nicht nur eine:n Vertreter:in einer bestimmten Spezies oder Art und Rasse einlassen; und wer ein Tier umsorgen will, muss es in seinen Abläufen begleiten und umfassende Veränderungen in der bisherigen Alltagsgestaltung vornehmen.

Ob eine Beziehung so gestaltet werden kann, wie es sich die Halter:innen vorab wünschen, hängt vom Alter und der körperlichen Konstitution eines Tieres ab und somit letztlich von seiner ›Eignung‹. Diese ›Eignung‹ impliziert nicht nur Fragen der Spezies und von Art und Rasse, sondern ist auch abhängig von der Bereitschaft eines Tieres, eine Beziehung in dieser oder jener Art und Weise einzugehen und zu leben. Inwiefern hier die jeweilige Spezies einflussreich ist, muss weiteren Forschungen vorbehalten bleiben. Wir finden in unserem Sample in der »Gemeinschaft« vor allem Hunde, Katzen, Pferde und Multispezies vor, in der »Aktivität« Hunde, Katzen, Pferde und Kaninchen, und im Muster »Sorge« zeigen sich so gut wie alle Arten von Tieren, mit einem leichten Akzent jedoch auf Kleintieren. Festzuhalten bleibt, dass sich erst im Wechselspiel oder, weiter gefasst, im *Dialog von Tier und Mensch* durch fortwährende Anpassungen *Gefährtenschaft* etablieren auf aufrechterhalten lässt. Diese lässt sich begreifen als ein gegenseitiges Einlassen und Verändern, das nicht lediglich eine Facette bzw. eines der skizzierten Muster betrifft, sondern sich auf dem gesamten Spektrum von Gemeinschaft, über Aktivität bis hin zur Sorge vollzieht. Hierin liegt die besonde-

18 Viele Studien betonen, dass die private Tierhaltung als hierarchische Beziehung zu begreifen ist, da der Mensch das Tier dominiere (vgl. als Problematisierung bereits Tuan 1984; s. auch 2.1.5.1).

re Qualität, die eine bloße Beziehung von der Gefährtenschaft und anderen Formen der Tier-Mensch-Beziehung, etwa zu Nutz- oder Wildtieren, unterscheidet.

Gefährtenschaft		
Gemeinschaft	**Aktivität**	**Sorge**
Geteilter Alltag	*Geteilte Erlebnisse*	*Geteiltes Leid*
Anpassung ans angepasste Tier	Herausforderung von Tier und Mensch	Verlebendigung von Mensch und Tier
kontinuierliches wechselseitiges Einlassen und Verändern		

Tabelle 7: Konstitutive Komponenten der Tier-Mensch-Gefährtenschaft
Quelle: Eigene Darstellung

3.1.5 Beziehungsabbrüche und Misslingen von Gefährtenbeziehungen

Im Rahmen unserer Studie begegneten uns keineswegs nur Tiere und Menschen, die eine Gefährtenschaft miteinander leben, sondern wir sind auch auf weitreichende Konflikte zwischen den Spezies und hieraus resultierende *Beziehungsabbrüche* gestoßen. Die Ursachen hierfür sowie die damit verknüpften Umgangsweisen sind, wie wir hier abschließend aufzeigen wollen, vielschichtig.

Anlässe für die *Beendigung von Tier-Mensch-Beziehungen* lassen sich darin identifizieren, dass *Erwartungen* von Halter:innen bezüglich deren Ausgestaltung nicht erfüllt wurden, die Tierhaltung nicht zum *Lebensmodell* passte oder Personen sich durch ein Tier *überfordert* sahen. Dies illustriert der bereits erwähnte Fall des »Papageienmädchen[s]« (H7: 102), welches von ihrem Halter ›zu viel‹ Zuneigung einforderte (s. 3.1.3.1): H7 hatte sich während des ersten Lockdowns in der Corona-Pandemie einen Graupapagei angeschafft. Hierbei spielte die Erfahrung von Einsamkeit eine Rolle; ausschlaggebend war jedoch vor allem eine Suche nach Aktivität mit dem Tier. H7 erfüllte sich mit der Tieranschaffung den schon länger gehegten Wunsch, mit einem Papagei zu beruflichen Zwecken Tonbandaufnahmen zu machen; auch sollte ihn das Tier auf Reisen begleiten. In seiner Wohnung nahm er weitläufige Umbauten vor, um dem Vogel gerecht zu werden.

»Und ich habe mein Schlafzimmer dann auch anfangs gleich im ersten Monat- habe gesagt: ›Okay, das Wohnzimmer mit den ganzen Kabeln, das wird nicht gehen.‹ Und das geht auch- da gehen die Fenster nach Norden raus. Ich habe aber noch ein Schlafzimmer, wo das Fenster nach Süden geht, und es war damals im April schon jeden Tag Sonnenschein. Ich habe dann den Käfig- Ich habe dann mein Schlafzimmer zur Voliere umgebaut. Und alle Kabel dort- alle Kabel komplett versteckt. Und Pflanzen reingestellt. Nur- Also ich habe auf dem-. In [Ortsname, d.Verf.] findet man eigentlich immer jeden, in meinem Viertel, jeden Sonntag Sperrmüll auf der

Straße. Und es war dann dieser Lockdown, wo alle Leute angefangen haben, hier ihre Häuser zu renovieren. Hatte ich ganz viel Holz gefunden und Holzstühle, alte Möbel. Die habe ich alle dann repariert und in dieses Schlafzimmer gestellt und dann im Park Äste geholt. Und so Sträucher mit Ästen in die Ecken gestellt und an den Wänden befestigt. Wie so ein Kletterparadies. Und da hing noch so ein Regal, wo- so ein Abstellregal für Koffer und Taschen. Da habe ich dann so ein Metallpflanzengitter drübergetackert, dass der da nicht die Koffer anknabbern konnte. Und das ging eigentlich ziemlich gut. Da konnte ich auch mal 24 Stunden kurz nach [Ortsname, d.Verf.] fahren oder so. Habe dem einfach dann extra viel Essen gegeben, die Tür zugemacht, und dann konnte der Vogel in dem Schlafzimmer rumfliegen. Habe dem auch oft dann noch ein Radio angemacht oder ein Lautsprecher versteckt und irgendeine Playlist mit Musik angemacht.« (H7: 136–153)

Im Interview schildert H7, wie sich ein Zusammenleben mit dem Papageien trotz all seiner Bemühungen nicht aufrechterhalten ließ. Maßgeblich hierfür waren eine Einschränkung des Bewegungsradius des Tieres und dessen Forderungen nach Beschäftigung und Aufmerksamkeit. Weder im Hinblick auf eine geteilte Aktivität noch die geteilte Gemeinschaft erfüllten sich insofern die Erwartungen des Befragten. Als H7 eine Partnerschaft mit einer Frau beginnt, spitzt sich diese Problematik zu: Hatte der Papagei ihn zuvor auf Ausflügen und zum Treffen mit Freund:innen und Bekannten begleitet, ist dies von nun an immer seltener möglich. Der Befragte verbringt den Großteil seiner Freizeit in der Wohnung seiner neuen Partnerin, wohin er den Papageien nicht mitnehmen kann, da dort eine Katze lebt. Schließlich habe er gemerkt, dass der Vogel seine Abwesenheit

»überhaupt nicht gut fand. Und sich dann teilweise Federn gerupft hat. Und bin ich halt immer dann zwei, drei Tage zu Hause geblieben. Oder war nur kurz weg. Und auf einmal habe ich gemerkt, dass dieser Vogel, meine kleine [...] Wohnung im Winter, mit den ganzen Kabeln und doch etwas wenig-. Weil es schon auch eine relativ kleine Wohnung ist. Ich habe mich dann immer mehr wie ein Tierquäler gefühlt. Und auch, dass der Vogel alleine war. Teilweise hatte ich überlegt, mir noch einen zweiten zu kaufen. Aber naja, das war dann auch eine Geldfrage wieder. Pandemie und dies, da kam auf einmal wieder ein Lockdown hier in [Landesname, d.Verf.]. Und der Vogel wurde dann auch teilweise immer frustrierter. Und auch gerade weil es Lockdown war und ich so wenig Platz hatte zu Hause, konnte ich irgendwann gar nicht mehr zu Hause arbeiten, weil der- Sobald ich da war, wollte der mit mir kommunizieren und hatte da wahnsinnig viel Radau gemacht. Ich habe irgendwann angefangen mir Ohrstöpsel rein zu machen. Wenn ich meine Steuer machen musste oder sowas. Und es war einfach echt sehr anstrengend.« (H7: 317–329)

H7 war für den Papageien oft »das einzige Lebewesen, mit dem er Kontakt hatte. Und das kann man so einem Vogel nicht antun« (H7: 337–339). Er bemühte sich daher, dem Tier ein neues Zuhause zu suchen, und fand schließlich eine »Familie, die auch mit Vögeln umgehen kann« (H7: 362), und von der er meinte, dass »der Vogel wahrscheinlich ein besseres Leben haben kann in dieser Familie« (H7: 364).

Ein weiterer Fall ist H36. Die Befragte ist auf dem elterlichen Reiterhof mit Pferden und Hunden aufgewachsen und hat in ihrer Jugend Sportreiten betrieben. Als sie das Elternhaus verließ, begleiteten sie zwei Hündinnen und eine Stute. Zum Interviewzeitpunkt ist die ältere Hündin bereits verstorben; das Pferd hat H36 verkauft. Im Interview betont sie die Rationalität und Verantwortlichkeit, die für sie in dieser Entscheidung lag. Auch hier konfligiert die Lebenssituation der Halterin mit der Tierhaltung.

»So, und während des Studiums hatte ich dann ein Pferd, konnte aber keine eigene Wohnung haben dann. Das ging nicht, also finanziell ging sich das nicht aus. Also das heißt, das muss man ja auch eben sehen. Ein Pferd, also die hat mich fast so viel gekostet wie eine kleine Wohnung im Monat. Das ist so. Und du kannst halt eben auch nicht sagen, egal, ob es jetzt ein Pferd oder ein Hund ist, ich fahr jetzt einfach mal weg. Das geht halt eben auch nicht. Also du hast diese Verantwortung. Und das würde ich auch jedem immer sagen, gerade bei Menschen, die sich vielleicht überlegen, einen Hund anzuschaffen oder vielleicht sogar ein Pferd: ›Du musst dir das überlegen, weil das ist eine Verantwortung‹, und ja, und das war jetzt einfach, weil bei mir auch sehr viel im Umbruch war.« (H36: 98–106)

Darüber hinaus zweifelte H36 an, den Bedürfnissen des Tieres gerecht werden zu können:

»Also das letzte Pferd, das ich hatte, die [Tiername, d.Verf.], das war so ein bisschen eine sehr herausfordernde Beziehung, wie man das ja bei Menschen auch kennt. Und ja, ich war da noch nicht so weit, wie ich jetzt bin. Also wir sind uns begegnet, sie und ich, wo wir gerade beide- also wir haben uns gegenseitig gespiegelt, muss ich ganz ehrlich sagen. Und an dem Punkt, wo ich jetzt stehe, könnte ich mit einem Pferd ganz anderes arbeiten. Ich habe für mich erkannt damals: ›Okay.‹ Ich hätte die Möglichkeit gehabt, sie mitzunehmen, habe dann aber rein gespürt: ›Ist das jetzt wirklich stimmig?‹ Also tue ich ihr einen Gefallen damit und mir auch? Weil das funktioniert nur so. Und ja, also ich finde, da bringt es auch nichts, irgendwas zu erzwingen. Und es hatte sich dann in dem Moment auf dem Hof, wo sie dann stand, eine ganz wunderbare Möglichkeit ergeben, was sich stimmig angefühlt hat. Wo ich wusste, das ist für das Pferd jetzt die bessere Entscheidung. Wenn ich jetzt auf Biegen und Brechen gesagt hätte: ›Sie muss jetzt mit.‹ Ich wäre ihr nicht gerecht geworden. Und das ist halt wieder auch dieses zu erkennen, was ist jetzt vernünftig, und was ist auch zum Wohl des Tieres?« (H36: 148–161)

Nicht immer ist ein Beziehungsabbruch also mit Scheitern gleichzusetzen – auf der anderen Seite ist ein *Misslingen der Gefährtenschaft* auch ohne Tierabgabe und respektive bei Weiterbestehen der Tier-Mensch-Beziehung möglich. Exemplarisch hierfür steht die Befragte H32, die sich fast bis zur vollkommenen Selbstaufgabe aufopferungsvoll um ihren Hund kümmert. Eine wechselseitige Ausrichtung aneinander, d.h. ein Dialog von Tier und Mensch, den wir als konstitutiv für Gefährtenschaft erachten (s. 3.1.4), kommt so immer weniger zustande.

H32 hat seit früher Kindheit einen Tierwunsch. Im jungen Alter bekam sie ihren ersten eigenen Hund, den sie beim Auszug aus dem Elternhaus jedoch nicht mitnehmen konnte. Später adoptierte sie eine Hündin aus nicht »optimale[r] Haltung« (H32: 43), der »letzte Welpe von dem Wurf« (H32: 42–43), so dass H32 »niemals [habe, d.Verf.] da wegfahren können, ohne die Hündin mitzunehmen« (H32: 44–45). Diese sei einige Jahre später verstorben. Schließlich habe sich erneut das »Gefühl« (H32: 61) eingestellt, »dass ich halt ohne Hund nicht wirklich leben will.« (H32: 61) In der Anschaffung des neuen Hundes überwiegt der Wunsch nach Nähe und Vertrautheit mit dem Tier. Dieser wird jedoch enttäuscht, denn der Hund

»macht halt alles kaputt. Ich hatte eine lange Zeit-, ich habe alles probiert. Ich habe mir einen Hund dazu geholt. Mehrere sogar, weil ich ausprobieren wollte, ob er es mit einem anderen Hund besser macht, das Alleinebleiben. [...] Und dann habe ich Kameras aufgestellt, um zu gucken, ja. Aber nach der Zeit hat der das dann auch verknüpft quasi, dass wenn der Hund morgens kommt, dann geht mein Herrchen weg, und dann hat er trotzdem- Also, ich habe wirklich viele Verluste gehabt in der Wohnung, was kaputtgegangen ist, auch an Elektronik, und was halt auch für ihn gefährlich war. [...] Also, der macht dann auch alle Türen auf und zerstört regelrecht. Also, das war eine richtige Zerstörung, dass ich so am Verzweifeln war. [...] Und dann wurde dazu noch eine Futterallergie festgestellt. Das heißt, er ist allergisch oder kann das Protein im Fleisch nicht verarbeiten. Das heißt, ich hatte das erste Jahr, bis es dann wirklich rausgefunden wurde, wie einen Säugling zu Hause. Ich konnte keine Nacht durchschlafen, ich musste alle zwei Stunden mit ihm raus, weil er Durchfall hatte. Ich habe dann oft Schonkost ihm gemacht, gekocht, hin und her. Habe dann Blut abnehmen lassen, und dann ist das halt rausgekommen, und jetzt habe ich von [Produktname] ein relativ teures Futter [...]. Und ja, das sind aber alles so Sachen- [...]Also, ich habe schon viel durch mit ihm.« (H32: 129–153)

Ein nahegelegener Gassi-Service hatte keine freien Plätze und die Inanspruchnahme eines Hundetrainers führte zu keiner Besserung. H32 schildert, wie sie daher ihre gesamte Lebensgestaltung an der Haltung des Hundes ausgerichtet habe. Jede Mittagspause widmet sie ihm, fährt »jeden Tag heim« (H32: 222) und ist »halt nur unter Zeitdruck. Also schöne Spaziergänge sehen anders aus« (H32: 219–221). Auch versuche sie, den Hund dadurch »auszulasten« (H32: 223), dass sie ihre Freizeit mit Personen verbringe, mit denen sie sich »menschlich gesehen nicht [...] gerne abgebe. Aber ich mache das alles ihm zuliebe. Versuche wirklich so viel wie möglich, ja, mich mit Leuten zu treffen, die Hunde haben. Dass sie laufen können« (H32: 225–227). Seitdem sie den Hund bei sich aufgenommen hat, finden Urlaubsreisen nicht mehr statt. H32 meint,

»jeder andere hätte den Hund weggegeben. Also, viele haben gesagt: ›Ach, Gott! Was hast du dir denn da für ein Monster geholt. Hol dir einen anderen, bring den Hund weg.‹ Aber ich bin halt so, wenn ich mich einmal für ein Tier entscheide, dann wird auch nicht weggegeben, sondern wird halt probiert, das Beste draus zu machen irgendwie.« (H32: 139–143)

Während die Befragte weiterhin eine gemeinschaftliche Ausrichtung im Zusammenleben mit dem Tier avisiert, erweisen sich »Sorge« und »Aktivität« in der konkreten Ausgestaltung als derart dominant, dass die Beziehung schließlich nur noch unter größten Bemühungen aufrechtzuerhalten ist.

An den skizzierten und weiteren Fällen zeigt sich: Je stärker sich die Beteiligten einseitig durchsetzen und einer Beziehung ›ihren Stempel aufdrücken‹, desto größer ist das Konfliktpotential. Dies muss, wie dargelegt, nicht im Beziehungsabbruch münden. Beziehungen können aufrechterhalten werden, jedoch wird die Gefährtenschaft verlassen oder erst gar nicht aufgebaut, und es entwickeln sich stattdessen Interspeziesbeziehungen, die durch *Dominanz und Verhärtung* gekennzeichnet sind. Diese variieren in ihren Erscheinungsformen entlang der identifizierten Beziehungsmuster: In der »Gemeinschaft« beziehen sich die Halter:innen stark anthropomorphisierend auf Tiere oder ignorieren die Diversität der Spezies, wodurch in der Folge nicht nur besondere tierliche Bedürfnisse, sondern auch Bedürfnisse der Halter:innen selbst vernachlässigt bleiben; werden in der »Aktivität« Tiere auf ihre Körperlichkeit und entsprechende Leistungen reduziert, ist eine demgemäß verdinglichte Bezugnahme anzutreffen; im Muster »Sorge« ergeben sich durch den teils hochfrequentierten Wechsel der Tiere teils nur kurzfristige Beziehungen, und die Halter:innen beziehen sich auf ihre Tiere als quasi domestizierte Wildtiere, zu denen sie in großer Distanz bleiben. Resultat solcher Umgangsweisen sind Tier-Mensch-Beziehungen, die den Status einer Gefährtenschaft nicht erreichen oder einbüßen.

3.2 Befunde: Dienstleister:innen

Die im vorangegangenen Kapitel präsentierten Befunde konnten dokumentieren, dass das Zusammenleben von Mensch und Tier einen Prozess wechselseitiger Anpassungen umfasst. Die Entwicklung einer Gefährtenschaft zwischen Spezies erweist sich dabei als ein voraussetzungsvolles Unterfangen, zu dem auch Situationen oder Phasen zählen können, in denen Halter:innen überfordert sind, sich vom Tier distanzieren oder es sogar abgeben. In diese Erscheinungsformen und Dynamiken von Tier-Mensch-Beziehungen sind auch Dienstleister:innen involviert. Rund um die Haustierhaltung haben sich in Deutschland facettenreiche Geschäftsmodelle etabliert. Anbieter:innen züchten Tiere, bieten sie zum Kauf an und begleiten die Auswahl; sie versorgen und betreuen Tiere, leisten konkrete Hilfestellung bei gesundheitlichen Problemen, beraten hinsichtlich der Interaktion mit Tieren oder befördern gemeinsame Erlebnisse von Haustier und Mensch. Eine Fragestellung unserer Studie lautete folglich, inwiefern Dienstleister:innen im Zuge ihrer Tätigkeit Wissensbestände zu Tieren und Tier-Mensch-Kommunikation vermitteln und somit, abhängig von Funktion und Einflussbereich, Einfluss auf das Zusammenleben der Spezies nehmen. Wir haben daher, statt uns auf Halter.innen zu beschränken, die Erhebung um Interviews mit Dienstleister:innen erweitert. Ziel war es zu erkunden, inwiefern diese Befragten in die Gefährtenschaften zwischen Spezies intervenieren und den Status der Tiere ko-konstituieren.

Das Kapitel startet zunächst mit einer kompakten Zusammenstellung zentraler Merkmale des *Samples* (3.2.1). Anschließend richtet sich die Aufmerksamkeit auf die konkreten Abläufe in den sich zwischen Tieren, Halter:innen und Anbieter:innen aufspannenden *Dienstleistungstriaden*, die wir auf der Basis von Interviews mit Dienstleister:innen und Halter:innen sowie Feldbeobachtungen rekonstruiert haben (3.2.2). Dieser Auswertungsschritt legt den Blick auf die zentralen Komponenten tierbezogener Dienstleistungsarbeit frei und erteilt zudem Auskunft darüber, wie es um die Agency nicht nur der Tiere, sondern aller in diese Interaktionen involvierten Spezies bestellt ist. Darüber hinaus lässt sich sichtbar machen, welcher Anteil den Dienstleister:innen an den Ausgestaltungsweisen von Haustier-Mensch-Beziehungen zuzurechnen ist. Um die jeweiligen Interventionen ursächlich zu erkunden, folgen wir anschließend den Lebensverläufen der Dienstleister:innen (3.2.3). Ziel ist es zu erhellen, aus welchen Lebensentwürfen, Motiven und Überzeugungen sich ihr Arbeitshandeln und ihre Sichtweisen auf Menschen und Tiere speisen. Das Kapitel schließt mit einem kurzen Fazit, in dem die zentralen Erträge der jeweiligen Auswertungsperspektiven verknüpft werden (3.2.4).

3.2.1 Das Sample: Merkmale und Auffälligkeiten

Um einen vertiefenden Einblick in die Abläufe und Eigenlogiken speziesübergreifender Dienstleistungsinteraktionen zu erlangen, haben wir das Sample angemessen breit angelegt. Es sollte sowohl eine zu enge Auswahl auf nur wenige einschlägige Dienstleistungsangebote vermieden werden als auch eine Fixierung auf Dienstleistungen, die sich nur an bestimmte Tierarten wenden. Darüber hinaus war es ein Ziel des Samplings, eine Bandbreite auch der verschiedenen Erwerbsmodelle einzufangen, in denen eine Dienstleistung angeboten wird, und die von der Selbständigkeit als Kleinunternehmen mit Angestellten bis hin zum Minijob und Nebenerwerb reicht; auch das Ehrenamt wurde einbezogen. Zielen manche Dienstleistungen auf die Arbeit mit oder an Tieren, sind andere primär auf die Halter:innen ausgerichtet, wie etwa im Bereich des Konsums oder der Beratung. Das Sample deckt somit auch ein breites Spektrum hinsichtlich der jeweiligen Interaktionsformate ab, in denen sich die Dienstleistung vollzieht.

Tierbezogener Konsum	Betreuung	Gesundheit	Verhalten
Tiervermittlung	Tiersitting	Veterinärmedizin	Tierpsychologie, Verhaltensberatung
Tierfotografie	Tierhospiz	Heilpraktik, Homöopathie	Tierkommunikation
Fachhandel für Tierbedarf	Tierpension	Physiotherapie	Tierschutzbildung
	Tierheim	Osteopathie und Reiki	Coaching für Tier und Mensch
	Zootier-pflege	Tiersalon	Training

Tabelle 8: Sample nach Tätigkeitsfeldern der Dienstleister:innen
Quelle: Eigene Darstellung

Bezogen auf das Sample (N=33 sowie Zweitinterviews) lassen sich folgende, über eine rein sozialstatistische Erfassung hinausreichende Merkmale der Personen feststellen:

Betrachten wir die Dienstleistungen zunächst danach, für welche *Tierarten* diese angeboten werden, dann fällt eine Akzentuierung auf Hunde auf, mit einem größeren Abstand folgen zu je gleichen Anteilen Katzen, Pferde, Kleintiere und Vögel. Die Dominanz hundebezogener Angebote resultiert nicht lediglich aus einer zahlenmäßigen Präsenz dieser Tiere als Haustiere, sondern vor allem aus ihrer Mobilität: Hunde können vergleichsweise leicht transportiert und ortsunabhängig von Anbieter:innen versorgt werden. Am Markt haben sich entsprechend viele Angebote für Hunde bzw. Hundehalter:innen etabliert, und auch in unserem Sample treffen wir Personen an, die sich zwar auf andere Tierarten spezialisiert haben, aber ihre Leistungen auch für diese Klientel öffnen. Über die Tierart ergeben sich zudem bestimmte Anforderungen an die Haltung, so dass die Abhängigkeit der Halter:innen von Dienstleister:innen variiert, so etwa wenn Pferde in externen Ställen untergebracht werden müssen und hier Versorgungsleistungen in Umfang und Qualität vorgegeben sind.

Hinsichtlich der *Erwerbsmodelle* sind im Sample zu zwei Drittel Dienstleister:innen vertreten, die auf selbständiger Basis arbeiten, der Rest ist zu gleichen Teilen im Angestelltenverhältnis oder ehrenamtlich tätig. Auch der zeitliche Umfang variiert und reicht von einer Tätigkeit in Teilzeit bis zu einer umfassenden Vollzeitbeschäftigung bzw. -selbständigkeit, teils mit Personalverantwortung und hohem unternehmerischem Risiko. Dienstleister:innen mit Angestellten sind tätig im Feld der Tiermedizin, im Fachhandel oder in personalintensiven Bereichen wie der ganz- oder mehrtägigen Betreuung von Tieren wie z.B. in Tierheimen oder Pferdepensionen. Stark spezialisierte Dienstleistungen werden von unseren Befragten hingegen in der Tendenz eher als Einzeltätigkeiten ausgeübt. Abgedeckt ist auch eine Vielfalt an *Bildungswegen* und *Qualifikationen*: Einige Befragte haben staatlich anerkannte Ausbildungen abgeschlossen, andere haben Fortbildungen absolviert, Zertifikate erworben oder sind über eine Verbandszugehörigkeit ausgewiesen. Im Sample verfügt ein Drittel der Befragten über keine tätigkeitsadäquate Aus- oder Weiterbildung. Klassische Ausbildungen und Studienabschlüsse (z.B. Tierpflege und Veterinärmedizin) treffen wir bevorzugt bei Betriebsleiter:innen und Angestellten an.

Das Erwerbsmodell steht in unserem Sample in Zusammenhang zum *Arbeitsort*: Wer einschlägig ausgebildet ist, verfügt über eigene Räumlichkeiten für die Dienstleistung. Ein Drittel der Befragten hat separate Praxis-, Behandlungs- oder Beratungsräume; Angestellte haben einen von der Privatwohnung getrennten Arbeitsort. Ein Viertel der Befragten arbeitet mobil, d.h. macht Hausbesuche oder trifft sich mit den Kund:innen an anderen Orten. Insgesamt weist das Sample eine Durchmischung von privatem Wohnsitz und Arbeitsort auf. Teils sind diese Arrangements davon motiviert, Kosten für eine Anmietung einzusparen, doch sind auch praktische Gründe einflussreich, wie etwa ein bereits privat erworbenes Grundstück, das sich passgenau für die Dienstleistung umgestalten ließ.

Hinsichtlich des *beruflichen Werdegangs* der befragten Dienstleister:innen fällt auf, dass der Einstieg in das Segment überwiegend erst im fortgeschrittenen Berufsleben erfolgte. Die Gründe hierfür werden nachfolgend analysiert; für die Auswertung der Dienstleistungstriaden bedeutet dieser Umstand, dass die Dienstleister:innen umfassende bereichsfremde Berufserfahrung mitbringen, sich aber in die konkrete aktuelle Aufgabe über die skizzierten verschiedenen Bildungswege erst neu einarbeiten mussten. Hervorzuheben ist, dass die Befragten eine langjährige *Erfahrung als Tierhalter:innen* aufweisen, die zumeist nicht auf nur eine Tierart beschränkt ist. Zumeist halten sie selbst (mindestens) jene Tierart, für die sie auch ihre Dienstleistung anbieten; oft lassen sie sich von den eigenen Haustieren begleiten bzw. versorgen diese im Rahmen der Tätigkeit mit. In mehreren Fällen handelt es sich bei den Haustieren um solche, die zuvor für Kundschaft versorgt und dann selbst aufgenommen wurden.

Da das Sampling nicht entlang dieser skizzierten Merkmale erfolgte, halten wir die angetroffene Ausdifferenzierung für einen wichtigen Hinweis auf die Vielschichtigkeit und zugleich Spezifik dieses Dienstleistungssegments, die im weiteren Auswertungsprozess berücksichtigt werden wird. Gemeinsam ist den Befragten, und hierauf war die Auswahl der Befragten ausgerichtet, dass sie eine besondere Orientierung ihrer Tätigkeit aufweisen: In ihrer *Außendarstellung* stellen sie Tiere als bedeutsame Partner:innen von Menschen dar oder weisen diese explizit als Gefährt:innen aus. Damit ließ sich ein Sampling vornehmen, dass jene Dienstleister:innen berücksichtigt, die, wie die befragten Halter:innen, Tieren einen exklusiven Status einräumen bzw. eine besondere Umsorgung von Tieren als ihr Markenzeichen postulieren.

3.2.2 Dienstleistungstriaden: die Kooperation der Spezies

Die Soziologie hat sich bislang kaum mit haustierbezogenen Dienstleistungen beschäftigt, und auch seitens benachbarter Wissenschaften wurden nur vereinzelte Erhebungen zum Thema durchgeführt (s. exemplarisch Rötzmeier-Keuper et al. 2018). Es liegen daher weder vertiefende Erkenntnisse darüber vor, wodurch sich diese speziesübergreifenden Dienstleistungsinteraktionen auszeichnen, noch ist bekannt, welchen Einfluss Dienstleister:innen auf die Ausgestaltung der sich hier etablierenden Tier-Mensch-Beziehungen und somit auch den Status von Tieren als Haustier bzw. Gefährt:in nehmen. Folgt man diesen Fragestellungen, wechselt die Untersuchungsperspektive: Statt der im vorangegangenen Kapitel untersuchten Dyade aus Tier und Mensch rückt im Folgenden eine *triadische Akteurskonstellation* in den Mittelpunkt.[19]

Aus der Dienstleistungsforschung ist seit langem bekannt, dass personenbezogene Angebote eine komplexe soziale Situation umfassen, in der die Anbieter:innen auf die Mitarbeit der Klient:innen angewiesen sind (Böhle/Stöger/Weihrich 2015: 39 f.). Interessen und Bedürfnisse der Beteiligten sind ebenso verhandlungsbedürftig wie der Gegenstand der Dienstleistung selbst und die mit ihm verknüpften Vorgehensweisen (Dunkel & Weihrich 2014: 253 ff.). Handelt es sich zudem um eine triadische Konstellation, in der Dienstleistende mit zwei Parteien interagieren, erhöhen sich Abstimmungserfordernisse und Konfliktpotenziale nochmals, insbesondere wenn es um sorgende Personen und ihre vulnerablen Angehörigen wie Kinder, Kranke oder Pflegebedürftige geht, deren jeweilige Interessen zudem nicht zwingend übereinstimmen müssen. Für Dienstleistungen, die Tiere adressieren und somit eine Multispezies-Triade auf den Plan rufen, ergeben sich somit besondere Herausforderungen: Die Dienstleister:innen müssen mit humanen Tierhalter:innen als *›zahlenden‹ Auftraggeber:innen* umgehen, die eigene Vorstellungen zum Umgang mit Tieren

19 Diese umfasst zumeist weitere, über die Triade hinausreichende Beteiligungen und Einflussnahmen, etwa durch menschliche Angehörige oder Technik zur Tierversorgung. Beide Erweiterungen können an dieser Stelle nicht weiterverfolgt werden und sind einer Folgestudie vorbehalten, in der *reale* Triaden erhoben werden. Diese sind äußerst aufwendig zu erheben, weshalb die Forschung (und auch unsere Studie) die Perspektiven von Dienstleister:innen und Halter:innen aus separaten Erhebungen interpretativ zusammenführt.

haben und entsprechende Handlungsroutinen aufweisen. Darüber hinaus aber müssen sie einen *Zugang zu einer anderen Spezies* finden.

Die Interviews mit Halter:innen dokumentieren einen Erwartungsanspruch, dass Dienstleistende »gut mit Tieren können« müssen. Konkrete Kompetenzen oder Vorgehensweisen, die sie mit der Aussage verbinden, benennen die Befragten indes erst nach einer umfassenden Reflexion der Thematik. Auch die befragten Dienstleister:innen behelfen sich zumeist mit der Umschreibung »Es muss passen«.

»[W]eil die Leute einen immer mehr fragen, ne: ›Wie machst du das? Wie kriegst du das hin mit so vielen Hunden? Ich habe mit einem schon so Schwierigkeiten, du läufst mit so vielen.‹ Ähm (..), ja, und das ist dann halt teilweise, wo ich dann auch gemerkt hab: Ich stoße an meine Grenzen, den Leuten das zu erklären. Weil, wie willst du jemanden, was du über zehn Jahre dir zurechtgesammelt hast, das kannst du halt auch nicht in kurzen Worten fassen.« (D19: 1553–1558)

Die Formel »Es muss passen« adressiert stets alle Involvierten: die Halter:innen, die als Kundschaft überzeugt und hinsichtlich ihrer Erwartungen und Beiträge eingeschätzt werden müssen, vor allem aber die Tiere, deren Kooperationsbereitschaft und -leistung die Befragten als schlecht kalkulierbar bewerten. Für die Dienstleister:innen erweist sich die Vorklärung einer allseitigen Passung als eine existenzielle Angelegenheit:

»Weil, wenn mir ein Hund in die Hand beißt, kann ich meine Praxis abschließen. Da fällt auf einmal sofort meine Grundlage (lacht kurz auf), mein, meines Einkommens weg. So, und da kann ich nicht mehr arbeiten. Und dessen muss man sich auch total bewusst sein, dass einfach so ein Hundebiss in die Hand oder in den Arm oder sonst wohin einfach für uns, oder ein Pferdetritt, ja, das ist, ja, also das ist (...) das kann uns komplett den Ruf kaputtmachen. Und da muss man (...) da muss man sich a) gut, einmal versicherungstechnisch absichern. Und aber eben auch in der Arbeit einfach so ein paar Standards einhalten, ist ganz wichtig.« (D4: 951–958)

Im Folgenden stellen wir vor, welche Merkmale und Dynamiken *speziesübergreifender Kooperation* wir mittels Triangulation der Befragung von Dienstleister:innen, Halter:innen und Feldbeobachtungen identifizieren konnten. Tiere, Halter:innen und Dienstleister:innen haben, wie sich zeigen wird, Anteil an Ablauf und ›Erfolg‹ der Dienstleistungstriade. Um jedoch unsere Ausgangsfrage nach dem Einfluss der Anbieter:innen auf die Etablierung und Ausgestaltung von Gefährtenbeziehungen nicht aus dem Blick zu verlieren, folgen wir in der Präsentation der Befunde dem Handeln der Dienstleister:innen. Wir zeichnen nach, wie Dienstleister:innen im Rahmen ihrer Tätigkeit mit Tieren (3.2.2.1) und mit Halter:innen (3.2.2.2) umgehen, und inwiefern sie in Interaktionsmuster der Spezies intervenieren (3.2.2.3).

3.2.2.1 Arbeit mit Tieren: Nahbarkeit erzeugen

Die befragten Dienstleister:innen konzipieren *Tiere als Individuen*, deren Wesen es zunächst zu erkunden gilt, um eine passende Form der Annäherung zu finden – selbst wenn dies einen Mehraufwand mit sich bringt.

»Also, wir machen immer erst mal ja Kennenlernen. Dann ist es immer so, dass die Hunde erst einmal mit ihren Halter:innen zusammen auf der Fläche sind. Und dann schauen wir mal, wie der Hund dann auf die anderen Hunde reagiert: Mit welchen kann er gut zusammen? Einige gehen aufgrund der körperlichen Unterschiede schon gar nicht zusammen. Also, wir würden niemals körperlich überlegene Hunde, deutlich überlegene Hunde, an sehr kleine Hunde eben ranlassen oder mit denen auf eine Fläche. Das machen auch-, die meisten Betreuungen unterscheiden das nicht so, wie wir das tun. Das ist aber-, wir wollen da kein Risiko eingehen. Und ein Hund bleibt immer auch ein gewisses Fragezeichen, egal wie fachlich fit man ist. (D3_2: 91–99)

Erprobungsphasen sind im Sample weit verbreitet. Während ähnliche Vorklärungen in etlichen der erhobenen Dienstleistungen wie z.B. dem Tiersitting, der Therapie oder im Coaching in die vereinbarten Entgelte eingepreist sind, fallen sie in anderen Bereichen als unbezahlte Zusatzarbeit an. Ursächlich hierfür ist, dass sich in diesen Fällen eine solche Einpreisung aufgrund einer prekären Marktlage nicht gegenüber der Kundschaft abbilden und durchsetzen ließe – oder der Bedarf nicht berücksichtigt wird, weil man von einer raschen Anpassung des Tieres und seiner Handhabbarmachung ausgeht, wie etwa bei tiermedizinischen Untersuchungen.

Die Erprobungsphasen erweisen sich als Reaktion auf einen hohen *Legitimationsdruck*: Die Halter:innen erwarten einen versierten und kompetenten Umgang mit Tieren, zu dem auch zählt, ein *Tier beruhigen und befrieden* zu können. Besondere Vorsichtsmaßnahmen oder ein allzu zögerliches Vorgehen stufen die Halter:innen hingegen als Inkompetenz ein, da sie selbst ihre Tiere als umgänglich und unkompliziert erleben. War zu erwarten, dass Menschen für ein geliebtes Wesen hohe Qualitätsansprüche an eine Dienstleistung stellen, zeichnen sich die befragten Halter:innen durch eine langjährige, häufig lebenslange Erfahrung im Zusammenleben mit einem Tier und einen entsprechend umfassenden Wissensbestand aus. Viele haben eine fundierte Kenntnis auch zur Mehrfachtierhaltung und sind zudem mit unterschiedlichen Arten und Spezies vertraut.

Die hier vorab skizzierten Zusammenhänge lassen erahnen, dass *Tiere* in den speziesübergreifenden Triaden *als Akteure* auf den Plan treten. Ihre Reaktion auf die Dienstleister:innen beeinflusst, wie sich der weitere Verlauf der jeweiligen Dienstleistungsinteraktion gestaltet, mehr noch, ob ein Auftrag überhaupt zustande kommt. Damit stehen beide humanen Parteien in einem *Abhängigkeitsverhältnis*: Die Dienstleister:innen können sich mit ihrem Angebot nur am Markt behaupten, sofern es ihnen gelingt, Tiere zum ›Mitmachen‹ zu bringen und sich in die etablierten Settings einfügen; die Halter:innen wiederum können nur dann die Unterstützung einer Dienstleistung in Anspruch nehmen und für sich eine Entlastung erreichen, wenn sich das Tier in das Angebot und die hiermit verbundenen Abläufe einpasst. Im Folgenden erläutern wir zunächst, wie Dienstleistende mit dieser tierlichen Agency umgehen. Was verbirgt sich hinter Aussagen wie »das Tier lesen können« oder dem Hinweis auf das nötige »Einfühlungsvermögen« (D4: 569), das sie als Voraussetzung gelingender Abläufe angeben? Die rekonstruierten Praktiken weisen maßgeblich ein Merkmal und zugleich Ziel auf: die *Nahbarkeit* des Tieres herzustellen.

Medizinische Probleme beim Tier ausschließen

Für die Dienstleister:innen steht am Anfang jeder Auftragsannahme eine Überprüfung des gesundheitlichen Zustands des Tieres. Hierbei verlassen sich die Dienstleister:innen nicht auf Informationen der Halter:innen, sondern verschaffen sich selbst einen Eindruck. Sind solche Vorgehensweisen für den medizinischen Bereich wie etwa in der tierärztlichen Dienstleistung zu erwarten, treffen wir sie sampleübergreifend über die vielfältigen Tätigkeitsbereiche hinweg an. Tiere werden nicht nur in der ersten Begegnung hinsichtlich ihres ersten Erscheinungsbildes bewertet, sondern im weiteren Verlauf der Dienstleistung wiederholt umfassenden Beobachtungen oder vertiefenden Anamnesen unterzogen. Diese umfassen z.B. den Bewegungsablauf, die Nahrungsaufnahme, vor allem aber auch das Sozialverhalten gegenüber Tieren und Menschen sowie, dann vermittelt über die Halter:innen, Erkundungen der Tiergeschichte. Teils kreieren die Dienstleister:innen besondere Situationen und soziale Konstellationen, in denen sie tierliche Reaktionsweisen austesten. Hierbei handelt es sich z.B. um wechselnde Gruppenzusammensetzungen in Training und Tiersitting oder auch Varianzen des Dienstleistungspersonals, sofern es betriebliche Strukturen gibt.

Dass die Dienstleister:innen auch bezüglich der Tiergesundheit umfassende Vorklärungen vornehmen, ist auf ihren Anspruch zurückzuführen, sich dem *Tierwohl* verpflichtet zu sehen. Hierzu zählen eine teils rigorose Ablehnung jedweder Hierarchisierung zwischen einer Tier- und Menschengesundheit und eine Betonung von *Artgerechtigkeit*:

»Also wenn es [das Tier, d.Verf.] auf der Wiese rennen darf und sich im Matsch suhlen darf, ähm, dann kann es auch gerne ein Babyersatz sein. Das ist ja, ist ja nicht unbedingt was Falsches dran. Wenn es halt dann in die Richtung geht, wie dass der Hund wird im Babywagen durch die Gegend geschoben und er darf sich nicht im Matsch suhlen, weil, ähm, sonst das kleine Tutu, was er anhat, dreckig wird, dann wird es halt kritisch. Ja, ja. Der Hund muss trotzdem ja ein Hund sein dürfen, und die Katze muss eine Katze sein dürfen und muss eben sein, sein Verhalten auch ausleben dürfen. Und da gehört dann eben auch mal zu, ähm, dass man sich in einen toten Vogel wälzt.« (D2: 575–584)

Die Orientierung am Tierwohl ist, wie noch zu zeigen sein wird, ursächlich in den Biographien der Befragten verortet (3.2.3). Sie stellt, soviel kann hier festgehalten werden, eine essentielle Anforderung an tierbezogene Dienstleistungsarbeit dar, indem auch die Tiergesundheit in Zusammenhang zum Erfolg der Dienstleistung steht.

»Also viele Verhaltensauffälligkeiten können natürlich auch mit irgendeiner Schmerzursache eigentlich einhergehen, ne? Und da kann man dann trainieren und tun und machen und Hundetrainer sein, wie man möchte – da würde sich dann daran nichts ändern, wenn das eigentlich die ganze Zeit wehtut [...]. Da kann man dann halt (..) oder an der Rute ist irgendwas, und da wächst was ein, und das ist ein dauerhafter Schmerz, und da kann man schon auch mal ein bisschen böse werden, das ist schon klar.« (D10: 271–276)

»Sie können mit dem Patienten nicht sprechen. Das heißt, ein Patient, der, der total Anti ist, sage ich mal, da, da, (.) das wird ganz, ganz schwierig.« (D4: 550–551)

Da häufig auch andere Tiere und Menschen in die Dienstleistung involviert sind, sehen sich die Dienstleister:innen in der Pflicht, dafür Sorge zu tragen, dass Tiere nicht aufgrund von gesundheitlichen Beschwerden und entsprechenden Begleiterscheinungen Dritte gefährden oder verletzen. Das Abklären gesundheitlicher Beschwerden dient dazu, nicht nur die Kooperationsbereitschaft, sondern zunächst die *Kooperationsfähigkeit* des Tieres einzuschätzen.

»Wenn wir jetzt dauerhaft Migräne haben, sind wir vielleicht auch nicht die Bestgelauntesten und wollen irgendwie spielen. Ähm, ((räuspert sich)) deswegen so passt das ganz gut zusammen, ähm, dass halt da was auffällt. Und oft ist es halt schon so, dass ich den Besitzern auch sage, so dies, das und jenes, und dann heißt es ›Ach ja, mhm, ja, ist mir auch schon mal aufgefallen, aber‹, ne? Und ich sage dann halt schon, wenn es was Gravierende- ist, Gravierenderes ist, dass die mal zum Tierarzt gehen sollen. (D10: 276–281)

Werden Tiere während einer Dienstleistung krank oder versterben gar, ist dies ein belastendes Erlebnis, vor allem aber können sich in der Folge Konflikte mit Kund:innen ergeben, und der Ruf der Dienstleister:in könnte, wie auch beim o.g. Biss oder Schlag, Schaden nehmen.[20]

Im Umgang mit den Resultaten ihrer Diagnosen bewegen sich die Befragten auf einem schmalen Grat: Einerseits sind sie darauf angewiesen, dass Tier und Dienstleistungsangebot kompatibel sind, und nehmen hierfür zusätzlichen, nicht eingepreisten Aufwand in Kauf, um die Konstitution (wie auch die Verhaltensweisen) solide zu bewerten. Anderseits aber stehen sie in einem *ökonomischen Abhängigkeitsverhältnis* zu den Halter:innen und wollen diese i.d.R. nicht als

20 Verbreitet sind im Segment daher informelle Altersgrenzen, bis zu denen Dienstleistende Tiere in Obhut nehmen oder anderweitig mit ihnen arbeiten. Zugleich gibt es Dienstleistungen, die sich auf die Versorgung alter und kranker Tiere spezialisiert haben.

Kund:innen verlieren.[21] Wiederholt berichten die Dienstleister:innen, dass ihre Hinweise auf gesundheitliche Beschwerden von Tieren nicht immer auf Gehör stoßen. Vielmehr müsse man damit umgehen, dass die eingebrachten Problematisierungen als unbegründet abgelehnt oder gar als Kompetenzüberschreitung eingestuft werden.

»Oder eben, was auch was viel ist, wenn die Hunde körperlich was haben. Das sehen die [Kund:innen, d.Verf.] auch sehr oft nicht. [...] [A]lso, wenn man es sieht, wenn man das kennt, dass man sofort sieht, da ist irgendwas nicht richtig. Und die Menschen: ›Och ja, ist mir auch schon aufgefallen, ich dachte, es ist nicht so schlimm.‹ Aber klar, dass man da dann noch mal eindrücklich sagt, ›gucke da mal hin und geht da mal wo hin‹, und (...) das ist wichtig.« (D10: 258–264)

»Ja, die meisten machen es halt nicht und sehen das halt nicht so wirklich eng, bis dann halt der Hund tot ist, ne? So ungefähr. Ähm, aber da muss man sich halt ganz gut von abgrenzen, weil man hat es dann halt zwei-, dreimal gesagt, so, ›mach das mal bitte, guckt mal nach dem Blutbild‹, und so weiter, aber wenn die das halt dann nicht machen, dann kann ich auch nicht weiterhelfen. Das ist halt schon auch so ((räuspert sich)).« (D10: 281–285)

Als Anforderung an Dienstleistende lässt sich somit resümieren, differente Bewertungen einer tierlichen Konstitution vermitteln und ggf. mit dem und ›am‹ Tier illustrieren zu können – und, sofern man auf den Auftrag angewiesen ist, es zu akzeptieren bzw. zu ertragen, dass Halter:innen die Empfehlungen ignorieren. Das Sample zeichnet sich dadurch aus, stringent am Tierwohl orientiert zu agieren und Halter:innen auf Missstände in der Tiergesundheit hinzuweisen. Hierzu zählt, mit Nachdruck auf eine Veränderung zu drängen, wenn Fehler oder Probleme im Umgang mit einem Tier beobachtet werden. Die Überzeugungskraft der Befragten variiert jedoch mit dem formalen Ausbildungsgrad und der Reputation: Sind Dienstleister:innen nicht tiermedizinisch qualifiziert oder haben nur einen kleinen Kundenkreis, laufen ihre Handlungsempfehlungen ins Leere. Bei jenen, die Erfahrung mit Misserfolg haben, treffen wir auf Praxen des Selbstschutzes: Um Widerspruchserfahrung zu umgehen und die Orientierung am Tierwohl aufrechtzuerhalten, schränken sie für manche Halter:innen den Zugang zum Angebot ein oder verweigern diesen gänzlich. D3 etwa kommuniziert seit einiger Zeit bei der ersten Kontaktaufnahme eine Reihe von »Anforderungen« (D3_1: 211) an interessierte potenzielle Kund:innen:

»Und wer sich dann wieder meldet stimmt quasi auch irgendwie ja zu. Nicht immer, einige wollen auch einfach unbedingt einen Hundeplatz. Aber das merkt man dann einfach auch und dann

21 Derlei Dilemmata sind insbesondere im Bereich der Tiermedizin bekannt, etwa wenn Halter:innen (oft aus Kostengründen) zu zögerlich mit der Inanspruchnahme medizinischer Versorgung für Tiere sind oder aber sich eines alten oder kranken Tieres entledigen wollen und hierfür medizinische Unterstützung einfordern.

müssen wir nach ein, zwei Terminen sagen, das tut uns ganz doll leid, das passt nicht so richtig. Aber das ist wirklich eher sehr selten. Also im Schnitt hat sich das wirklich gebessert. Und damit ist mehr Frieden auf allen Seiten und wir können glücklicher durch den Alltag gehen.« (D3_1: 227–231)

Da hiermit jedoch i.d.R. die Einflussnahme auf ein Tier und sein Wohlbefinden endet, gehen einige Dienstleister:innen in die Offensive und bieten an, Tiere selbst aufzunehmen oder an andere weiterzuvermitteln. Auch diese Reaktionsweise lässt sich weniger als ein konstitutives Merkmal tierbezogener Dienstleistungen im Allgemeinen denn Merkmal eines spezifischen Samples einordnen (s.u.).

Interaktionsformate dosieren

Wiederholt weisen die Befragten darauf hin, dass sich das Tier »entspannen muss«, damit die Dienstleistung erfolgreich erbracht werden kann.

»Wir brauchen Ruhe, wir brauchen Zeit, wir brauchen Einfühlungsvermögen und, und müssen den Patienten auf unsere Seite kriegen. Dann können wir erfolgreich arbeiten.« (D4: 570–572)

Wie es gelingt, einen solchen Zustand herzustellen, und worin das aufgerufene Einfühlungsvermögen konkret besteht, können die befragten Dienstleister:innen indes nicht auf Anhieb erklären. Die Interviews lösen vielmehr häufig erst eine Reflexion darüber aus, wie genau vorgegangen wird, und welche Umgangsweise welche Effekte beim Tier zeitigt. Die Auswertung macht sichtbar, dass eine zeitlich entzerrte Taktung einzelner Handlungsschritte die zentrale Komponente für eine erfolgreiche Annäherung darstellt. Hierbei handelt es sich um eine *Anpassung in Handlungstempo und -dichte*. Abläufe, die mit vertrauten Tieren problemlos zu gestalten sind, werden mit unbekannten Tieren entschleunigt, damit diese sich eingewöhnen und die dienstleistende Person sowie das Umfeld zunächst mit allen Sinnen erfassen und einordnen können. Erst sukzessive wird die Interaktionsdauer gesteigert.

»Und dann-, ja, und dann schaut man, wie der Hund-. Dann gehen die Halter irgendwann mal. Nach ein paar Treffen, verlassen die dann das Grundstück und kommen dann mal eine halbe Stunde später wieder, irgendwann mal eine Stunde. Je nachdem, wie gut der Hund das auch macht. Wir haben auch Hunde, die sind da völlig entspannt. Da sagen wir: ›Also weißt du, beim nächsten Mal kannst du ihn schon mal eine Stunde hier lassen.‹ Und danach sagen wir dann schon beim dritten Treffen, quasi: ›Du kannst ihn gerne dalassen, das ist gar kein Problem.‹ Also, das ist halt immer auch, wie macht sich der Hund?« (D3_2: 104–110)

»Hm. Also wir nehmen uns pro Tier, also mal so mindestens anderthalb Stunden Zeit. Also ne, das muss man schon, also wenn's schneller geht, oder das Tier nicht mitmachen will, ne, gerade Osteopathie, wenn die Tiere ähm, ich sag mal, da nicht mitmachen wollen, und verkrampfen, wird der Termin auch mal abgebrochen (.) und dann an anderer Stelle fortgesetzt. Es kann aber auch schon mal sein, dass so'n Termin drei Stunden dauert, also das ist ganz unterschiedlich. Und ich äh lasse mir da extrem Zeit immer, auch dazwischen, damit ich äh mich wirklich an die Geschwindigkeit von dem Tier auch anpassen kann. (D16: 273–282)

Die Dienstleister:innen verfügen über eine *Variationsbreite* in der konkreten Annäherung an Tiere und nehmen bedarfsorientiert *Wechsel im Interaktionsformat* vor. Je langwährender die Erfahrung der Dienstleister:innen ist, desto umfangreicher ist ihr *Repertoire*, aus dem sie je nach Spezifik eines einzelnen Falls schöpfen können. Dieses umfasst z.B. unterschiedliche Körperhaltungen, Blicke, Gesten oder eine besondere Tonalität, ebenso aber auch den Einsatz von Zubehör oder Hilfsmitteln. Zum einen speisen sich die Vorgehensweisen aus der Erfahrung und dem Selbstverständnis der Dienstleister:innen, erst mittels solcher Veränderungen und Anpassungen im Auftreten mit einem Tier kommunizieren und sich »auf Augenhöhe« bringen zu können. Zum anderen aber handelt es sich bei diesen Anpassungen auch um eine Reaktion auf den *tierlichen Eigensinn*. Ignorieren Dienstleister:innen die Rezeptions- und Kommunikationsweisen der Tiere, erschwert dies die Annäherung, und es kann auch bei vermeintlich bereits bekannten Tieren zu Rückschlägen kommen – mit der Folge von Verzögerungen im Dienstleistungsablauf.

Das Arbeitshandeln der Dienstleister:innen wird somit, je nach konkretem Aufgabengebiet, von der Nahbarkeit des Tieres bestimmt, das als lebendiges Wesen unkalkulierbar bleibt. Hierdurch ergeben sich wiederum Schwierigkeiten in der finanziellen und personellen Planung von Angeboten. Auch treten die bereits erwähnten Legitimationsprobleme gegenüber den Halter:innen auf, wenn zwischenzeitige Verzögerungen in der Annäherung nicht von Beginn an vereinbart waren und nachträglich eingepreist werden müssen. Abhängig von der Geschichte und Vulnerabilität des Tieres können diese Annäherungsschritte so zeitaufwendig werden, dass sie sich wirtschaftlich nicht mehr abbilden lassen. Derlei Anforderungen treffen zahlreiche Dienstleistungsangebote, scheinen uns jedoch charakteristisch für das Segment Tierschutz/Tieraufnahme zu sein, wie die folgende Fallskizze illustriert:

Die befragte Person (D24) arbeitet in einem Tierheim und berichtet von einer Hündin, die ein Bein verloren hat und im Rahmen einer Initiative zur internationalen Tierrettung aus dem Ausland nach Deutschland geholt wurde. Hier hat sie zahlreiche Besitzwechsel erlebt und wird nun im Tierheim versorgt. Die Hündin wird von D24 als stark verängstigt und problematisch im Umgang beschrieben. Nur mittels der Dosierung im Zugang war es ihr möglich sich anzunähern.

»Und am Anfang war es so: Sie hat sich bei uns unter dem Schrank, unter dem Bett, unter der Couch versteckt und kam nur nachts raus. Sie hat nachts gefressen, nachts getrunken. Aber sonst war sie nie zu sehen. Nie. […]. Ich […] bin dann immer in meiner Mittagspause zu ihr reingegangen, wochenlang, und habe-. Sie ist dann aber immer direkt in den Außenbereich gegangen, sobald ich reingegangen bin. Ich bin aber immer sitzengeblieben, habe ihr etwas vorgelesen, habe ihr etwas erzählt und Leckerchen hingeworfen. So dass wir in Kontakt kommen. Und irgendwann ist sie dann auch sitzengeblieben, und dann habe ich die Klappe zugemacht, damit sie halt drinnen bleiben musste. Und dann habe ich halt-, wir haben so Streichelhände. Das ist einfach ein langer Stab, wo ein Einmalhandschuh dran ist, der dann einfach gefüllt ist. Dass sie lernt, dass man sie anfassen kann, ohne dass etwas passiert. Und so bin ich dann an sie auch herangekommen. Aber das erste halbe Jahr bei uns war sie im Garten immer nur mit Sicherheitsgeschirr und mit Leine. (D24: 819–849)

Was sich aus der Distanz einer externen Betrachtung als mühsame Arbeit deuten ließe, erweist sich in der Gesamtauswertung als eine hochgradig *sinnstiftende Komponente* tierbezogener Dienstleistung. Die Nahbarkeit eines Tieres zu erlangen, erfüllt die Dienstleister:innen mit einem *Produzentenstolz*[22], der, je komplexer der Fall gelagert ist, den Zeitaufwand und die i.d.R. ausstehende Einpreisung kompensiert. Zugang zum Tier zu erlangen, entfaltet sich somit als eine Ressource zur Bewältigung widriger Arbeitsbedingungen wie einem geringen Entgelt oder Schwierigkeiten im Umgang mit Tieren oder Halter:innen.

»Katzen sind ja nun wirklich kaum domestiziert. Also die Domestikation ist an ihnen ja eigentlich vorbeigegangen. Wir haben es ja hier mit einem absolut ursprünglichen Raubtier zu tun. Und diese Faszination, mit einem Raubtier zusammen zu leben, beide Seiten kennen zu lernen. Diesen wilden Jäger, aber auch dieses anhängliche, schmusige, löst bei vielen eine sehr große Faszination aus. Und davon ein Teil sein zu dürfen, so die Ehre zu haben, das ist ein ganz tolles Gefühl. Wenn das Raubtier sich bei einem einkuschelt und auf einmal so schnurrt. Das ist ein ganz unglaublich schönes Gefühl. Ja.« (D17: 1019–1026)

»Und da sieht man schon mal den großen Unterschied, wie Menschen Anerkennung ausüben und wie ein Hund oder ein anderes Tier das macht. Das macht es für gar nichts. Einfach nur, dass man da ist. Und damit habe ich glaube ich auch schon den wesentlichen Punkt genannt, weswegen die meisten Menschen mit Tieren leben. Weil sie sich richtig fühlen, so wie sie sind, ohne eine Leistung erbringen zu müssen. Und sich nicht verstecken müssen, ihre Maske ablegen können und sich angenommen fühlen.« (D20: 11–16)

Hier liegt gleichwohl nicht lediglich eine das Wohlbefinden steigernde Resonanzerfahrung vor, die sich aus der Annäherung per se unverfügbarer, da eigensinniger Tiere speist (Rosa 2016). Auch basieren der Produzentenstolz und die Arbeitszufriedenheit der Befragten nicht auf einem erlangten, für effiziente Abläufe zuträglichen Ergebnis, hier in Form einer erzeugten Handhabbarkeit eines Tie-

22 Der Begriff ist älteren Studien zum Gesellschaftsbild von Erwerbstätigen entlehnt, die mit diesem Befund auf eine Leistungsorientierung von Arbeiter:innen im Kontext selbst hochgradig entfremdeter Arbeit hingewiesen haben (s. exemplarisch Popitz et al. 1957).

res. Zentral ist vielmehr die Erfahrung, zur *Handlungsermächtigung eines Tieres* beigetragen zu haben.

»Also ein Hund mit 16 Jahren, muss man sich einmal vorstellen, ja. Ein Hund, der 16 Jahre nur Angst hatte, hat in ihrem Leben, in ihren alten Tagen einfach noch gelernt, Menschen zu vertrauen. Wir können die anfassen, ich kann ihr Nägel schneiden, ich kann sie abhören. Ich kann all diese Dinge machen, die die früher niemals ohne Panikattacken zugelassen hätte. Also wir arbeiten auch in diese Richtung. Wir geben den Hunden die Möglichkeit, sich zu entwickeln, auf verschiedene Arten. Also bei ihr waren es einfach so kleine Suchspiele, wo sie einfach gelernt hat, darüber Vertrauen und Selbstbewusstsein zu bekommen. Und eben-. Ich wiederhole mich zwar und das kling vielleicht banal. Aber dieses Eingehen auf die Persönlichkeit und das finden, was ihr Spaß macht. Und bei ihr waren es eben echt so diese Schnüffelboxen, die sie knacken darf und wo sie dann gelernt hat, sie darf auch etwas fordern, sie darf bellen, wenn sie so etwas möchte. Und sie hat bemerkt, wenn sie ihre Wünsche zum Ausdruck bringt, dann gibt es etwas dafür. Dann gibt es eine Reaktion. Und so ist die einfach zu einer Persönlichkeit geworden.« (D12: 520–532)

»Wenn man einfach sieht, wie die Tiere sich gewandelt haben von-, ich sage mal-, von einer aggressiven Katze zu einer Katze, die man streicheln, anfassen kann. Die man dann halt auch relativ zügig, wenn sie zahm ist, auch vermitteln kann.« (D24: 228–231)

Inwiefern derlei Umgangsweisen mit Tieren für die gesamte Breite des untersuchten Feldes kennzeichnend sind, bleibt zu überprüfen. Festzuhalten ist jedoch, dass das Sample Arbeitsorientierungen und Motivlagen aufweist, die in Zusammenhang zu besonderen Tierbildern und Hinwendungen zu Tieren stehen – und somit Hinweise auf grundlegende Konstitutionsmomente von Tier-Mensch-Interaktionen und -Beziehungen geben.

Andere Tiere zur Befriedung einsetzen

Eine weitere Praktik der Annäherung an Tiere lässt sich in der Hinzuziehung anderer Tiere erkennen. Dienstleistende machen sich hierfür bereits bestehende Tiergruppen oder auch einzelne Tiere zu Nutze. Zumeist handelt es sich hierbei um Tiere, die mit dem Ablauf der Dienstleistung seit Langem vertraut sind, und deren Verhaltensweisen die Dienstleister:innen meinen annähernd verlässlich prognostizieren zu können. Bevorzugt werden auch ältere Tiere hinzugezogen, denen sie eine beruhigende oder disziplinierende Wirkung zusprechen. Je nach Angebot holen sich die Dienstleister:innen auch eigene Tiere als Unterstützung zur Seite. Die gewählten Tiere erzeugen entweder bereits qua Anwesenheit die gewünschte Wirkung, oder aber sie werden als ›Mittler‹ genutzt, um sich einem anderen Tier nähern oder es berühren oder anderweitig versorgen zu können. Die Haustiere der Dienstleister:innen fungieren somit in mehrfacher Hinsicht *als tierliche Ko-Produzent:innen*.[23] Damit ist ein weiterer Hinweis auf die Agency von Tieren in Dienstleistungsinteraktionen gegeben.[24]

Tier-Werden: Körperlich einlassen und tierlich wahrnehmen

Die Dienstleister:innen sprechen wiederholt von einem »Draht zu Tieren«, den ihre Tätigkeit voraussetze. Die vertiefende Auswertung der Interviews lässt erkennen, dass dieser maßgeblich eine an tierlichen Bedürfnissen orientierte Umgangsweise mit Tieren umfasst sowie hieran angepassten Erwartungen an ihre Reaktionen. Da jedwedes Zögern oder Bedenken vom tierlichen Gegenüber wahrgenommen wird und einen Rückzug aus der Interaktion provozieren kann, zählt *Reaktionsschnelligkeit* zu den konstitutiven Merkmalen der Arbeit mit Tieren. Blicke, Mimik, Gesten, Körpersprache, gesprochene Sprache, Artikulation usw. werden an die Rezeptions- und Kommunikationsweise von Tieren angepasst. Je nach Einschätzung des tierlichen Kooperationspartners bewegt man sich z.B. besonders langsam, wählt eine gedämpfte Tonlage in der Ansprache, setzt alternative Varianten in der Handhabung von Zubehör ein oder antizipiert potenzielle Effekte einer (sozialen, materiellen, natürlichen) Umgebung. Damit erweist sich die *leib-körperliche Handlungsdimension* als zentrale Komponente der Arbeit mit Tieren.

Die Dienstleister:innen haben über viele Jahre hinweg Routinen im Umgang mit Tieren entwickelt und deren Körperhaltung oder Signalgebungen zu lesen gelernt. Viele von ihnen leben auch privat mit Tieren zusammen, meist bereits seit der Kindheit (s. 3.2.3.1). Die Dienstleister:innen wenden daher nicht lediglich ein Erfahrungswissen oder kognitive Wissensbestände an, sondern es handelt sich um *einverleibte, habitualisierte Kommunikations- und Interaktionswege*, auf denen sich die Befragten Tieren annähern. Damit verfügen die Befragten über eine Ressource, die sich für den Erfolg der Dienstleistung als einflussreich erweist: Umfassende leib-körperliche Erfahrungen im Umgang mit Tieren beschleunigen Startphase und Ablauf der Dienstleistung, und sie zahlen sich folglich auch ökonomisch aus, da sich der zeitliche Aufwand des Kennenlernens und der Kooperationsanbahnung erheblich reduziert. Darüber hinaus nehmen auch Halter:innen wahr, wenn sich ihr Tier zügig in ein Angebot einfindet und schneller ein Erfolg erkenn-

23 Kylkilahti et al. (2015: 129) identifizieren eine solche Ko-Produktion, wenn Tiere ›Dienstleistungen‹ für ihre Halter:innen produzieren, etwa indem sie konstante emotionale Unterstützung bieten oder motivieren Sport zu treiben. Noch deutlicher wird die Produktionsleistung der Tiere im Feld der tiergestützten Dienstleistungen (vgl. Ameli 2016).

24 Zu Tieren, die als ›service animals‹ eingesetzt werden, liegen inzwischen mehrere Publikationen vor (s. exemplarisch König & Schnabel 2021).

bar wird. Folge ist eine Verbesserung der Reputation bei Kund:innen, wodurch sich wiederum das jeweilige Geschäftsmodell absichern lässt.

Bereits in der Analyse der Gefährtenbeziehungen konnten wir aufzeigen, inwiefern sich Tierhalter:innen in vielfältiger Hinsicht auf tierliche Wahrnehmungsweisen nicht nur einlassen, sondern sich diesbezüglich auch anpassen und verändern. Für die Dienstleister:innen können wir auf eine weitere Steigerung dieser Effekte des Umgangs mit Tieren hinweisen: Sie nehmen *multisensuell* eine tierliche Perspektive ein. Sie versuchen zu antizipieren wie Tiere auf verschiedenste Ereignisse wie Geräusche, Bewegungen, Farben, räumliche Konstellationen und insbesondere jegliche soziale Begegnung reagieren könnten; ihre Leistung besteht darin, den *Wahrnehmungsweisen des Tieres zu folgen* und sich in deren Perspektive hineinzuversetzen. Die Herausforderung besteht dabei darin, dies bezogen auch auf Tiere zu tun, zu denen noch keine Vorkenntnisse vorliegen oder bisherige Kontakte zeitlich länger zurückliegen; nur in seltenen Fällen, wenn die Dienstleistung langfristiger angelegt ist, bestehen zur privaten Tierhaltung vergleichbare Bindungen und fallen derlei Perspektivübernahmen umfassender aus.

Den Wahrnehmungsweisen zu folgen bedeutet, hier lässt sich erneut auf die Arbeit im Tierheim zurückkommen, eine besondere *Aufmerksamkeit für die Welt* zu entwickeln und die für ein Tier potenziellen Angst-, Gefahren- oder Attraktionsquellen zu antizipieren.

»Und Pippi machen und Geschäft machen, also auf die Straße mit ihr gehen, war so gar nicht möglich. Wir waren mit ihr im Garten, aber wirklich nur in der Nacht, wenn man nichts hören konnte und wenn kein Mensch draußen war, bin ich dann mit ihr-. Sie hatte ein Sicherheitsgeschirr, ein normales Geschirr und noch mal ein Geschirr um und zwei Leinen an. Und damit sind wir dann in den Garten gegangen, damit sie ihr Geschäft verrichten kann. Und nach einem Monat, oder so, sind wir das erste Mal, auch nachts, auf die Wiese gegangen, damit sie auch mal etwas anderes sieht. Und das hat wirklich ein halbes Jahr gedauert, bis sie auch mal am Tag, also in der Dämmerung, mit uns gegangen ist, auf die Straße, um ihr Geschäft überhaupt zu verrichten. Sonst hat sie es wirklich nur im Garten gemacht und auch nur in der Dunkelheit. Sobald sie irgendetwas gehört oder gesehen hat, war sie weg und konnte nicht mehr.« (D24: 822–832)

Zu einem solchen Einlassen auf die tierliche Perspektive zählt insbesondere, mögliche Reaktionen von Tieren auf andere Lebewesen einzuschätzen, damit diese nicht irritiert, gefährdet oder verletzt werden. Die Dienstleister:innen müssen hierfür nicht nur andere Wesen und Dinge ›wie ein Tier‹ wahrnehmen, sondern auch die Reaktionen dieser neu auftretenden Akteure analysieren und mögliche problematische Folgeeffekte antizipieren. Hierzu zählt, Tiere je für sich und in Interaktion mit anderen Tieren und Menschen zu beobachten, Effekte von wechselnden sozialen Konstellationen auszuloten und, dies ist entscheidend, den Einfluss der An- bzw. Abwesenheit der Halter:in einzuschätzen. Die Arbeit der Dienstleister:innen umfasst insofern maßgeblich die *Deutung der Spezies*. Damit lässt sich konkretisieren, was sich dahinter verbirgt, einen »Draht zu Tieren« und »Einfühlungsvermögen« zu haben: Tiere als Individuen anerkennen, ihre Wahrnehmungsweise nachvollziehen, das eigene Handeln entsprechend anpassen. Dienstleistende aktivieren dabei, so ließe sich zuspitzen, ihre *human-animalische Seite* in der Tiere und Menschen umfassenden Triade. Sie folgen nicht nur der Wahrnehmung der Tiere, sondern verändern sich; sie werden zum *Tier unter anderen*.

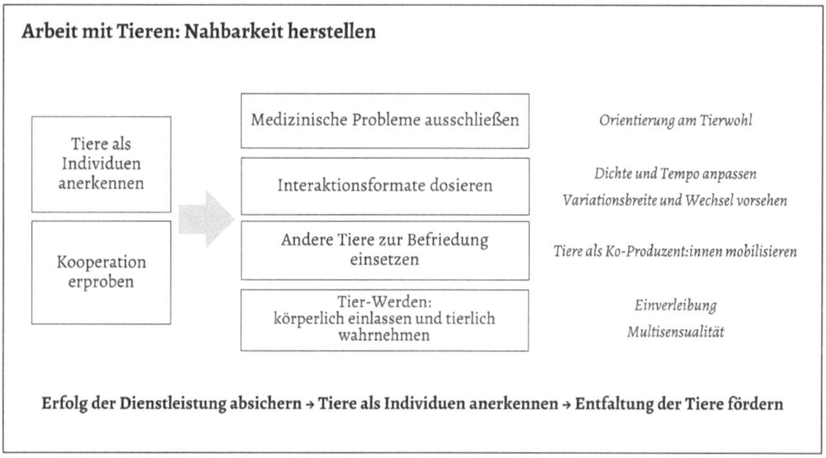

Abb. 7: Arbeit mit Tieren: Nahbarkeit herstellen
Quelle: Eigene Darstellung

Zusammenfassend ist festzuhalten, dass Dienstleistende die Nahbarkeit des Tieres nicht voraussetzen können, sondern sie diese zunächst abklären und bei Bedarf aktiv herstellen müssen. Die Halter:innen sind hier involviert, sofern sie Tiere begleiten oder in die Dienstleistung selbst einbezogen sind. Ihr Einfluss auf die in den Angeboten stattfindenden Tier-Mensch-Interaktion ist jedoch als eher gering einzustufen. Dienstleister:innen wiederum treten in ihrer Selbstdarstellung als die dirigierenden Akteure in der Triade auf, doch verlangen die Tiere ihnen de facto eine weitreichende Anpassung ab – weniger aktiv oder intendiert, denn vermittelt über die ihnen zugeschriebenen Bedürfnisse oder vermeintlichen Erfordernisse. Zudem fällt ein Affizierungsgeschehen ins Auge. Die Dienstleister:innen lassen sich vom Wesen der Tiere einnehmen und sehen in ihnen ein Potenzial, das es zur Entfaltung zu bringen gilt.

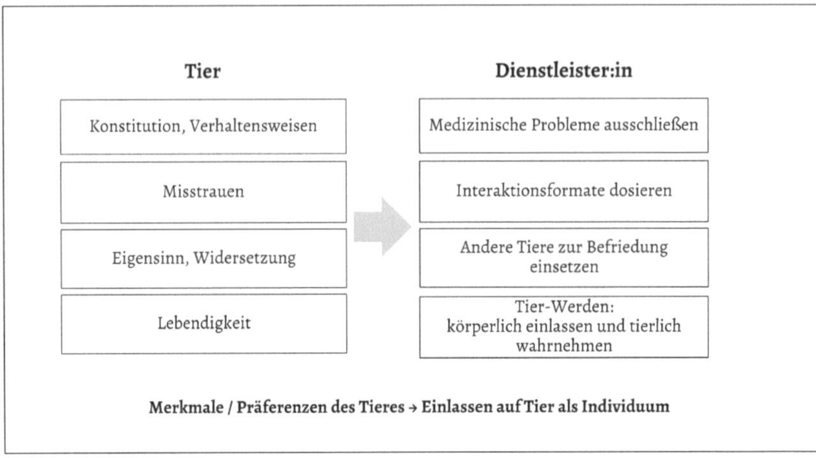

Abb. 8: Tier-Dienstleister:in-Kooperation
Quelle: Eigene Darstellung

Dass wir nicht nur bei den Halter:innen, sondern auch bei den Dienstleister:innen ein umfassendes Einlassen auf und Anpassen an Tiere und speziesbezogene Wahrnehmung antreffen, ist als Befund hervorzuheben: Die Befragten erweisen sich als *gefährtenorientierte Dienstleistende*. Bevor wir dieser Deutung im weiteren Verlauf des Kapitels weiter nachgehen, geht es zunächst um die zweite Achse der Triade: den Umgang der Dienstleister:innen mit Menschen.

3.2.2.2 Arbeit mit Tierhalter:innen: Einsicht erzeugen

Die Tierhalter:innen treten für die Dienstleister:innen als zahlende Kund:innen in Erscheinung, sind am weiteren Ablauf der Dienstleistung jedoch häufig nur punktuell oder gar nicht beteiligt. In Formaten, die auf eine Betreuung von Tieren zielen, sind die Halter:innen zumeist nur für ein Erstgespräch oder in der Erprobungsphase anwesend; im Bereich der Behandlung werden sie in der Regel nur eingebunden, um konkrete Interventionen direkt abzustimmen, wie etwa für medizinische Eingriffe, oder sie werden hilfestellend für die Annäherung an das Tier hinzugezogen. Den aktivsten Anteil haben die Halter:innen in Angeboten zu Coaching, Therapie oder Training. Hier sind ihre Wahrnehmungen und Umgangsweisen mit dem Tier expliziter Gegenstand der Dienstleistung, wenn Tier-Mensch-Interaktionen und -Beziehungen bearbeitet werden. Tierhalter:innen sind somit in unterschiedlichem Grad in das konkrete Dienstleistungsgeschehen involviert, gleichwohl müssen auch ihre *Kooperationsbereitschaft und -fä-*

higkeit zunächst hergestellt werden. Die Dienstleister:innen müssen sie von der Güte ihrer Arbeit und ihrer Eignung überzeugen.

Großen Einfluss auf die konkrete Vorgehensweise nimmt laut den Befragten die Qualität der jeweiligen Haustier-Mensch-Beziehung: Je enger sich die emotionale Bindung zum Tier darstellt, desto schwerer falle Halter:innen dessen Überlassung in die Obhut und Zuständigkeit einer zunächst unbekannten Person. Bedenken bestehen auch, wenn das Tier durch die Ausgestaltung der Dienstleistung mit anderen, ihm fremden Tieren konfrontiert sein wird. In vielen Angeboten lässt sich dies nicht vermeiden, da Tiere aus Kostengründen zumeist in Gruppen betreut oder versorgt werden, wie etwa im Tiersitting, in Tierpensionen, zuweilen aber auch im Coaching, wenn Pferde bei Trainer:innen eingestellt werden. Die für Tier-Mensch-Gefährtenschaften kennzeichnenden langjährigen Erfahrungen mit Tierhaltung und fundierten Wissensbestände erschweren die Überlassung zusätzlich. Halter:innen verfügen teils über ähnlich umfassende Kompetenzen wie Dienstleistende und legen eine kritische Grundhaltung an den Tag, wenn die avisierten Umgangs- und Haltungsweisen nicht ihren Überzeugungen entsprechen.

Vor diesem Hintergrund erweist sich bereits die Anbahnung einer Beauftragung für die Dienstleister:innen als eine anspruchsvolle Hürde, und auch im weiteren Verlauf sind sie auf einen aktiven Beitrag der Halter:innen zum Gelingen der Dienstleistung angewiesen: Ebenso wie die Tiere müssen *Halter:innen als effiziente Ko-Produzent:innen* mobilisiert werden. Dies gelingt, so unser Befund, indem die Dienstleister:innen *Einsicht erzeugen*. Es reicht nicht aus, Kund:innen Einblick in die Vorgehensweise und Zielsetzung oder die Bedingungen vor Ort wie Räume, Stallungen, Gelände oder Umgebungen zu geben. Vielmehr müssen die Halter:innen davon überzeugt werden, dass dies alles in seiner jeweiligen Ausprägung dem Tier und seinem Wohlergehen entspricht. Nur wenn sich bei Halter:innen diesbezüglich eine Akzeptanz und Toleranz einstellt, gelingt es den Anbieter:innen, auch jene Halter:innen zu gewinnen und in die Dienstleistungstriade einzupassen, die wir als gefährtenorientierte Halter:innen bezeichnet haben (s. 3.1). Auf den ersten Blick ließe sich die skizzierte Vorgehensweise als ein erneuter Hinweis auf die Effizienzorientierung der Dienstleister:innen deuten, die darauf zielen, Reibungsverluste im Umgang miteinander zu reduzieren und Abläufe leicht handhabbar zu machen. Entlang der identifizierten Komponenten der Dienstleister:in-Halter:in-Interaktion wird indes deutlich werden, dass erneut die ausgeprägte Orientierung am *Tierwohl* – und somit die *Tierbilder* der Dienstleister:innen – den zentralen Maßstab für ihre Umgangsweise mit Halter:innen darstellt.

Tierverständnisse eruieren
Die Dienstleister:innen haben sich intensiv damit auseinandergesetzt, wie sie mit Tieren umgehen wollen. Im Zusammenleben und der Arbeit mit ihnen, ebenso aber auch unterstützt durch Aus- und Fortbildung, haben sie Leitlinien für sich entwickelt und verfügen über bewährte Vorgehensweisen, um auch jene Tiere versorgen oder behandeln zu können, die sich zunächst entziehen, widersetzen oder aggressiv auftreten. Derlei Klärungsprozesse haben nicht erst mit der Erwerbstätigkeit begonnen; vielmehr dokumentieren die Interviews verfestigte Überzeugungen und einverleibte Praxen, die im Zuge der eigenen Tierhaltung entstanden sind und nun auch das Arbeitshandeln als Dienstleister:in anleiten und beeinflussen (s. 3.2.3).

So entschlossen die Dienstleister:innen in Darstellung und Auftreten sind, so können viele aufgrund ihrer ökonomischen Abhängigkeit oder aufgrund der Weisungsbefugnis Dritter ihren Ansprüchen an die Arbeitsdurchführung nicht vollumfänglich Rechnung tragen. Dies betrifft etwa die o.g. Situationen, in denen Halter:innen die Empfehlung medizinischer Konsultation ignorieren, letztlich jedoch jedwede Einschätzung zu einem Tier und den Umgang mit ihm. Eine besondere Anforderung der Dienstleistungstätigkeit besteht insofern darin, mit der *Diskrepanz zwischen eigenen und fremden Sichtweisen* umgehen zu müssen.

Das thematische Spektrum dieses fortwährenden Austarierens von Sichtweisen auf Tiere reicht von Fragen der Tierernährung, über Einschätzungen zu förderlichen Kontakten oder Mobilität von Tieren bis hin zu Bewertungen von Sterbebegleitung und -hilfe. Zur Aufgabe der Dienstleister:innen gehört hier nicht nur, mit einer reichen Bandbreite von Haltungsmotiven und Vorgehensweisen von Tierhalter:innen umzugehen, sondern auch aus ihrer Sicht unangemessene, teils grob fahrlässige Umgangsweisen und entsprechende Leidenszustände von Tieren zu ertragen (s.o.). Die Fallanalyse zu einer im Tierheim tätigen Person dokumentiert, dass sich die Interaktion mit Menschen als größte Belastungsquelle im Arbeitsalltag erweisen kann. Anlass hierfür sind wiederholte Tierabgaben:

»Die häufigste Ausrede ist Allergie. […] Es ist Allergie. Oder man hat keine Zeit mehr. Das ist-, also, Allergie, sage ich mal, ist jedes zweite Tier. Es gibt natürlich auch ehrliche Leute, die sagen, ›Ich kann es mir einfach nicht mehr leisten. Deswegen muss ich es abgeben.‹ Oder, ja-, ›Die Kinder wollten es haben. Jetzt haben sie kein Interesse mehr.‹ Das sind so die Hauptabgabegründe. […] Also die meisten sagen halt wirklich: Allergie. Aber nicht, warum, wieso, weshalb. Die müssen ja dann auch, wenn sie ein Tier abgeben, so einen Charakterbogen ausfüllen, ob die Katze eine Wohnungskatze ist, eine Freigängerkatze ist oder eine Katze mit Balkon. Und dann sind da halt verschiedene Aspekte, also Charaktereigenschaften. Lieb, schmusig, Anfängerkatze, Katze für eher erfahrene Leute. Selbst da lügen die Leute und geben dann halt komplett andere Sachen an, als wie die Katze eigentlich ist. […]. Warum die das machen, kann man nicht sagen. Weil-, dadurch wird ja die Chance, dem Tier schnell ein Zuhause zu finden, eher verwehrt. Man muss ja-, wenn die uns sagen, das Tier ist lieb, und die sich aber bei uns komplett anders zeigt, muss man das Tier ja erstmal kennenlernen und wissen: Ist es wirklich eine liebe Katze? Ist die jetzt nur so, weil sie gestresst ist? Oder ist sie so, weil sie immer so ist? Das muss man dann halt herausfinden. [...] Das machen aber ganz viele. Die sagen, ›Die Katze ist lieb, ist total nett.‹ Und dann wollen wir damit in die Quarantäne-, die Tiere müssen ja zuerst in die Quarantäne. Und dann hat man da so einen richtigen Besen auf einmal sitzen. Die attackiert und alles. Das hat man wirklich relativ häufig. Sehr, sehr häufig. Oder die Leute sagen, wenn sie zwei Tiere abgeben-, zwei Katzen zum Beispiel: Die verstehen sich super. Wir setzen die dann in die Quarantäne, und in der Quarantäne klappt es so halbwegs. Und dann kommen die bei uns in das Katzenzimmer. Und dann gehen die aufeinander los. Das hatten wir auch relativ häufig, leider.« (D24: 317–347)

Je nach Umfang und Qualität der Etablierung am Markt sind die Dienstleister:innen darauf angewiesen, sich mit dieser Vielfalt nicht nur auseinanderzusetzen, sondern auch ihre weitere Vorgehensweise hierauf abzustimmen. Wer als Selbständige:r noch keinen festen Kundenstamm aufgebaut hat, muss sich mit Kund:innen mit differenter Haltungs- und Sichtweise erzwungenermaßen arrangieren. Wer sich hingegen die Kundschaft aussuchen kann, wählt bevorzugt jene aus, die dem eigenen Verständnis entsprechen. Diese Spreizung zeitigt ökonomische Effekte: Liegen Tierverständnisse dicht beieinander, lassen sich die jeweiligen Etappen schneller durchlaufen und erfordern weniger Personaleinsatz bzw. Arbeitszeit. Man ist sich schneller einig über die Zielsetzung der Dienstleistung, und die Vorgehensweise muss nicht aufwendig erläutert oder begründet werden; entsprechend gering ist der Aufwand, um eine Mitwirkung der Halter:innen zu erreichen.

Erwartungshaltungen moderieren

Mit unterschiedlichen Sichtweisen auf Tiere gehen Erwartungen einher, die sich bereits bei der Anbahnung einer Beauftragung, vor allem aber im weiteren Fortgang einer Dienstleistung nicht ignorieren lassen: Die Anbieter:innen wollen ihre Überzeugungen und Prinzipien zum Umgang mit Tieren realisiert sehen, haben sie doch die Berufswahl zumeist mit dem Ziel verbunden, die Situation von Tieren zu verbessern und zur Verbreitung von artgerechter Haltung beizutragen (s. 3.2.3.1). Halter:innen wiederum stufen sich im Vergleich zu Dienstleister:innen, zumal bei langjähriger Haltungserfahrung, als nicht minder kompetent ein und sind überzeugt zu wissen, was das ›Richtige‹ für ihr Tier oder eine Art ist. Auch aufgrund der Bezahlung der beauftragten Leistung sehen sie sich im Recht, spezifische Ausführungen einzufordern. Während im Bereich der humanbezogenen Dienstleistungen institutionelle und rechtliche Vorgaben die Position der Anbieter:innen absichern, bewegen sich die tierbezogenen Dienstleister:innen in einer Grauzone.[25] Es überrascht daher nicht, dass selbständige ebenso wie angestellte Dienstleister:innen in der Außendarstellung darauf bedacht sind mitzuteilen, welchen Leitlinien sie in ihrer Arbeit folgen, und was ihr Angebot konkret umfasst bzw. ausspart. Sie wenden entsprechend viel Zeit für Erstgespräche auf, in denen sie überprüfen, ob diese Hinweise von Kund:innen verstanden und in ihrer Reichweite erfasst worden sind. Ziel solcher Vorklärungen ist es, spätere Konflikte zu vermeiden, vor allem aber die vorgesehenen Abläufe und Arbeitsschritte reibungslos umsetzen zu können.

Abhängig von der Angebot-Nachfrage-Konstellation und ihrer Entscheidungsbefugnis gelingt es den Dienstleister:innen, sich in dieser Interessenaushandlung durchzusetzen. Weniger die Qualifikation oder der Formalisierungsgrad einer Dienstleistung, denn die *Reputation* und die *ökonomische Stabilität* des Geschäftsmodells bzw. der Erwerbsposition erweisen sich als ausschlaggebend dafür, wer Bedingungen festlegen kann – oder sich an die Kundschaft anpassen muss. Entsprechend wird vom rege nachgefragten Pferdecoach die vorgesehene Vorgehensweise schlicht als Kondition ›gesetzt‹ – und seitens der Halter:innen auch nicht hinterfragt.

»Oder wenn jetzt jemand kommt, ich bespreche ja mit jedem Kunden, wie lange das Pferd bleiben soll, was das Pferd in dem Zeitraum lernen soll und sage, ich gucke es mir immer erstmal an. Und wenn ich aber irgendwo das Gefühl habe, dass im Erstgespräch schon etwas rauskommt, wo ich sage, das ist total unrealistisch, dass ein Pferd so viel in so kurzer Zeit lernen kann, dann kommuniziere ich das auch sofort. Also es wird eigentlich auch generell, bevor die Pferde kommen, bespreche ich immer, was ist das Thema, wie lange soll das Pferd bleiben, was soll das Pferd lernen. Dann sage ich schon, ob der angestrebte Zeitraum passt oder nicht. Und mit vielen bin ich dann halt, dass ich sage okay, wie jetzt bei dem mit dem Losreißen, mit dem ich das Problem hier hatte, da habe ich auch gesagt, wir müssen gucken, wie schnell es geht. [...] [W]ir gucken einfach immer so im Zwei-Wochen-Rhythmus, welche Fortschritte hat er gemacht, wie weit ist er jetzt. Und dann bleibt er einfach nochmal zwei Wochen oder wird halt abgeholt.« (D15: 561–575)

Welche Themen in der Aushandlung von Erwartungen aufgerufen werden, variiert abhängig vom Angebot und konkreten Personen. Gleichwohl gilt: *Alles ist Verhandlungssache*. Welches Halfter genommen wird, um das Pferd herauszuführen, mit welchen Artgenoss:innen ein Tier Zeit verbringen darf oder soll, wie die Aquarien, Gehege oder Ställe während des Urlaubs zu versorgen sind, in welcher Umgebung und auf welchem Terrain ein Spaziergang oder Ausritt idealiter ver-

25 Müssen Eltern oder Angehörige von Kranken oder Pflegedürftigen die Vorgaben von Kindertagesstätte, Schule, Klinikum oder Pflegeeinrichtung weitgehend akzeptieren, treten Tierhalter:innen mit weitreichenden Forderungen auf. Dienstleistende stehen insofern unter erheblichen Druck zu begründen, was und wie sie etwas tun.

läuft oder wie gefüttert und welches »Leckerli« gereicht wird – potenziell alles erweist sich für Halter:innen als frag- und diskussionswürdig und wird somit für die Dienstleister:innen begründungspflichtig. Nicht nur bei längerer Überlassung eines Tieres, sondern selbst bei nur punktueller Abwesenheit bringen die Halter:innen konkrete Wünsche vor oder schaffen Fakten, etwa indem sie das in spezieller Schnitttechnik erstellte Tierfutter mitbringen, wie ein Pensionsbetreiber berichtet (D25: 793–819). Als essentiell erweist sich daher für die Dienstleister:innen, frühzeitig und idealiter bereits in der Anbahnungsphase Grenzen festzulegen, entlang derer Mitsprache und Austausch gewünscht sind bzw. eine Ausführung nicht verhandelbar ist. Wird dies vernachlässigt, sind, wie die Interviews dokumentieren, Klärungen mit Kund:innen die Folge, die als belastend empfunden werden. Großer Leidensdruck besteht, wenn eine aus Sicht der Dienstleister:innen falsche, dem Tier schadende Handlungsweise erduldet werden muss.

Menschliche Kundschaft, die mit Tieren in Gefährtenschaft lebt, erweist sich als nicht minder anspruchsvoll: Diese Halter:innen leben nicht nur in innigen Beziehungen mit Tieren, sondern beanspruchen mit diesen auf Augenhöhe zu leben und ihnen bestmöglich gerecht zu werden. Sie sind sehr gut informiert, sowohl über das konkrete Tier wie auch die Art. Sie haben sich besonderes Fachwissen angeeignet und verfügen über langjährige, teils lebenslange Tiererfahrung. Sie sind daher oft lange auf der Suche nach Angeboten und haben sich ausführlich erkundigt, wie die dienstleistende Person vorgeht und wo eine herausragende Dienstleistungsqualität anzutreffen ist. Dadurch reduziert sich für die Dienstleister:innen der Erklärungsaufwand, da diese Halter:innen offensiv vorbringen, was sie erwarten oder ablehnen, vor allem aber weil sich die Tierbilder und Prinzipien stark ähneln. Halter:in wie Dienstleister:in sind an gleichen Leilinien von *Artgerechtigkeit und Tierwohl* ausgerichtet, und sie wollen die *Individualität von Tieren* respektieren und diese zur *Entfaltung* bringen. Bevorzugt arbeiten die Dienstleister:innen daher mit Halter:innen zusammen, die ihre Sichtweise auf Tiere teilen. Im Sample stoßen wir auf Dienstleister:innen, die mit Tier und Mensch gleichermaßen eng vertraut sind und in Notfällen helfen, etwa indem sie Trost spenden, versorgen oder ein Tier aufnehmen, falls ein:e Halter:in erkrankt oder verstirbt.

Als Herausforderung erweist sich für die Dienstleister:innen der Umstand, dass sich die Einsicht und die Kooperationsbereitschaft der Menschen, vor allem aber der Tiere kaum verlässlich kalkulieren lässt und der notwendige Arbeitsaufwand daher schwer zu berechnen ist (s.o.). Nachjustierungen in Kosten leuchten jedoch, so berichten sie, vielen Kund:innen nicht ein. Auch hier zeigt sich eine Varianz in Abhängigkeit von der Marktposition. So aufwendig dieser Kommunikationsaufwand ist, so erweist sich eine weitere Aufgabe als weit anspruchsvoller: die *Bearbeitung von Erwartungen*. Die Dienstleister:innen eruieren nicht nur die Wünsche und Sichtweisen von Halter:innen, sondern sie intendieren einen Wandel von Erwartungshaltungen. Diese Zielsetzung basiert auf der Erfahrung, dass ein Erfolg während einer Dienstleistungsinteraktion noch keine Gewähr für eine Veränderung auch der Beziehung von Halter:in und Tier bietet.

»Ich habe dann, wenn die Besitzerin nicht da war, da habe ich schon das Gefühl gehabt, wir machen Fortschritte. Es geht weiter voran. Und wenn die Besitzerin dazu kam, hat es irgendwie gar nicht funktioniert. Und das war von Anfang an, wo ich gedacht habe, wie peinlich ist das denn? Du erzählst der ständig, was jetzt Tolles klappt, und was jetzt schon funktioniert, und was du für Fortschritte gemacht hast, und dann kommt sie, und dann klappt das nicht. Das kann doch gar nicht sein. (D15: 498–503)

Dienstleister:innen können insofern Halter:innen nicht nur aus ökonomischen Gründen nicht ignorieren, sondern sie sind auch hinsichtlich des inhaltlichen Erfolgs und für einen unkomplizierten Ablauf der Dienstleistung auf deren Zutun angewiesen. Sie arbeiten insofern grundsätzlich in jeder Dienstleistungsinteraktion, unabhängig von der Präsenz von Halter:innen, stets mit Tier und Mensch, d.h. allen an der Triade beteiligten Akteur:innen (s. 3.2.2.3). Dieses Merkmal kennzeichnet insbesondere jene Dienstleistungsangebote, in denen eine Orientierung am Tierwohl besonders ausgeprägt ist: Soll die Lebenssituation von Tieren verbessert werden, dann umfasst dies zumeist die Frage, wie Menschen mit dem Tier umgehen, und welchen Prinzipien sie dabei folgen. Dies als Teil der Dienstleistung auszuweisen, zählt daher zu einem wichtigen Baustein im Kontakt zu Halter:innen.

Leistung explizieren

Die Interviews dokumentieren, dass die Dienstleister:innen ein Augenmerk darauf legen, nicht nur zu Beginn, sondern auch im Verlauf einer Beauftragung wiederholt aufzuzeigen, worin ihre Leistung besteht. Ursächlich hierfür ist, dass viele Komponenten ihrer Leistung für die Halter:innen nicht erkennbar sind. Websites, Flyer, vor allem aber das Erstgespräch dienen daher dazu zu erklären, wie sich der jeweilige Preis eines Angebots errechnet, und was die konkrete Leistung umfasst. Auffällig ist, dass ein Großteil der von uns identifizierten Tätigkeiten dabei nicht berücksichtigt wird: Der beschriebene Aufwand für die Kontaktaufnahme mit dem Tier, die Erprobungsphasen und die fortlaufenden Beobachtungen von Tier und Mensch werden zumeist nicht nur nicht eingepreist, sondern sie sind den Dienstleister:innen teils selbst nicht gegenwärtig. In der Reflexion während eines Interviews werden diese thematisiert, doch, wie oben beschrieben, bleiben sie in Kalkulationen unterbelichtet; vor allem aber fehlt es an Begrifflichkeiten und Worten für das, was getan wird. Derlei Schwierigkeiten, das Arbeitshandeln zu explizieren, müssen vor allem im Rahmen einer Selbständigkeit behoben sein, wenn das Geschäftsmodell ›laufen‹ und Kundschaft überzeugt werden soll. Die Befragten müssen erläutern, dass es um mehr als nur das im Titel geführte Angebot geht: Ein Tiersitting bedeutet nicht nur, einen Hund auszuführen, sondern ihm auch besondere Erlebnisse zu verschaffen, wie z.B. die Erkundung eines neuen Terrains oder das Austoben mit anderen Hunden. Eine Katze wird nicht lediglich gefüttert, sondern gestreichelt und bespielt. Im Coaching muss ein Pferd erst verstanden werden und eine Beziehung zu ihm aufgebaut werden, bevor das Arbeiten an Problemen beginnen kann.

»Weil das bei uns auch zum Konzept gehört. Wir geben die Hunde nicht zurück und sagen nichts. Weil wir, was uns auffällt, auch wenn Hunde sich verändern, fragen wir nach: ›Und was hat sich bei euch verändert? Ist irgendwas neu? Was ist los bei euch? Der Hund ist ganz anders auf einmal‹ oder so. Insofern ist das dann doch irgendwie täglich immer mit dabei.« (D3_1: 127–131)

Die Dienstleister:innen untermauern insofern Qualitätsunterschiede im Vergleich zu anderen Anbieter:innen, sind jedoch, so ein Befund, wiederholt damit konfrontiert, dass sie die Bepreisung ihrer Angebote aufwendig begründen müssen. Sind Halter:innen bei einer veterinärmedizinischen Behandlung des Tieres noch bereit, Kosten protestlos hinzunehmen, berichten die Dienstleister:innen von einer kritischen Kundschaft, die die veranschlagten Kosten in Frage stellt.[26] Die Tierwohlorientierung erzeugt dann ein Dilemma: Deutet sich an, dass Tiere dringend Unterstützung benötigen, Halter:innen aber nicht bereit oder in der Lage sind, diese zu finanzieren, kann der Dienstleistungsvertrag scheitern. Die Dienstleister:innen tendieren hier dazu, Preise abzusenken oder sogar kostenlos tätig zu werden, um das Tier nicht unversorgt zu lassen. Diese Reaktion ließe sich auf eine noch fehlende Professionalisierung tierbezogener Dienstleistung zurückführen, die das Durchsetzen von Preisen erschwert. Die Befunde geben indes einen Hinweis darauf, dass hier die Motivlagen der Dienstleister:innen selbst eine markante Einflussgröße darstellen (s. 3.2.3).

Vertrauensbasis schaffen

Die Dienstleister:innen müssen nicht nur zum Tier, sondern auch zu den Halter:innen *Zugang finden*.

»Man kann nicht erfolgreich arbeiten, wenn die Besitzer nicht mitziehen« (D4: 565)

Die besondere Beziehung zwischen Haustier und Mensch hat insofern unmittelbare Effekte auf die Dienstleistungsarbeit: Kund:innen müssen ihr Tier für eine kürzere oder längere Zeit in die Obhut einer anderen Person geben, und bei vie-

26 Zu vermuten ist, dass diese Reaktion in Zusammenhang zu einem fehlenden Versicherungsschutz für das Tier steht.

len Dienstleistungen sind die Halter:innen nicht in die Abläufe involviert. Eine Kernaufgabe der Dienstleister:innen besteht daher darin, eine Vertrauensbasis aufzubauen. Dies geschieht zum einen, indem konkrete Vorgehensweisen, wie oben erläutert, expliziert werden. Darüber hinaus lassen sich aber weitere Praktiken identifizieren, mittels derer die Dienstleister:innen versuchen, Halter:innen von der Güte ihres Vorgehens zu überzeugen: Sie führen ausführliche Gespräche über das konkrete Tier und befragen die Halter:innen zu mit dem Tier verknüpften Ereignissen und Erlebnissen; sie erkunden freudige und traurige Erfahrungen der Halter:innen und geben diesen Gelegenheit, auch über Probleme mit einem Tier oder durch das Tier induzierte Schwierigkeiten im sozialen Umfeld zu sprechen. Zur Sprache kommen hier auch weithin tabuisierte Themen wie Zweifel an der Tierauswahl oder Überlegungen zur Tierabgabe. Im Zuge dieser Gespräche erhalten die Dienstleister:innen wichtige Informationen, die sie in den Interaktionen mit Tier und Mensch nutzen können. Auch können sie durch die gewonnenen Einblicke in die Tierhaltung erkunden, welchen Haltungsverständnissen Halter:innen folgen, sie in Abgleich mit ihrem eigenen Tierbild bringen und entsprechende Strategien zur Einpassung der Kund:innen entwickeln.

Zur Vertrauensbildung zählt für viele Dienstleister:innen auch, den Zugang ins Wohnumfeld der Halter:innen zu erlangen. Sie suchen die Halter:innen am Wohnort auf und führen ihre Dienstleistung direkt vor Ort durch; sie erhalten Einblicke in die Tierhaltung, wenn sie Ställe, Gehege und Volieren aufsuchen, und sie haben Zutritt sogar in Abwesenheit der Kund:innen, wenn diese in Urlaub sind und für das Tier eine Betreuung gebucht haben.

»Und dann darf man auch nicht vergessen, und das sagen wir auch gerne […], das ist zwar eine Dienstleistung, aber das ist deutlich intensiver von der zwischenmenschlichen Komponente, als man das in anderen Dienstleistungen so kennt. Beim Friseur, beim, selbst beim Zahnarzt, wo es ja sehr, sehr intim auch ist, wir haben also von fast allen unserer Kunden die Haustürschlüssel. Wir können ein und ausgehen, quasi.« (D3_1: 240–245)

Bei solchen Besuchen wird nicht lediglich das in den Räumlichkeiten platzierte Eigentum sichtbar, sondern es lassen sich auch leicht Rückschlüsse auf Tiere und Menschen und deren Beziehungen treffen. Wo Schlafplätze für wen installiert sind, welche Futtersorte verwendet wird, welches Zubehör (nicht) vorhanden ist – dies alles ist mit dem Zutritt der Dienstleister:innen einer potenziellen Bewertung und Kritik ausgesetzt. Die Anbieter:innen versuchen daher jeglichen Zweifel ausräumen, dass derlei Wissen sprichwörtlich »gegen« die Halter:innen verwendet werden könnte.

Die Vertrauensbildung erleichtert es den Dienstleister:innen zudem, Halter:innen in eine Reflexion ihrer bisheriger Umgangsweisen mit Tieren zu versetzen. Wie beschrieben betrifft dies keineswegs nur Bereiche wie Medizin,

Therapie oder Coaching, sondern auch Tiersitter:innen profitieren davon, wenn Halter:innen ähnliche Umgangsweisen wie sie selbst mit dem Tier pflegen und sich diese in der Folge einfacher versorgen lassen. Gleichwohl problematisieren die Dienstleister:innen auch eine Kehrseite der Vertrauensbildung.

»Wenn irgendein Notfall nachts ist, werden wir angerufen, und dann stehen wir auch parat. Und man kann uns am Sonntag, natürlich gegen Aufpreis, aber wir sind verfügbar. Und wenn irgendwo jemand uns anruft und Hilfe braucht, dann sind wir auch eben da. Und das gilt für das gesamte Team. [...] Weil es eben dann nachher auf ein paar Jahren auf eine Ebene geht, die mit Dienstleistung nicht mehr viel zu tun hat.« (D3_1: 245–252)

Auch hier zeigt sich eine ausgeprägte Orientierung am Tierwohl. Nicht den Halter:innen, sondern den Tieren gilt hier die Sorge der Dienstleister:innen. Dass Tiere nicht versorgt oder möglicherweise sogar ausgesetzt werden, weil sie diese nicht betreuen oder aufnehmen, veranlasst die Dienstleister:innen zu einer permanenten Rufbereitschaft. Lässt sich bei bekannten Kund:innen die Reaktion einschätzen, gilt dies für neue Kundschaft und somit fremde Personen nicht. Ob diese alternativ andere Dienstleister:innen anfragen oder sonst ein Tier leiden lassen, steht somit für die Befragten stets als Drohkulisse im Raum.

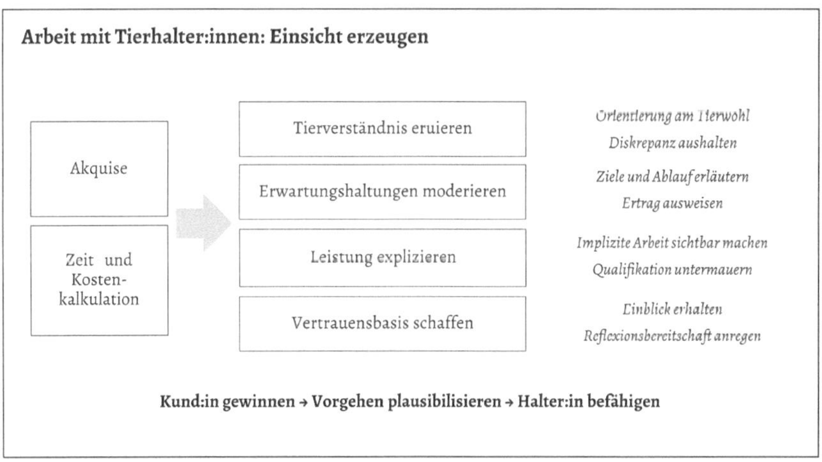

Abb. 9: Arbeit mit Halter:innen: Einsicht erzeugen
Quelle: Eigene Darstellung

Zusammenfassend ist festzuhalten, dass sich tierbezogene Dienstleistungen durch eine aufwendige Überzeugungsarbeit auszeichnen. Diese betrifft sowohl die Sichtweisen auf als auch die Umgangsweisen mit dem Tier. Ziel ist es, Halter:innen als Kundschaft zu gewinnen, und sie so in die Abläufe einzupassen, dass sie die Abläufe nicht stören, sondern – im Gegenteil – konstruktiv beitragen. Eine größtmögliche Homogenität in Haltungsverständnis und Umgangsweise reduziert die erforderlichen Interventionen und stellt somit einen zentralen Erfolgsfaktor für die untersuchten Geschäftsmodelle dar.

Die Halter:innen erweisen sich als Ko-Produzent:innen der Dienstleistung, und sie erzwingen in vielerlei Hinsicht auch eine Anpassung der Dienstleister:innen. Diese müssen, je nach Status und Marktetablierung, Wünsche der Kundschaft berücksichtigen, sich mit divergierenden Meinungen auseinandersetzen oder auch gegen ihre Überzeugungen handeln. Speziesübergreifende Dienstleistungstriaden zeichnen sich somit keineswegs nur durch Einflussnahmen und Normierungen seitens der Dienstleister:innen aus, sondern auch durch eine weitreichende Agency von Tieren und Halter:innen.

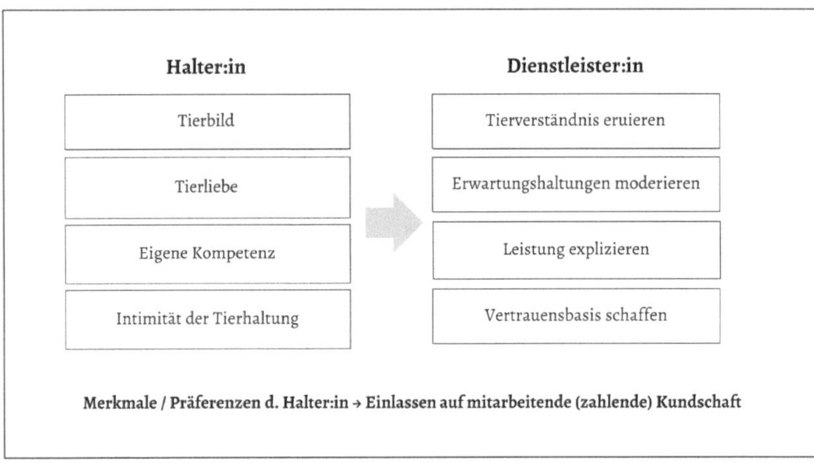

Abb. 10: Halter:in-Dienstleister:in-Kooperation
Quelle: Eigene Darstellung

Im Folgenden wollen wir dem Vorgehen der Dienstleister:innen weiter folgen und der Frage nachgehen, wie sie, diesen wechselseitigen Einflussnahmen zum Trotz, Kooperation sicherzustellen versuchen.

3.2.2.3 Intervention in Interaktionsmuster: Haustier-Mensch-Beziehungen gestalten

Die Dienstleister:innen müssen, wie bereits deutlich wurde, ihre Arbeit unabhängig von der Präsenz der Halter:innen, stets auf beide Seiten der Dyade ausrichten. Auch in ihren auf je Mensch oder Tier ausgerichteten Angeboten und Vorgehensweisen adressieren und bearbeiten sie stets die *Beziehung der Spezies*. Ein

Großteil der tierbezogenen Dienstleistungsarbeit legt hierauf sogar einen Akzent und liefert ein breites Angebot zu Therapie und Coaching. Im Folgenden wollen wir erkunden und chronologisch rekonstruieren, inwiefern die Dienstleister:innen über *Interventionen in Interaktionsmuster* Einfluss auf die Dyade nehmen und die Tier-Mensch-Beziehungen mitgestalten. Dabei wird deutlich werden, dass die Dienstleister:innen nicht lediglich auf eine Kooperationsfähigkeit und -bereitschaft ihrer Kundschaft hinwirken, sondern weiterreichende Ziele verfolgen.

Alternativen aufzeigen: »Ist« und »Soll« kontrastieren

Sind die Dienstleister:innen mit einem neuen Fall konfrontiert, startet eine *Praxis des Kontrastierens*: Sie beobachten und analysieren Tier und Menschen je für sich und in ihren Interaktionen und erheben einen »Ist-Zustand« der Wesen und der Beziehung. Diesen bringen sie bereits währenddessen in Abgleich mit einem »Soll-Zustand«, der sich aus ihrem eigenen Idealbild des Umgangs und des Lebens mit Tieren speist. Dieses *Vergleichen* treffen wir unabhängig davon an, ob es für den Ablauf und Erfolg der Dienstleistung zwingend erforderlich ist, d.h. nicht nur im Bereich von Coaching oder Therapie, sondern auch in Formaten, in denen nur das Tier involviert ist, oder in nur punktuellen Beauftragungen.

»Wir versuchen aber, all dieses fachliche Wissen in unseren Alltag mit einzubauen. Wir reden eigentlich mit all unseren Kunden, also den Hundehalter:innen, reden wir nahezu täglich oder mindestens wöchentlich über ihre Hunde und analysieren die auch fachlich. Also so im Grunde kriegt man bei uns, da sind wir vielleicht wirtschaftlich ein bisschen doof, aber im Grunde kriegt man bei uns immer seine Beratung und seine Ratschläge und auch Trainingsvorschläge einfach für lau.« (D3_1: 122–127)

Die Dienstleister:innen nutzen das Ergebnis ihres Vergleichs für das weitere Vorgehen, teilen es aber auch der Kundschaft mit. Sie weisen die Halter:innen auf eine bestimmte Konstitution des Tieres hin und informieren darüber, was ihnen bezüglich der Verhaltensweisen des Tieres, vor allem aber auch der Interaktion zwischen Tier und Halter:in aufgefallen ist. Diese Vorgehensweise scheint uns nicht generalisierbar für das breite Feld der tierbezogenen Dienstleistungen zu sein, sondern wir sehen hierin eine Besonderheit eines Samples, das, wie bereits erläutert, eine Dominanz gefährtenorientierter Dienstleister:innen aufweist. Diese bringen ihren Wissensschatz nicht nur in den eigenen Arbeitsvollzug ein, sondern informieren ihre Kundschaft ausführlich (und auch unaufgefordert) über Kenntnisstände und eigene Erfahrungen zum generellen Umgang mit Tieren, Tierarten und zum konkreten Tier. Zumeist handelt es sich hierbei um Erläuterungen darüber, was die Dienstleister:innen als artgerechte Tierhaltung definieren, und welche Konsequenzen sich hieraus für die Kommunikation mit einem Tier ergeben.

»Ja, also ich glaube, das größte Problem ist tatsächlich die Unwissenheit. (.) Dass viele Heimtierbesitzer einfach gar nicht genau wissen, was das Tier eigentlich braucht. (.) Es gibt ja einfach Grundbedürfnisse, die ein Tier hat. Und die kriegt man meistens irgendwie ein bisschen erfüllt. Aber damit das Tier halt diese Qualität am Leben hat, das ist einfach, wo viele Leute einfach nicht genug über ihre Tiere wissen. Vor allem vielleicht am Anfang und später vielleicht noch ein bisschen mehr darüber lernen. Aber diese Unwissenheit und diese Resistenz, etwas Neues zu lernen dazu, das ist, glaube ich, so ein bisschen das größte Problem in der Heimtierhaltung. Dass Menschen einfach sich ein Tier anschaffen, ganz egal welches Tier. Und dann einfach sich nicht darüber informieren, was braucht das Tier eigentlich wirklich. (..) Und nicht nur zum Überleben, sondern für die Qualität dann auch. Ja, das ist so das größte Problem.« (D2: 707–717)

Statt auf Desiderata lediglich hinzuweisen, gehen die Dienstleister:innen einen Schritt weiter und zeigen konkrete *Alternativen* zum aktuellen Zustand auf. Hierfür nutzen sie unterschiedliche Wege, die allesamt einen hohen Praxisbezug haben und anschaulich sind. Zumeist erfolgen diese Beratungen direkt, d.h. im Beisein und am Lebensort des Tieres, um dort den Effekt einer Umstellung direkt vorführen zu können.

»Nette Tiere, junge Vögel, die hatten auch eine schöne, große Voliere, aber die Stangen waren alle falsch angebracht und die [Halter:innen, d.Verf.] hatten in die Mitte von der Voliere einen großen Büschel mit Zweigen gehängt. Die Zweige waren auch geeignet, waren nicht giftig oder so, aber die hingen so, dass die Tiere da nicht nagen konnten, weil sie gar nicht rangekommen sind. Sie hätten ja in die Zweige rein springen müssen. Das machen [Tierart, d.Verf.] aber nicht, ne? Die fliegen das nicht an und hängen dann an so einem dünnen Ästchen rum, so große Vögel. Was wir gemacht haben, ist, wir haben das ganze Bündel aufgelöst, haben das mit Kabelbinder an die Seite der Voliere gemacht und die Vögel haben sofort angefangen zu nagen. Verstehen Sie? Es war alles da, es war nur falsch montiert. Solche Sachen werden dann im Grunde genommen angepasst. Die Vögel haben vorher geschrien, nachdem wir das angepasst hatten, war Ruhe. Die waren beschäftigt. Also eine einfache Haltungsanpassung bewegt da schon sehr viel.« (D30_1: 154–166)

Da die Dienstleister:innen nicht immer vor Ort sein können und solche Beratungen vielfach auch nicht in die Dienstleistung eingepreist sind, werden auch digitale Medien genutzt, wie z.B. Videos, in denen Halter:innen ein Vorbild dafür erhalten, wie sie ihren Umgang mit einem Tier verändern können. Diese Variante erweist sich jedoch als fehleranfällig:

»Ich gebe Ihnen ein Beispiel. Ich hatte eine Halterin, deren Vogel ist nicht auf die Hand gekommen. Ich habe ihr dann einen Trainingsansatz gegeben und gesagt, machen Sie das mal und dann geben Sie mir mal ein Video. Dann haben wir ein Online-Meeting gemacht und sie hat Folgendes gemacht. Der Vogel sollte dann geklickt werden, wenn er mit dem Fuß auf die Hand geht. Was sie aber gemacht hat, ist, sie hat jedes Mal, wenn sie den Klick gesetzt hat, gleichzeitig das Leckerchen gegeben. Das heißt, sie hat nur konditioniert und hat nicht das Verhalten geklickt, sondern sie hat nur immer gleichzeitig wieder Klick und Leckerchen gemacht. Der Vogel hat überhaupt keine Information bekommen, außer dass er frisst. (.) Das Verhalten wurde nicht geklickert.« (D30_1: 176–185)

Bevorzugt werden daher online-Sprechstunden bzw. -beratungen, in denen sich aus der Distanz die Interaktionen zwischen Tier und Mensch beobachten und die notwendige Korrektur nachvollziehbar aufzeigen lässt.

»Wenn ich online arbeite, schicken mir die Halter vorher Videos und Bilder. Dann kann ich Share Screen machen, dann gucken wir uns das zusammen an. Dann kann ich das Video anhalten und sagen, gucken Sie mal da oder schauen Sie mal hier. Oder wenn Sie das und das machen oder wenn Sie zum Beispiel Klickertraining machen, Sie klicken, wenn das Verhalten schon längst vorbei ist oder Sie klicken viel zu früh. Das gibt dem Tier eine völlig falsche Information, weil Papageien arbeiten sehr schnell, sehr effizient. (.) Und dann kann ich dem Halter sagen, schauen Sie, Sie müssen da und da ansetzen. [...] Das kann ich ihr aber nur zeigen, wenn ich ein Video dazu habe, verstehen Sie. Das heißt, ich muss sagen, schauen Sie, jetzt in dem Moment, wo der Fuß nach vorne geht, jetzt müssen Sie klicken und dann erst das Leckerchen geben. Das ist also mit den Online-Meetings sehr effizient. Das klappt prima.« (D30_1: 170–188)

Die Dienstleister:innen folgen in ihrem Vorgehen zwar konkreten Konzepten, die sie für sich als Orientierungsmaßstab explizit festgelegt oder mittels Praxis habitualisiert haben, weisen jedoch eine große Flexibilität in der Anwendung auf. Entsprechend dem identifizierten Grundsatz, Tieren als Individuen zu begegnen (s. 3.2.2.1), heben sie auch für Mensch-Tier-Dyaden deren Individualität hervor. Die Rede ist von einem »Mensch-Tier-Team« (D17: 327), auf dessen Besonderheit einzugehen ist, und für das auch Abweichungen von ursprünglich geplanten Interventionen toleriert werden.

»Ja, die [Konzepte, d.Verf.] sind ja auch wichtig, absolut. Die geben einem wirklich so eine gute Linie. Aber Konzepte dürfen eben nicht das eigene Handeln, die eigene Intuition, das eigene Wissen einem so abnehmen. Weil das-, wissen Sie, Konzepte unterliegen auch einer Mode. Was morgen-, was gestern Konzept war, oder Methode, ist in zehn Jahren oder in drei Jahren oder schon in drei Wochen auf einmal überholt, und ein anderes Konzept ist da. Und das ist ja die Crux an Konzepten. Dass die sich ja immer verändern. Aber die Intuition bleibt ja. Die Intuition verandert sich ja nicht. Ja? Genau. Ja, also Konzepte helfen uns, können aber auch blind machen.« (D17: 336–343)

Was sich hinter dieser eigenen Intuition verbirgt, wird noch zu klären sein (s. 3.2.3). Festzuhalten ist zunächst, dass Dienstleister:innen beachtlichen Aufwand betreiben, um für konfliktträchtige Tier-Mensch-Beziehungen eine Lösung zu finden. Hierzu zählt, den Halter:innen ausführlich die *Zusammenhänge zwischen menschlichem und tierlichem Verhalten* aufzuzeigen und nachvollziehbar zu *erklären*. Ziel ist es, die Effekte von Handlungsmustern und Routinen beider Spezies zu erhellen, um für deren Veränderung zu werben.

»Ich erzähle Ihnen jetzt mal eben schnell, wie man auf die Schnelle einem Papagei das Schreien beibringt. Einer der Hauptgründe, warum Vögel abgegeben werden. Das heißt, Sie haben ein Pärchen Papageien, alles wunderbar. Sie kommen nach Hause, ziehen die Jacke aus, die Vögel rufen. Sie gehen zur Voliere hin und sagen, na, wie geht's euch denn, habt ihr einen schönen Tag gehabt? Alles klar, wunderbar. Sie gehen in die Küche, Sie wollen mal eben kurz nachschauen, was noch an Essen zu Hause da ist. Die Vögel fangen wieder an zu rufen. Sie sagen, ah, die haben wahrscheinlich Hunger. Dann gehen sie hin und geben ihnen eine Weintraube. Dann sind sie erstmal beschäftigt. Fünf Minuten später fangen sie wieder an zu rufen. Und sie sagen dann, gehen da hin und sagen, was ist denn los? Habt ihr kein Wasser mehr? Habt ihr kein Futter mehr? Nein, ist alles da. Jetzt könnt ihr euch ein bisschen beschäftigen, ich komme gleich. Sie gehen wieder in die Küche, machen da, bereiten das Abendessen vor, die Vögel fangen wieder an zu rufen. Dann kommt ihr Mann nach Hause. Der Mann freut sich, sie haben neue Papageien. Die Vögel rufen, er geht zur Voliere hin und begrüßt die Tiere. Die Tiere sind begeistert, schon wieder einer, der vorbeikommt. Dann geht er zu seiner Frau, um die Frau zu begrüßen. Er spricht mit ihr, die Vögel fangen an zu rufen. Er nimmt sich eine Nuss, geht zur Voliere hin und gibt die Nuss. Was hat er gemacht, er hat die ganze Zeit Schreien bestätigt. Dann sagen sich beide, nee, also Schreien wollen wir eigentlich nicht bestätigen, wir gehen nicht mehr hin. Die Vögel haben aber gelernt, immer wenn sie rufen, kommt jemand. Das heißt also, im Zweifelsfall fangen sie jetzt an lauter zu rufen, weil der Halter hat sie ja nicht gehört. Das heißt, die Vögel werden lauter. Schreien macht Stress, Schreien macht aggressiv. Irgendwann dreht der Halter sich um und schnauzt die Vögel an. Jetzt ist aber Ruhe. Das ist dem Vogel egal, ob sie schnauzen, oder ob sie mit ihm reden. Hauptsache, er kriegt eine Reaktion. Das heißt, sie haben innerhalb von drei Tagen einen brüllenden Papagei. So schnell geht das bei Papageien.« (D30_1: 732–756)

Die Dienstleister:innen könnten sich darauf konzentrieren, ihre Überzeugungsarbeit auf die Dauer der Dienstleistungsinteraktion zu beschränken. Stattdessen stoßen wir im Sample auf den Wunsch und die Zielsetzung, eine *dauerhafte, nachhaltige Veränderung* zu erreichen. Dies erklärt sich in einigen Fällen über den Wunsch von Dienstleister:innen, sich die Kund:innen für weitere Aufträge handhabbarer und sich dadurch die Arbeit ›leichter‹ zu machen; wir stoßen jedoch vor allem auf ein Bestreben, die Halter:innen tatsächlich zu überzeugen und Einsicht herzustellen.

Wahrnehmung schulen: Tier- und Menschsein reflektieren

Um einen nachhaltigen Erfolg zu erlangen, betreiben die Dienstleister:innen eine »Wahrnehmungsschulung« (D14: 475, 764, 828). Diese ist im Bereich von Coaching und Therapie expliziter Gegenstand des Angebots; in der Breite der Dienstleistungen jedoch handelt es sich um eine implizite, zumeist nicht offen kommunizierte Praxis. Zu dieser zählt, die Halter:innen in Begegnungen und Gesprächen ganz beiläufig auf die Effekte ihres Handelns aufmerksam zu machen; häufig werden auch eigene Vorgehensweisen kommentiert und als ›best practice‹ umworben. Stets geht es dabei inhaltlich um eine Aufklärung darüber, wie ein Tier eine:n Interaktionspartner:in und die Umgebung wahrnimmt.[27] Die Befragten wollen den Halter:innen die Kommunikation und Interaktion mit dem Tier erleichtern und dadurch Konflikte beheben oder vermeiden. Vor allem aber intendieren sie, dass Tieren ihre je eigene Wahrnehmungsweise zugestanden wird. Nicht die Anpassung des Tieres, sondern das *Einlassen der Halter:innen* markiert das Arbeitsziel. Um dies zu erreichen, bringen sie Tier und Halter:in auf *Augenhöhe*. Sie konzipieren Tier und Mensch als gleichermaßen kommunikationsfähige Wesen, die lediglich die Bereitschaft zur Verständigung benötigen. Entsprechend erwarten sie von Halter:innen, sich nicht nur auf die tierliche Wahrnehmung einzulassen, sondern auch die eigene Wahrnehmungsweise zu reflektieren.

»Und das ist immer dann mein Job. Ich arbeite zwar grundsätzlich in erster Linie mit Pferden, aber eigentlich bin ich auch in gewisser Weise Psychologe, der den Menschen sagen muss, wie sie sich dem Pferd gegenüber verhalten müssen und sich mal selber lernen widerzuspiegeln, die eigene Energie mal zu fühlen, was in einem vorgeht, und mal versuchen zu erspüren, wie sich das auf das Pferd überträgt, damit sich da etwas verändern kann.« (D15: 267–272)

»Also man kann nicht nur-, man kann Tierhalter sensibilisieren, mal öfter runterzukommen, mal wirklich bei sich anzukommen, um dann das Tier, sein eigenes Tier zu beobachten. Und einfach mal zu fühlen, Mensch, was will denn mein Tier jetzt gerade. Habe ich was übersehen? Das ist ja auch Tierkommunikation, einfach mal ruhig zu werden. Aber wie gesagt, man darf die reale Körpersprache, die Interpretation der Körpersprache, darf man auch nicht vergessen. Und [nicht, d.Verf.] alles nur über Fühlen machen. Ja? […] Wenn man ein sehr feinfühliger und sehr empathischer, sensibler Mensch ist, braucht man nicht Expertin in Hunde- oder Katzenkörpersprache zu sein, um zu wissen, was jetzt das Tier will. Weil einfach die Energie, wenn ein Hund, der Angst hat, also da muss man schon sehr dumpf sein, wenn man das nicht mitkriegt. Ganz ehrlich. Ja? Aber man ist trotzdem klar im Vorteil und kann auch noch besser tierkommunikatorisch mit seinem Tier in Kontakt treten, wenn man die sensiblen, subtilen Signale, die manchmal gar nicht so eindeutig sind, körpersprachlich auch lesen kann. Das hilft einem auf alle Fälle schon.« (D17: 231–250)

Die verschiedenen Erhebungsbausteine untermauern, dass sich Halter:innen mit solchen Erwartungen oder ihnen erteilten Aufgabenstellungen schnell überfordert sehen. Die Abkehr von Interaktionsmustern erfordert aufwendige Trainings und eine permanente Reflexion des eigenen Verhaltens und Handeln, die als anstrengend und zeitaufwendig erfahren wird. In Kenntnis dieser Problematik liefern die Dienstleister:innen daher umfassende Hilfestellungen und regen zu *Übungen zur Selbstwahrnehmung* an bzw. bauen diese in ihre Arbeit mit Halter:innen ein.

27 Dieses Vorgehen ist in den Medien prominent platziert, etwa wenn in den diversen Formaten Tiercoaches in ihrer Arbeit begleitet werden und Zuschauer:innen miterleben, wie als ›falsch‹ deklarierte Umgangsweisen mit Tieren verändert werden.

»Halt gerade, dass du äh, dass die Leute dann halt auch einfach mal das Motorische mitmachen. Dass man mal eine Übung mit denen macht, dass die halt einfach mal an der Leine laufen, und wie ist es denn möglich. Also nicht nur, dass ich nur so hinter meinem Hund herlaufe, sondern dass ich halt auch im Gespräch mit meinem Hund stehe. Ähm, wie bewege ich mich dabei? Was mach ich mit meinem Körper? Ne, das was ich ja vorhin schon mal gesagt hatte, dass die meisten Menschen eigentlich äh gar keine wirkliche Ahnung mehr von ihrem Körper haben.« (D19: 1559–1564)

Die Bemühungen der Dienstleister:innen stehen in Zusammenhang zu ihrer Orientierung am Tierwohl. Denn sind Halter:innen nicht allein in der Lage, mit dem Tier eine Verständigung herzustellen oder es zu versorgen, sei dessen Leid absehbar. Entsprechend zielen sie darauf, Halter:innen zu einem *selbstverantwortlichen Umgang* mit dem Tier zu befähigen und ihnen die hierfür erforderlichen Kompetenzen zu vermitteln.

»Ich mache das für das Pferd« (D15: 531)

In den Interviews stoßen wir wiederholt auf die Aussage, mit der eigenen Arbeit die Lebenssituation von Tieren zu verbessern. Die Wahrnehmung des Tieres zu kennen und hierauf körperlich ›richtig‹ antworten zu können, ist für die Dienstleister:innen der Schlüssel, um mit Tieren arbeiten und leben zu können. Bedenken, mit den konkreten Anforderungen an Halter:innen die eigene Geschäftsgrundlage zu konterkarieren, lassen sich an keiner Stelle des Datenmaterials erkennen.

Die vertiefende Analyse legt darüber hinaus frei, dass die Interventionen der Dienstleister:innen nicht nur das Wohlergehen der Tieres avisieren. All ihrem Unmut über die Unkenntnis vieler Tierhalter:innen zum Trotz, sehen sich die Dienstleister:innen in der Verantwortung, auch für das *Wohl der Halter:innen* Sorge zu tragen. Sie konzipieren Tiere explizit nicht als lediglich schutzbedürftige Wesen, sondern heben ihr Gefährdungspotenzial hervor. Todesfälle oder Verletzungen in Folge der Interaktion zwischen Haustier und Mensch betreffen keineswegs nur Dritte, dem Tier fremde Personen, sondern auch die Halter:in selbst bzw. Angehörige, wie ein Fall der Katzenhaltung zeigt:

»Weil unser Großer, der hatte am Anfang sehr große Schwierigkeiten, die Katzensprache zu lernen und (.) hat die Katzen gequetscht und sich draufgeworfen und hat diverse Kratzer davongezogen, -getragen. Und ((atmet tief ein)) (.) es hat ihn aber nicht so gekümmert, dass er jetzt ... Also er hatte Kratzer hier hinten und an den Händen und eine ganze Zeit lang hatte er die ganzen vollgekratzt und die Arme und ... (.) Mittlerweile ist er ein Katzenversteher, total. [...] (.) Und mittlerweile kann er die Katzensprache richtig gut. Aber das hat (..) schon (.) so ein halbes Jahr gebraucht. (.) So. (.) Genau. Und unser Jüngster, der ist jetzt eins, (.) der ist ganz vorsichtig mittlerweile schon. Also es war jetzt, (..) als er so acht Monate alt war, war er noch ein bisschen rabiater. Aber mittlerweile ist er schon ganz vorsichtig. Also er streichelt natürlich nicht so immer im Strich. Also er streichelt dann so [Geste wird gezeigt, d.Verf.]. Aber (.) er war auch mal mit der [Name des Tieres, d.Verf.] unterm Tisch verschwunden, und danach hatte er einen Kratzer an der Hand. Und seitdem ist er, glaube ich, ein bisschen vorsichtiger. (.) Und die Katzen machen das aber extrem dosiert. (.) Also da ist mir aufgefallen, dass die unterscheiden zwischen Baby (.) und älterem Kind, so. (.) Die hatten bei unserem Jüngsten (..) dann mal so in die Hand (.) gebissen. (.) Aber (.) nicht, dass man irgendwie einen Zahnabdruck gesehen hat, sondern (.) nur, dass er gemerkt hat ›oh, da war was‹ und ›unangenehm‹, so. (.) Und das fand ich extrem spannend, dass die Katzen (.) da so einen Unterschied machen in dem Alter der Kinder. (.) So. Ja. Genau.« (H14: 351–367)

Reptilien, Pferde und Hunde, ebenso aber auch andere Arten können das Wohlergehen von Menschen beeinträchtigen und erhebliche psychische Belastungen nach sich ziehen, gerade weil ihr Potenzial von den Halter:innen unterschätzt wird:

»Es ist ja so, Papageien gehören zu den hochintelligenten Tieren. In der Intelligenz sind wir da bei den Primaten unterwegs. Die lernen sehr schnell, sehr effizient. Ihr Gehirn ist anders aufgebaut als unseres. Sie haben keinen gefalteten Neokortex, sie haben einen glatten Neokortex. Aber ihre Nervenzellen sind deutlich besser vernetzt als unsere. Das heißt, ein Papagei lernt mit einer unglaublichen Geschwindigkeit, und sie entwickeln sehr, sehr, sehr schnell Muster. [...] Und das ist das, was die meisten Leute unterschätzen. Sie können die Körpersprache nicht. Und Vögel sind lernfähig. Und sie lernen schnell, und sie lernen deutlich besser. Und sie sind Meister der positiven Verstärkung. Sie wissen ganz genau, wie sie ihren Halter manipulieren müssen. Das können sie besser als Hunde. Und wenn man das nicht im Hinterkopf hat und da mitarbeitet, dann wird man ganz schnell feststellen, dass man ein Problem hat. (.) Intelligenz fordert ihren Tribut, und Langeweile ist ein Spielplatz des Teufels. So sieht das aus.« (D30 1: 727–762)

Damit ist ein Hinweis auf eine Facette der Agency von Tieren gegeben, die in der Forschung zur Haustierhaltung zumeist unterbelichtet bzw. gänzlich ausgeblendet bleibt. Tiere profitieren insofern einerseits von der durch die Dienstleistung verfolgten Sensibilisierung der Halter:innen, zugleich aber werden ihnen auch Grenzen gesetzt. Sie werden ihrerseits, wie bereits gezeigt wurde (s. 3.2.2.1), für das Zusammenleben kompatibel gemacht.

Neue Interaktionsmuster etablieren: trainieren und einverleiben

Indem die Dienstleister:innen den Halter:innen Alternativen aufzeigen und Hinweise auf eine notwendige Veränderung der Sichtweise auf Tiere vermitteln, greifen sie nicht nur in die Interaktionen der Spezies ein, sondern sie setzen Tiere ebenso wie Menschen unter Handlungsdruck. Die Halter:innen können ihre bisherigen Umgangsweisen mit dem Tier kaum noch fortsetzen, ohne dass hieraus eine Konfliktlage mit den Dienstleister:innen erwächst, auf deren Unterstützung sie jedoch häufig angewiesen sind. Bei genauerer Betrachtung zeigt sich, dass die Dienstleister:innen auf eine schrittweise Veränderung zielen: Nachdem sie sich ein Urteil gebildet haben, legen sie zunächst für Tier und Mensch neue *Interaktionsregeln* fest, trainieren diese ein und setzen auf deren Habitualisierung. Kommunikationsmuster zu bearbeiten, die sich zumeist über viele Jahre hinweg entwickelt und verfestigt haben, erweist sich jedoch als eine herausfordernde Aufgabe. Zudem sind in vielen Dienstleistungen die Halter:innen nicht präsent, um neue Umgangsweisen mit einzuüben. Ohne Option eines Trainings mit beiden Beteiligten ist der Erfolg der Intervention jedoch begrenzt, weil bisherige Interaktionsmuster in der Begegnung der Spezies stets wieder reaktiviert werden.

»Dass ich wirklich sage, ich möchte, dass die Besitzer möglichst oft dazu kommen. Weil es nichts bringt, wenn das Pferd bei mir funktioniert. Es muss beim Besitzer funktionieren. Und damit der Besitzer eben auch mitlernt, wie das Pferd funktioniert, wäre es mir schon recht, wenn die regelmäßig dazu kommen.« (D15: 494–497)

Ist es in den Bereichen Coaching und Therapie üblich, dass beide ›Seiten‹ anwesend sind, ist dies nicht bei allen Tieren umsetzbar, so etwa bei Pferden, die, wie im Zitat, daher oft an den Wirkungsort der Trainer:innen gebracht werden. Hier und in anderen Fällen der separaten Trainings kann es passieren, dass die Intervention eine *Entfremdungserfahrung* in der Haustier-Halter:in-Beziehung erzeugt. Ist das Tier bei anderen zugänglich, bei den Halter:innen jedoch nicht (mehr), erzeugt dies Irritationen und setzt wiederum auch die Dienstleister:innen unter Druck.

»Und das war hier dann ganz interessant, weil ich habe das nie so richtig verstanden. Ich habe dann, wenn die Besitzerin nicht da war, da habe ich schon das Gefühl gehabt, wir machen Fortschritte. Es geht weiter voran. Und wenn die Besitzerin dazu kam, hat es irgendwie gar nicht funktioniert. Und das war von Anfang an, wo ich gedacht habe, wie peinlich ist das denn? Du erzählst der ständig, was jetzt Tolles klappt und was jetzt schon funktioniert und was du für Fortschritte gemacht hast und dann kommt sie und dann klappt das nicht. Das kann doch gar nicht sein. (D15: 497–503)

Die Etablierung neuer Interaktionsregeln stellt sich als ein überaus zeitaufwendiges Verfahren dar. Halter:innen fallen leicht in alte Muster zurück, und Tiere nehmen das kleinsten Zögern wahr und antworten auf die bislang bewährte Art.

»In der ersten Stunde haben wir alle Grundlagen erklärt, so, das geht schnell. Das Problem ist es dann, im richtigen Timing, in der richtigen Situation, dieses Verhalten, was eigentlich sehr simpel ist, anzuwenden. So, diese Timingsache, dass da dann aber jemand beisteht und sagen kann: ›Jetzt, und jetzt. Hast du gerade gesehen, dieses Verhalten? Da musst du eine Sekunde vorher, und jetzt. Ah, guck mal, hier warst du wieder zu langsam, so.‹ Also diese Kommunikation, das ist letztendlich das, was die Menschen, egal wie gut sie sich selber fortbilden, nicht können.« (D3_2: 510–515)

Die Berichte der Dienstleister:innen sind gefüllt von Erzählungen über *Misserfolge*. Viele Halter:innen würden zunächst, auch oft aufgrund eines massiven Leidensdrucks, optimistisch starten, dann aber im Verlauf feststellen, wieviel ihnen abverlangt wird, und schließlich aufgeben.

»Therapien werden auch meistens abgebrochen, weil Menschen irgendwann realisieren, wie wir eine Therapie angehen, und dass das in erster Linie bedeutet, dass sie viel arbeiten müssen. Und das gucken sie sich ein, zweimal an und haben dann die Nase voll davon. Und dann ist das, sind die Probleme des Hundes doch auf einmal nicht mehr so schlimm, so. Deswegen bleibt es meistens bei Beratung oder einzelnen Trainingsstunden.« (D3_1: 145–150)

Die Dienstleister:innen reagieren hierauf, indem sie Interventionen nicht nur beim Tier (3.2.2.1), sondern auch beim Menschen umsichtig dosieren und beide motivieren, auch in anstrengenden Phasen durchzuhalten. Dies erfordert weiteren Zeitaufwand, der jedoch in Kauf genommen wird. Statt die Intervention zu beenden, wird eher (und trotz wirtschaftlicher Nachteile) die Aufkündigung der Zusammenarbeit in Erwägung gezogen.

»Wenn die Halter:innen aber daran nicht arbeiten wollen und auf das Feedback nichts geben, weil sie sagen, ›der Hund ist nur in der Betreuung, ich will von anderen Sachen nichts wissen‹, dann kommen wir irgendwann, und das haben wir auch immer mal wieder, zu einem Punkt, wo man dann auch darüber nachdenken muss, ob das Betreuungsverhältnis überhaupt noch sinnvoll ist, so.« (D3_2: 75–79)

»Da würde ich dann eher sagen, war es dann so, dass ich eher den Weg gegangen bin, dass ich den Patientenbesitzern gesagt habe: ›Das, was wir hier machen, ist nicht sinnvoll. (I: Ja.) Wir therapieren hier ein- bis zweimal die Woche. Und du machst praktisch zu Hause genau das Gegenteil von dem, was wir (.) als Therapieplan mitgeben.‹ (I: Ja.) Und dann ist Physiotherapie für die Katz. Also dann, das ist genauso, das ist noch blöder. Das ist noch schlechter [...] Dann brechen wir schon mal eine Behandlung ab. Das hatte ich auch noch nicht oft gemacht. Das habe ich aber schon sehr wohl gemacht, dass ich gesagt habe: ›Das macht keinen Sinn. Dann brauchen wir hier nicht arbeiten.‹ (.) So. Das ist auch sehr frustig (lacht kurz auf). Dann macht es auch keinen Spaß mehr. Weil man kann nicht erfolgreich arbeiten, wenn die Besitzer nicht mitziehen.« (D4: 555–566)

Nicht immer ist ein mangelndes Engagement der Halter:innen ursächlich für eine Beendigung des Auftrags. Die Dienstleister:innen berichten, trotz langjähriger Erfahrung und guten Erfolgsquoten auch selbst gelegentlich an Grenzen zu stoßen und die Probleme zwischen Tier und Mensch nicht beheben zu können.

»Da war ich dann an einem Punkt, wo ich dem Besitzer sagen musste, das funktioniert hier nicht. Ich habe gesagt, ich könnte das Pferd jetzt noch über Monate bei mir behalten, weiter Geld kassieren, den trainieren. Aber ich sage, ich weiß nicht, woran es liegt. Aber ich habe das Gefühl, das ist irgendwas zwischen den beiden. Der hat nichts falsch gemacht. Ich habe auch gesagt, es wäre für mich so viel einfacher, wenn ich sagen könnte, du hast zu viel Körperspannung, du bringst zu viel Energie mit rein, du bist zu streng, du bist zu hart oder du bist zu weich, hast ein schlechtes Timing. Das war alles nicht. Der hat ganz, ganz toll gearbeitet mit dem Pferd. Aber irgendetwas war zwischen den beiden, was das Pferd kribbelig gemacht hat.« (D15: 520–528)

Der von den Befragten präferierte Lösungsansatz, Tiere bei solchen Problemlagen aufzunehmen oder an andere zu vermitteln, sofern sich eine Beziehung nicht verbessern lässt, kann indes bei Halter:innen Ärger provozieren.

»Und das war dann der Moment, wo ich gesagt habe, ich habe ihm auch angeboten, dass er bleiben kann. Dass ich, wenn er sich entscheiden sollte, den zu verkaufen, auch gerne bereit bin, zusammen mit ihm ein neues Zuhause zu suchen. Aber das wollte er nicht. Das wollte er auch nicht hören. Der war dann auch richtig sauer und hat das Pferd gepackt am nächsten Tag und ist gefahren. Wo ich gesagt habe, es ist okay. Ist in Ordnung. Ich glaube zwar, ich finde es zwar schade für das Pferd. Aber ich kann es auch verstehen. Wer möchte schon hören, dass es an einem selber liegt, dass das Pferd nicht funktioniert. Aber letztendlich war es so. Letztendlich ich konnte nicht sagen, woran es liegt. Aber es hing mit ihm zusammen. Und dann konnte ich nicht weiterarbeiten. Das war für mich so ein Punkt, wo ich gesagt habe, da muss ich jetzt kommunizieren, das muss ich sagen. Dann war er halt sauer. (D15: 531–541)

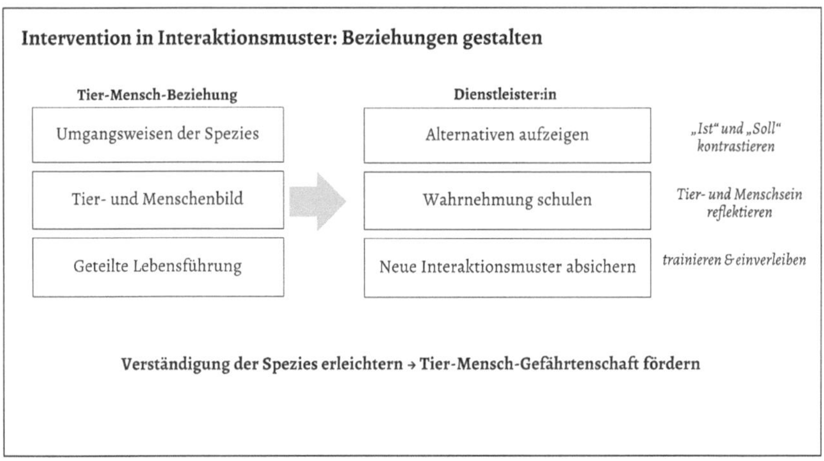

Abb. 11: Intervention in Interaktionsmuster: Beziehungen gestalten
Quelle: Eigene Darstellung

Zusammenfassend ist festzuhalten, dass die Dienstleister:innen intendieren, die Verständigung zwischen Tier und Mensch zu verbessern, und hierfür umfassende, zumeist nicht ökonomisch abbildbare Leistungen erbringen. Sie zielen auf nachhaltige Veränderungen der Beziehungen und folgen hierfür konkreten Konzepten und Überzeugungen, aus denen sie Handlungserfordernisse ableiten. Bei den Interventionen handelt es sich nicht lediglich um punktuelle Korrekturen, sondern um eine fortwährende Praxis, die unabhängig davon stattfindet, ob diese überhaupt beauftragt wurde. Nicht nur Menschen, sondern auch Tiere werden kompatibel gemacht und geformt.

In Anbetracht der skizzierten Einflussnahme ließe sich die Dienstleistungsarbeit als eine umfassende Normierung deuten, in der Dienstleister:innen ihre Interessen durchsetzen bzw. durchzusetzen versuchen. Tatsächlich aber erhellt die Analyse der Dienstleistungstriaden, dass sich diese durch *wechselseitige Beeinflussungen und Anpassungen* auszeichnen. Zudem tragen die Dienstleister:innen in hohem Maße dazu bei, dass Tier und Mensch in Verständigung treten und ihnen je Grenzen gesetzt werden, wenn von ihrem Handeln Gefährdungen oder Überforderungen der je anderen Spezies ausgehen. Damit lässt sich die Dienstleistungsarbeit als eine *Gewährleistungsarbeit* definieren, mit der die Anbieter:innen nicht nur konfliktfreie Beziehungen, sondern auch eine Gefährtenschaft der Spezies überhaupt erst möglich machen.

3.2.3 Genese: Lebensentwürfe, Werdegänge und Handlungsprämissen

Nachdem sich mittels Vergleich und Kontrastierung erhellen ließ, wodurch sich triadische, speziesübergreifende Dienstleistungsinteraktionen auszeichnen, bleibt die Frage offen, wie sich die Handlungsweisen der Dienstleister:innen erklären lassen. Um sich einer Antwort hierauf anzunähern, widmen wir uns im Folgenden ausführlicher den Werdegängen der Befragten. In den Interviews blickten die Dienstleister:innen auf ihr Leben zurück und berichteten von ersten Tierbegegnungen in der Herkunftsfamilie oder im direkten Umfeld; sie gaben Einblick in die vielfältigen Erfahrungen im Umgang mit Tieren, ihren Einstieg in die Arbeit mit Tieren und in ihre aktuelle Lebenssituation. Auf dieser Basis ließen sich Motivlagen und Überzeugungen der Dienstleister:innen rekonstruieren und in Zusammenhang zu den im vorangegangenen Abschnitt vorgestellten Vorgehensweisen ausdeuten. Die Befunde dieses Auswertungsschritts präsentieren wir chronologisch. Wir starten mit einer Zusammenstellung zentraler *Einflussfaktoren auf die Berufswahl* (3.2.3.1) und widmen uns anschließend den *Erwerbs- und Geschäftsmodellen* (3.2.3.2) der Befragten.

3.2.3.1 Einflussfaktoren auf die Berufswahl

Bereits während der Erhebung zeichnete sich eine Gemeinsamkeit im Sample ab: Fast alle befragten Dienstleister:innen sind *mit Tieren aufgewachsen*. Sie stammen aus Familien, in denen Haustiere gehalten bzw. während ihrer Kindheit angeschafft wurden, oder aber sie hatten schon als Kind regelmäßigen Kontakt zu Tieren in der Nachbarschaft. Die Befragten teilen einen lebensbegleitenden, inständigen *Wunsch nach einem Leben mit Tieren*. War die Haltung eines eigenen Tieres in der Kindheit und Jugend nicht möglich oder wurde seitens der Eltern abgelehnt, knüpften sie proaktiv Kontakt zu Tierhalter:innen im Umfeld und führten z.B. deren Hund aus oder versorgten ein Pferd. Tiere sind zu einem integralen Bestandteil des Lebensmodells der Befragten geworden; ohne Nähe und regelmäßigen Kontakt zu Tieren zu sein, war und ist für sie nicht vorstellbar.

Es wäre naheliegend, die Berufswahl[28] der Befragten ausschließlich auf diese langwährende Begleitung durch Tiere zurückzuführen. Bislang liegen keine repräsentativen Erhebungen vor, die einen Zusammenhang zwischen privater Tierhaltung und einer Tätigkeit in der tierbezogenen Dienstleistung erfragen oder abbilden. Für unsere Datenerhebung ist anzumerken, dass wir das Sampling nicht auf eine Kontrastierung entlang der privaten Tierhaltung ausgerichtet haben, sondern eine Bandbreite unterschiedlicher Dienstleistungen einbeziehen wollten. Dass die meisten Befragten seit frühester Kindheit in engem Kontakt zu Tieren stehen, ist insofern möglicherweise ein Zufallsprodukt, erlaubt uns aber, dem Einfluss einer solchen Präsenz von Tieren nachzugehen und seine Relevanz für Lebensentwürfe und aktuelle Vorgehensweisen von Dienstleister:innen zu eruieren. Dabei stellte sich heraus, dass die private Tierhaltung einen gewichtigen Impuls für die Berufswahl gibt, daneben aber, wie die folgende Auflistung zeigt, weitere Faktoren (zumeist erst im Zusammenspiel) beeinflussen, ob sich Menschen für eine Arbeit mit Tieren entscheiden.

Sozialisation: Aufwachsen mit Tieren

Die Dienstleister:innen betonen, dass Tiere »schon immer« (D16: 7) eine bedeutende Rolle in ihrem Leben gespielt haben. Hinter dieser Aussage verbirgt sich mehr, als eine bereits in der Kindheit und Jugend erlebte Präsenz von Tieren, um die man sich gekümmert, und mit denen man gespielt oder gekuschelt hat. Vielmehr werden *Tiere*, gleichrangig zu Eltern oder Geschwistern, als *Teil der Herkunftsfamilie* konzipiert. Unterscheidungen zwischen tierlichen und menschlichen Familienmitgliedern, die wir in den Interviews antreffen, entstammen nicht der Vorstellung der Befragten, sondern waren durch Frageimpulse provoziert, die hierauf ein Augenmerk richteten. Die Befragten behelfen sich entsprechend mit Wortschöpfungen, um zu erklären, welchen Stellenwert Tiere in ihrem Leben eingenommen haben.

---

28 Bezogen auf den Begriff »Berufswahl« oder die Rede von einer »Entscheidung für einen Beruf« weisen wir darauf hin, dass Menschen i.d.R. auf eine ökonomische Existenzsicherung mittels Erwerbstätigkeit angewiesen sind und daher präziser von »Präferenzen« für die eine oder andere Tätigkeit zu sprechen wäre.

»Und ich [...] lebe selber mit vier Tieren zusammen und bin quasi in Tiere hineingeboren worden; also die Katzen, die Babykatzen waren da (lacht), und ich bin quasi in die hineingeboren. Also ich habe quasi einen lebenslangen Bezug auch zu den Tieren.« (D14: 13–17)

In Tiere »hineingeboren« zu sein, umfasst im weiteren Verlauf dieses Interviews nicht nur einen langjährigen, mit Tieren geteilten Lebensabschnitt. Ein Tier zu halten und eine besondere Nähe und Intimität mit ihm zu erleben, erweist sich vielmehr als identitätsstiftender Kern der Biographie. Eigene und tierliche Entwicklung sind verwoben; Lebensgestaltung und -entwürfe waren (und sind) in vielerlei Hinsicht auf die Präsenz von Tieren ausgerichtet. Waren wir in der Analyse des Arbeitshandelns auf einen weitgehend habitualisierten Umgang mit Tieren gestoßen (3.2.2), so sind in dieser familialen Tierhaltung die Grundlegungen hierfür zu erkennen. Als einflussreich identifizieren wir insbesondere die langjährigen Praktiken der Tierversorgung.

»Also ich bin in [Ort, d.Verf.] groß geworden. Und bis ich diese Kleinstadt verlassen habe, in der ich groß geworden bin, habe ich eigentlich täglich mit Tieren zu tun gehabt. Und also vorrangig mit Hunden und Pferden, aber auch mit allem, ›was kreucht und fleucht‹, sagt man ja. (lacht) Also wirklich alles wurde angeschleppt, sämtliche Vögel, Kaninchen, Igel, alles, was bei uns irgendwie Hilfe brauchte, dem wurde geholfen und irgendwo bei uns zu Hause untergebracht und wieder aufgepäppelt, wenn wir es denn geschafft haben.« (D4: 9–14)

Die Versorgungspraktiken haben die eigene Bindung an Tiere, darüber hinaus aber auch, hierfür steht D4 exemplarisch, eine *kollektive Identität* befördert. Zwischen den Familienmitgliedern hat sich nicht nur eine Arbeitsteilung zur Versorgung von Tieren etabliert, sondern es sind auch taugliche Handlungsweisen weitervermittelt worden; es wurde eine gemeinsame Sichtweise auf die Bedarfe und Erfordernisse, vor allem aber die richtige Umgangsweise mit Tieren entwickelt. Ergebnis ist eine *kooperative Praxis des Sorgens*, die Einfluss auf die Binnendynamik sowie die Außendarstellung und -wahrnehmung der Familie nimmt. Tiere und ihre Versorgung sind zu einem konstitutiven Merkmal der Familie geworden. Es ist kein Zufall, dass in diesem und weiteren Zitaten keine konkreten Tiere angesprochen werden: Der Wunsch konzentriert sich prioritär auf ihre Präsenz an sich, während die jeweiligen Merkmale oder Persönlichkeiten von Tieren demgegenüber zurücktreten. Tierliche Individualität wird damit von den Befragten weder aberkannt noch ignoriert, sie ist jedoch nicht ausschlaggebend für den Entwurf und die Zielsetzung, mit Tier(en) zusammenzuleben. Dies erklärt sich aus einer mit Tieren geteilten Lebensgeschichte:

Durch das Aufwachsen mit Tieren sind die Dienstleister:innen schon seit dem Kindes- und Jugendalter mit tierlichen Verhaltensweisen vertraut und haben eine aus ihrer Sicht tragfähige Kommunikationsweise mit Tieren entwickelt. Die Befragten zeigen entsprechend keine Scheu im Umgang mit Tieren, auch wenn sie mit ihnen unbekannten Wesen interagieren. Zudem sind sie, in vielen Fällen bereits mehrfach, mit der *Vulnerabilität* von Tieren konfrontiert gewesen. Sie haben Phasen durchlebt, in denen Tiere umfassende Unterstützung und Versorgung benötigten oder verstarben. Die »Ungleichzeitigkeit der Lebens-Tempi« (Landkammer 2017: 236) bringt es mit sich, dass die Befragten Phasen des Mitfühlens mit einem leidenden Tier, Abschied und Trauer durchlebten.[29] In keinem Fall führte diese Konfrontation mit der Endlichkeit des Lebens jedoch zu einer Abkehr von der privaten Tierhaltung. Verbreitet ist eine gegenläufige Reaktion: Verstirbt ein Tier, schaffen sich die Befragten ein anderes an. Sie verfügen entsprechend über Kenntnisse zu mehreren Tieren, auf deren jeweilige Individualität und Persönlichkeit sie mit Nachdruck hinweisen.

Für die Dienstleister:innen stand bereits frühzeitig, meist bereits im Kindesalter fest, »später« mit Tieren leben und auch arbeiten zu wollen. »Was mit Tieren machen«, war bei den meisten ein richtungsweisender *Berufswunsch*. Dass es sich bei den Aussagen nicht lediglich um eine nachträgliche Herstellung biographischer Konsistenz handelt, belegen die Lebensläufe: Die Interviewten haben nicht nur nach Gelegenheiten der Kontaktaufnahme auch zu fremden Tieren gesucht, sondern sich auch schon im Jugendalter in passende Berufsfelder vorgewagt, wie z.B. durch ein Praktikum im Tierheim oder das »Jobben« in der Pferdeversorgung oder dem Zoohandel. Ihr Lebensverlauf dokumentiert eine *Steigerung des Lebens mit Tieren*, die *aktiv hergestellt* wird: Ausgehend von der Einzeltierhaltung über die sequentiellen Neuanschaffungen bis hin zur speziesübergreifenden Mehrfachtierhaltung. Tiere wurden stetig bedeutsamer, erforderten weitreichende Anpassungen in der Alltagsgestaltung und erlangten einen exklusiven Status. Die private Tierhaltung der Dienstleister:innen weist somit jene Merkmale auf, die wir als konstitutiv für eine Tier-Mensch-Gefährtenschaft resümiert haben (s. 3.1). Die Dauer dieser Gefährtenschaft unterscheidet sich jedoch gegenüber dem Sample der Halter:innen: Die Dienstleister:innen haben bereits eine *familiale Sozialisation durch Tiere* erfahren, deren Qualität, dies zeigen auch die folgenden Punkte, den Berufswunsch und das konkrete Arbeitshandeln als Dienstleister:in beeinflusst hat.

Affizierungen

In den Narrationen tauchen Tiere als faszinierende Interaktionspartner:innen auf, denen sich die Befragten mit Empathie, vor allem aber (insbesondere in

29 Landkammer (2017) gibt den Hinweis: »Der Hund exploriert für den Menschen auch die Zeit-Zone des Altwerdens« (236). Inwiefern sich dieser Aspekt auf die Arbeitspraxis als Dienstleister:in auswirkt, ist eine für das Verständnis tierbezogener Dienstleistungen wichtige Forschungsfrage.

Kindheit und Jugend) auch mit großer Neugier und Entdeckungsgeist näherten. Ob es sich dabei um die eigenen Tiere oder Tiere aus dem sozialen Umfeld handelte, war dabei nachrangig. Als reizvolle Erlebnisse beschreiben sie Begegnungen mit einer ihnen unvertrauten Spezies, einem unbekannten Tier oder unterschiedlichen, interagierenden Spezies. *Eigensinnige Verhaltensweisen* von Tieren, ihre Distanz, Widersetzung oder auch Aggression schreckten die Befragten nicht ab, sondern haben sie dazu veranlasst, sich noch intensiver mit Tieren zu befassen. Diese Hartnäckigkeit, das *Insistieren auf Kommunikation* mit einem Tier erklärt sich aus dem Aufwachsen mit ihnen: Um als Kind oder Jugendliche:r mit Tieren spielen, Nähe erleben oder mit ihnen Aktivitäten vornehmen zu können, mussten sich die Befragten auf Besonderheiten einer Spezies, charakterliche Unterschiede zwischen Tieren oder Konflikte in ersten Kontaktaufnahmen einstellen.

Die kurze Skizze illustriert, inwiefern die Dienstleister:innen bereits im Prozess des Aufwachsens zum einen *Toleranz* für andere lebendige Wesen entwickelten, zum anderen aber auch die Fähigkeit erworben haben, sich mit Tieren zu verständigen. Die Interviews dokumentieren insgesamt ein *wechselseitiges Affizierungsgeschehen* (s. bereits 3.1): Tiere sind nicht von sich aus für Nähe, Spiel oder Kuscheln zugängliche Wesen, sondern auch dieser Zustand muss erst hergestellt werden: Von Tieren affiziert zu sein, setzt voraus, sie zu versorgen, Vertrauen aufzubauen und sich verständigen zu können (s. auch Mönkeberg/Jürgens/Kurth 2024). Damit dies, wie im Fall der Befragten gelingt, bedarf es der beschriebenen Neugier und der Hartnäckigkeit, ein Tier verstehen zu wollen, und, dies konnte als wichtiges Merkmal der Dienstleistungsarbeit identifiziert werden, seine Nahbarkeit zu erarbeiten (s. 3.2.2).

Dass Affizierungen in Zusammenhang zur Berufswahl stehen, zeigt sich besonders deutlich bei denjenigen Befragten, die nicht mit Tieren aufgewachsen sind und uns zur Kontrastierung dienten. Bei ihnen erweisen sich besondere *Tierbegegnungen* als einflussreich.

»und ich weiß noch genau, wie das war [...], das war das erste Mal, dass ich in meinem Leben auf einem Pferd saß. Ich war [Altersangabe, d.Verf.] Jahre alt, und der Virus hat mich sozusagen spontan gepackt.« (D11: 29–31)

Die Person ist als Trainer:in tätig und ruft hier eine Erinnerung auf, die wir als Schlüsselszene der Biographie identifizieren: Sie nahm, beruflich etabliert in einem gänzlich anderen Segment, an einem Pferdeausritt teil; bis dato stand sie nicht in Kontakt zu Pferden und konnte auch nicht reiten. Die (leib-)körperliche Verständigung mit dem Tier und das gemeinsame Durchstreifen der Landschaft zeichnet die Person als für sie bewegendes und folgenreiches Erlebnis nach. Auch hier wird das konkrete Tier als Individuum nicht näher thematisiert. Das Tier als

Tier löst indes eine tiefe Zufriedenheit aus; das Ausreiten mit einem Pferd wird für die Person zu einer unvergleichbaren, ein tiefes Glücksgefühl erzeugenden Erfahrung. Schon direkt im Anschluss habe festgestanden, dass sie ihr Leben fortan mit Pferden verbringen und sich gänzlich dem Verständnis dieser Tiere widmen will. Ihrem bereits ausgeprägten Organisations- und Gründungstalent entsprechend, initiierte sie umgehend erste Schritte, um den neuen Berufspfad einzuschlagen (s. 3.2.3.2).

Bei anderen verläuft ein solcher Pfadwechsel weniger stringent:

»Eigentlich wollte ich Pferdewirt werden. Da haben meine Eltern gesagt: ›Nein, das ist nicht so das Richtige mit den Pferden‹, und die haben das so ein bisschen als Spinnerei abgetan. Und irgendwie habe ich dann das auch nicht mehr weiterverfolgt und bin dann eben ja mehr zufällig zur [aktuelles Berufsfeld, d.Verf.] gekommen, zur Ausbildung, weil es damals nicht viele Ausbildungsplätze gab und bin da reingerutscht. Und bin auch gut in dem Job, aber der ist mir zu stressig und hat mich auch über die Jahre krank gemacht, und deswegen wollte ich da raus und wollte eigentlich das machen, wo mir wesentlich mehr Spaß macht.« (D6: 49–67)

Ähnliche Beschreibungen finden sich bei allen Befragten, die zunächst in einem anderen Bereich erwerbstätig waren. Tiere stellen eine attraktive Alternative zu einer unbefriedigenden Berufstätigkeit dar, doch ist dieser Zusammenhang im Sample nicht dominant. Vielmehr stoßen wir auf eine *Sogwirkung* der Tiere. Die Befragten wollen die Freude und Zufriedenheit, die sie im Zusammensein mit ihnen erlebt haben bzw. erleben, nicht mehr auf die Freizeit beschränken, sondern ausweiten.

Interesse an der Vereinbarkeit von Beruf und Tier

Der Vollständigkeit halber ist als weiterer Einflussfaktor auf die Berufswahl ein *Vereinbarkeitsproblem* zu nennen. Ließ sich die Tierhaltung in den Herkunftsfamilien kooperativ und arbeitsteilig organisieren, waren die Befragten als Erwachsene schließlich alleinverantwortlich. Wie alle Erwerbstätigen standen sie vor der Herausforderung, eine Ausbildung oder berufliche Tätigkeit mit der Versorgung und Betreuung des Tieres zu koordinieren. Besteht für die Hunde noch die Option, diese mit an den Arbeitsplatz zu nehmen, gilt dies für viele Spezies indes nicht. Sie können nicht transportiert werden oder sind aufgrund ihrer Merkmale nicht in die Abläufe oder Räumlichkeiten in Büro und Betrieb integrierbar.

Im Sample stoßen wir auf unterschiedliche Umgangsweisen mit dieser Problematik. Eine erste Lösungsvariante stellt die Strategie dar, in einem Dienstleistungsbereich zu arbeiten, in dem das eigene Tier mitversorgt werden kann. Hier ergeben sich gleichwohl schnell Konflikte, sofern eigene und fremde Tiere nicht harmonieren oder Vorgesetzte nicht zustimmen. Eine weitere Variante ist ein Wechsel in die Selbständigkeit, die die Befragten dann so konzipieren und ausgestalten, dass sie auch zu den eigenen Tieren passt. Als ein Merkmal unseres Samples ist hervorzuheben, dass die Befragten weit mehr als die Lösung einer Betreuungsproblematik anstreben: Sie wollen möglichst viel Zeit mit dem Tier verbringen und verknüpfen hiermit eigene Entwicklungsperspektiven.

»Es war glaube ich-, ich weiß gar nicht, ob man das so sagen kann, sondern es war: ›Ich habe jetzt einen Hund an der Backe, und was machst du jetzt mit dem?‹ und ich habe mir gesagt: ›Okay, ich habe jetzt einen Hund, und jetzt willst du-, also der Entschluss war da, du willst mit dem zusammenleben.‹ Und es war auch irgendwie klar, jetzt funktioniert halt für mich kein normaler Job mehr. Also, nicht nur das wegen dem Hund [...] ich habe dann noch einen Nebenjob gemacht, aber mein Hund war in dem Moment eigentlich so mein Hauptjob, weil der Hauptjob eigentlich darin bestand, jetzt irgendwie mit dem Tier klarzukommen. Und der bestand halt überwiegend in meiner Welt darin, mit mir selbst klarzukommen. Und dann hat sich das so festgefahren, dass ich sage: ›Okay, hier entsteht gerade was.‹« (D29: 96–109)

Notlage eines Tieres

Im Zuge des Aufwachsens mit Tieren haben die Dienstleister:innen umfassende und facettenreiche Erfahrungen sammeln können, die sie in der Interaktion mit einem Tier zur Anwendung bringen. Dennoch sind alle Befragten im Verlauf dieser Tierhaltungsgeschichte in Situationen geraten, in denen sie sich als *ratlos und handlungsohnmächtig* erlebt haben. Sie konnten gravierende Konflikte im Umgang mit einem Tier nicht lösen oder, dies dominiert, ein krankes und leidendes Tier nicht angemessen versorgen.

»Also wirklich so richtig angefangen hat es, als mein damaliger Hund starb, ungefähr ein gutes, halbes, dreiviertel Jahr, nachdem ich dann meine heutige Frau [Personenname, d.Verf.] kennenlernte [...]. Und die hat sich aber auch relativ schnell in diesen Hund verliebt. Der starb dann leider auf einer Reise sehr, ja fast schon mysteriös. Eine Krankheit, wir waren in [Ortsname, d.Verf.], da konnte man uns nicht richtig helfen. Und alles ein großes Drama gewesen. Und das hat uns noch, bis heute beschäftigt uns das.« (D3: 12–17)

Als einschneidende Erlebnisse resümieren die Befragten jene Notlagen, in denen auch diejenigen Personen dem Tier nicht helfen konnten, die sie zur Unterstützung angefragt hatten: Die beauftragten Dienstleister:innen waren entweder nicht verfügbar, als sich eine Lage zuspitzte – oder aber sie haben das Tier nicht so versorgt und behandelt, wie man es von ihnen erwartet hatte.

»Also ich habe, als ich 14 war, ist mein erster Hund gestorben, da habe ich gedacht, also das kannst du besser. Der ist in der Narkose geblieben, und ich stand daneben und habe gesagt: ›Der müsste atmen. Der atmet nicht, der atmet nicht.‹« (D23: 7–9)

»Wir sind mit Tieren groß geworden, und ähm es war eben auch so, dass logischerweise, ähm die Tiere, irgendwann muss man sich von ihnen trennen, aus irgendwelchen Gründen, ne. Wenn irgendwelche Krankheiten kommen, dann ist das eben, irgendwann dieser Lebensweg der Tiere beendet, und ähm ausschlaggebend war tatsächliche eine ältere Hündin von mir vor, ich glaube sechs, sieben Jahren etwa, die habe ich verloren wegen Niereninsuffizienz. [...] Und [ich, d.Verf.] hab damals noch keine Ahnung von Tierheilkunde et cetera gehabt, konnte ihr praktisch nur zusehen, wie's ihr immer schlechter ging, und ich hab eben gemerkt: Die Schulmedizin ist da irgendwo an ihre Grenzen gestoßen.« (D16: 11–22)

Die erlebte Hilflosigkeit im Umgang mit gravierenden Beziehungskonflikten mit einem Tier, Krankheit oder Tod blieb nicht folgenlos. Die Befragten weiteten ihre Suche nach geeigneten Anbieter:innen aus und holten umfassende Erkundigungen über die Qualität von Dienstleistungen ein, um auf erneute Problemlagen besser vorbereitet zu sein. Dabei stießen sie auf eine aus ihrer Sicht *desolate Versorgungsinfrastruktur*. Die Befragten problematisieren, dass es für viele Bedarfe rund um die Tierhaltung kein passendes Angebot gibt. Zudem seien die vorhandenen Dienstleistungen oftmals nicht angemessen abgestimmt auf tierartspezifische Erfordernisse. Vor allem aber bemängeln die Befragten, dass die konkrete Umgangsweise mit dem Tier nicht ihren Vorstellungen entsprach. In der Folge informierten sie sich zunächst im Umfeld über alternative Behandlungsmethoden und begannen schließlich, sich selbst zu behelfen. Sie suchten in Internetforen und Fachliteratur nach geeigneten Lösungsansätzen, probierten sie aus, tauschten sich wiederum mit anderen Tierhalter:innen aus und erweiterten auf diese Weise sukzessive ihr Repertoire an Handlungsoptionen. Ziel ist es, ein *besseres Verständnis vom Tier* zu erlangen, um für mögliche Notlagen besser aufgestellt zu sein und Leidenszustände des Tieres zu vermeiden.

Anwendbares Erfahrungswissen

In Folge einer mit Tieren geteilten Lebensgeschichte haben die Befragten einen umfassenden Erfahrungsschatz im Umgang mit mindestens einer, meist mehreren Spezies aufgebaut. Sie gehen souverän mit allen Anforderungen der alltäglichen Versorgung von Tieren um, sind versiert hinsichtlich der Auswahl eines Tieres und seiner Integration in eine bestehende, auch unterschiedliche Tierspezies umfassende Gemeinschaft. Auch Konflikte, die aus Interaktionen innerhalb des Haushalts oder mit Menschen und Tieren im räumlichen Umfeld resultieren, bewerten sie schon vor der Berufswahl als unproblematisch und als bekannten Begleitumstand des Lebens mit Tieren. Gleiches gilt für die Konfrontation mit der Vulnerabilität des Tieres: Die Befragten haben einen umfassenden Kenntnisstand zu Merkmalen, Entwicklung und Optionen der Gesunderhaltung von Tieren; Auffälligkeiten erkennen sie so frühzeitig, dass sich nur selten kritische Situationen ergeben. Im Verlauf des Lebens wurden sich die Interviewten gewahr, dass sie über Fähigkeiten verfügen, die andere Tierhalter:innen nicht aufweisen. Viele haben erst im Erwachsenenalter erkannt, dass sie vergleichsweise schnell zu einer Lösung kommen oder Problemlagen, von denen andere berichten, für sich und ihr Tier ausschließen können.

»So, und ich habe den Kurs gemacht und der Kurs hat bei mir eingeschlagen wie eine Bombe. Weil, ich konnte-, hatte einen ganz extrem guten Zugang zu den Tieren. Ich konnte von allen Teilnehmern alle Fragen präzise beantworten, rein aus telepathischer Kraft heraus. Also das stimmte alles. Ich war selbst davon so überwältigt. Und das war dann der Punkt, dass ich gesagt habe, weil die Teilnehmer dann auch immer noch zu mir gekommen sind nach dem Kurs, weil sie eben noch weitere Fragen hatten. Dann kamen Freunde von Freunden, wie das dann so ist. Und da habe ich dann zu mir gesagt, ich kann das so gut, und es erfüllt mich so sehr, dass ich helfen kann, dass ich meinem Kater helfen konnte, dass ich mich selbständig mache.« (D17: 23–31)

Positive Rückmeldungen und Bestärkungen durch andere Tierhalter:innen beförderten, dass sich die Befragten ihrer besonderen Fähigkeiten gewahr wurden. In der Folge verstärkten sie ihre Bildungsaktivitäten; sukzessive verschob sich ihre berufliche Perspektive. Die Option, die im Zuge der Tierhaltung erworbenen Kenntnisse für eine Erwerbstätigkeit zu nutzen, wurde konkreter. Von Vorteil erwies sich dabei, dass die Befragten mit der Angebotslage in ihrem regionalen Umfeld vertraut waren. Eine systematische Analyse des Nachfragemarktes blieb jedoch zumeist aus.

Zusammenfassend ist festzuhalten, dass sich die Lebensverläufe der Befragten durch eine immer intensivere Auseinandersetzung mit Tieren auszeichnen. Tiere sind zunächst schlicht vorhanden und werden zu vertrauten Begleiter:innen im Leben. Zugleich erwachsen aus dieser Kopräsenz enge Bindungen, und die Interviewten entwickeln besondere Fähigkeiten, um Nähe zu Tieren herzustellen. Mit wachsender Verantwortung für ein Tier ergeben sich für die Befragten konfliktträchtige, belastende Situationen. Diese erweisen sich in vielen Fällen als Impuls, die eigenen Kenntnisstände zu erweitern und sich intensiver mit der Konstitution und Persönlichkeit von Tieren zu beschäftigen. Dies erleichtert die Tierhaltung, vor allem aber verändert sich der Blick auf Tiere. Im Lebensverlauf verdichtet sich die Überzeugung, dass die eigene Umgangsweise mit Tieren diesen bestmöglich gerecht wird. Eigene Akzentuierungen im Leben werden folglich einer Revision unterzogen: Mehr Zeit mit den eigenen Tieren und Unterstützung anderer Tiere, entwickeln sich als markante Zielsetzungen im Lebensentwurf.

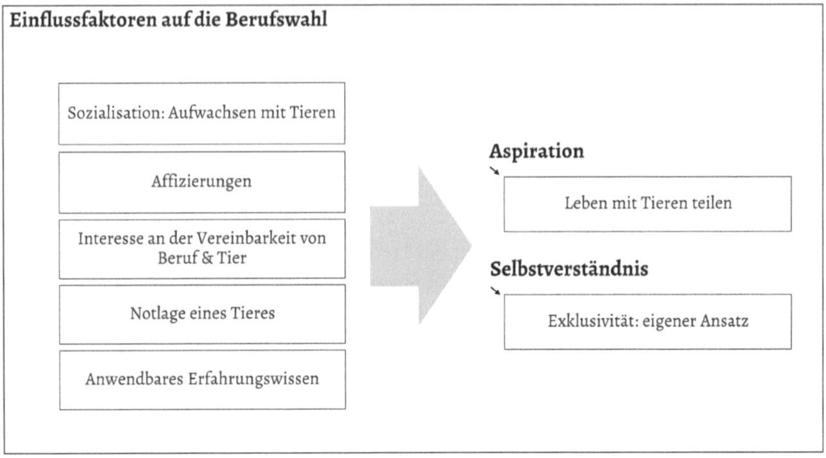

Abb. 12: Einflussfaktoren auf die Berufswahl
Quelle: Eigene Darstellung

3.2.3.2 Erwerbs- und Geschäftsmodelle

Die befragten Dienstleister:innen verbindet der Wunsch, beruflich mit Tieren zu arbeiten, doch sind die Wege, über die sie diesen realisiert haben, höchst unterschiedlich verlaufen. Nachdem wir aufzeigen konnten, welche Motivlagen und Einflüsse der Entscheidung für eine Arbeit mit Tieren zugrunde liegen, wollen wir nun genauer ihre berufliche Positionierung in den Blick nehmen. Entlang der Berufsverläufe der Befragten zeichnen wir nach, warum welche Ausbildungswege genommen oder abgelehnt, und welche Inhalte von Bildungsangeboten begeistert aufgenommen oder ignoriert wurden. Anschließend lässt sich mittels Analyse der gegenwärtigen beruflichen Lage erkennen, dass sich die Dienstleister:innen mit ihren aktuellen Erwerbs- und Geschäftsmodellen ein Lebensmodell realisiert haben, das ihnen eine umfängliche Nähe zu Tieren bietet. Hieraus speisen sich, und so schließt sich der Kreis unserer Interpretation, Überzeugungen zum Umgang mit Tieren, die für die Interaktionen innerhalb der Dienstleistungstriade folgenreich sind.

Berufseinstieg

In den skizzierten Einflussfaktoren auf die Berufswahl (s. 3.2.3.1) kam bereits zum Ausdruck, dass die Befragten eine *hohe intrinsische Motivation* aufweisen, mehr über Tiere zu erfahren.

»Bei uns waren immer Tiere zu Hause. Und ich habe halt von klein auf gesagt, dass mich Tiere interessieren. Also auch im Zoo, Tierpark. Und da habe ich gesagt: ›Ich würde gern im Beruf auch irgendetwas mit Tieren machen‹.« (D24: 181–183)

Bei allen Befragten waren dem Berufseinstieg bereits *Bildungsaktivitäten* vorgelagert. Diese umfassten z.B. die eigenständige Recherche über Internetforen oder Fachliteratur, vor allem aber auch den Besuch von Seminaren und Workshops. Man hatte Freude daran, immer mehr Kenntnisse über Tiere zu sammeln, und das Interesse und die Neugier hielten an und motivierten zu weiteren Aktivitäten. Bei vielen Befragten stoßen wir auf eine kontinuierliche Weiterbildungskarriere. Das erworbene Wissen erweiterte nicht nur das Verständnis von Tieren, sondern die Interviewten konnten es auch dafür nutzen, um Tiere und Menschen in ihrem sozialen Umfeld zu unterstützen und sich hierdurch als *selbstwirksam* (vgl. grundlegend Bandura 1994) zu erfahren.

Einige Befragte waren zunächst in anderen Bereichen tätig (s.o.). Hier gaben die in der Freizeit besuchten Bildungsangebote einen fortwährenden Impuls dafür, über die Zufriedenheit mit der aktuellen Tätigkeit nachzudenken. Nach und nach sei der Gedanke gereift, in eine Arbeit mit Tieren zu wechseln – und wurde, bei allen erst nach sorgfältigen Abwägungen der Vor- und Nachteile, schließlich realisiert.

»Nein, Ende 30 war ich dann. Da habe ich dann noch mal alles auf den Prüfstand gestellt. Und habe mir wirklich ein halbes Jahr lang Zeit gelassen. Und habe gesagt: Was möchtest du jetzt? Was ist eigentlich das, was dir im Leben wirklich was geben wurde, was du arbeiten kannst? [...] Und da ist eigentlich rausgekommen, dass ich im, am allerliebsten wirklich Tiermedizin hätte studieren wollen. Das war eigentlich immer so ein, so ein, so ein Wunsch, dem ich aber nicht nachgekommen bin, komme auch nicht aus dem Haushalt, wo das gefördert wurde. Da hieß es eher: ›Lerne was Vernünftiges, was Anständiges und dann heirate.‹ Und da habe ich dann gedacht, in dem Alter ist es blöd, jetzt sechs Jahre dranzugeben. Und dann bin ich eben auf die begleitenden medizinischen Tierberufe gekommen.« (D4: 21–31)

Auch in anderen Lebensläufen lassen sich Skepsis oder offene Kritik des sozialen Umfelds als ursächlich dafür identifizieren, den seit langem gehegten Wunsch erst verzögert zu realisieren. Vor allem Angehörige oder Freund:innen, aber auch die Befragten selbst zogen bzw. ziehen in Zweifel, dass sich die Existenzsicherung ausschließlich über eine Arbeit mit Tieren bestreiten lässt. Ist der vollständige Ein- und Umstieg (noch) nicht gelungen, halten die Befragten die bisherige berufliche Tätigkeit als Haupterwerb aufrecht und arbeiten nur als Nebentätigkeit oder ehrenamtlich mit Tieren.

In der konkreten Planung des Einstiegs in das Berufsfeld stellten die Befragten fest, dass der Aus- und Weiterbildungsmarkt sich überaus unübersichtlich präsentiert. Man habe sich einen *Ausbildungsweg aktiv kreieren* müssen, da für viele der gegenwärtig angebotenen Dienstleistungen keine Angebote als Teil des dualen Ausbildungssystems zur Verfügung standen und auch schulische Ausbildungen fehlten. Wurde bzw. wird etwas angeboten, mangele es den Angeboten an verbindlichen *Qualitätsstandards*. Diese Lücke im Ausbildungssystem setze sich in der anschließenden Berufspraxis fort, da es für viele Arbeitsbereiche *keine geschützten Berufsbezeichnungen* gebe.

»Weil normalerweise kann ich eigentlich losgehen, mir eine Visitenkarte drucken. Schreibe da ›Tierphysiotherapeut‹ drauf. Und kann einfach loslegen, ohne dass ich irgendwie groß was vorlegen muss, weil, es ist leider überhaupt nicht geregelt. Also selbst die Tierheilpraktiker sind besser geregelt. Das schwimmt alles noch sehr so, also dass, jeder kann so ein bisschen machen, was, wie er will. Also meine Ausbildung hat, hat zwei Jahre gedauert mit den Modulen und den Praktika, die ich gemacht habe. Und ich kenne Leute, die haben praktisch zwei Wochenenden gemacht. Und gehen dann los und nennen sich Phy-, Tierphysiotherapeuten. Und insofern ist da noch ein ganz, ganz großer Unterschied vor allem ausbildungsbedingt.« (D4: 75–82)

Dass die Befragten eine ausstehende Regulierung vieler tierbezogener Dienstleistungen problematisieren, verweist auf den Stellenwert von *Beruflichkeit*. Diese ist an die Standardisierung von Wissen über vergleichbare Abschlüsse gekoppelt (vgl. Hartmann 1972) und insofern relevant für die ökonomische und soziale Anerkennung von Leistungen. Die Befragten sehen sich folglich mit der Herausforderung konfrontiert, eigene Wege zu komponieren, aus denen sich eine erfolgreiche Berufstätigkeit aufbauen lässt.

Schon zu einem frühen berufsbiographischen Zeitpunkt waren sich die Dienstleister:innen darüber im Klaren, dass Zertifikate oder Abschlüsse, die durch verbindliche Ausbildungsinhalte hinterlegt sind, einen markanten Wettbewerbsvorteil darstellen. Im Sample lassen sich *drei (Aus-)Bildungswege* identifizieren, die uns für das Berufsfeld der tierbezogenen Dienstleistungen kennzeichnend zu sein scheinen: eine (a) *staatlich anerkannte Ausbildung* wie z.B. als Tierpfleger:in, tiermedizinische:r Fachangestellte:r oder Pferdewirt:in; ein (b) *Universitätsstudiengang* wie z.B. Veterinärmedizin oder Biologie; ein (c) *individuell kreiertes Qualifizierungsprogramm* für jene Bereiche, zu denen es keine verbindlichen und anerkannten Ausbildungsberufe gibt.

»Genau: Pferdeosteopathie. Jetzt kommt die Hundeosteopathie noch mit dazu. Ich mache gerade noch eine Ausbildung für Akupunktur, TCM [Traditionelle Chinesische Medizin, d.Verf.] für Pferd und Hund, und eben das Pferdetraining.« (D15: 11–13)

Die drei Wege münden in verschiedene Tätigkeitsfelder: Während mit den beiden ersten Varianten der Einstieg in einen stärker regulierten und formalisierten Einsatzbereich mit entsprechend verbindlicheren Entgeltoptionen, Beschäftigungsperspektiven usw. vorgezeichnet ist, resultieren aus der dritten Variante teils prekäre Erwerbslagen (s.u.).

Eine Alternative zu (Aus-)Bildungsaktivitäten stellt die direkte Aufnahme einer *Selbständigkeit* in einem weniger stark regulierten Bereich dar. Hier treffen wir auf Dienstleister:innen, die die Notwendigkeit und den Nutzen einer vorgelagerten tierbezogenen Ausbildung in Zweifel ziehen und stattdessen den Stellenwert von Erfahrungen im Umgang mit Tieren betonen. Erfahrungen aus anderen Berufsfeldern heben die Befragten als Gewinn und ›Vorteil‹ für die Arbeit in der tierbezogenen Dienstleistung hervor. Statt auf Abschlüsse und Zertifikate setzen sie auf ihre Fähigkeit, eine Kundschaft durch ein innovatives Geschäftsmodell und eine gute Arbeitsqualität zu überzeugen. In der Kundenakquise und Ausübung der Tätigkeit werden jedoch Probleme erkennbar, die in Zusammenhang zur fehlenden formalen Qualifikation und entsprechender Nachweise stehen:

»Rein gesetzlich DARF ich mich gar nicht Hundetrainer nennen. Weil ich habe die Voraussetzung dafür nicht. Und ich möchte die auch nicht haben. Weil ich meine Aufgabe nicht darin sehe, Hunde auszubilden oder andere Menschen dazu anzuleiten, ihre Hunde auszubilden, so zu trainieren. Und tatsächlich die Begrifflichkeit ist etwas, wo ich mich mit vielen Menschen unterhalte, und man findet dafür schwer einen Begriff. Und das ist halt eben für die Vermarktung echt schwer. (lacht.) Deswegen bin ich dann irgendwann einfach dazu gegangen: Okay, ich nenne es einfach so, wie ich es mache.« (D29: 149–155)

Auch diese Selbständigen bemängeln, dass für tierbezogene Dienstleistungsarbeit verbindliche Standards für Ausbildung und Beruf fehlen, doch ergibt sich genau hierdurch für sie die Gelegenheit, ihre Vision eines Lebens und Arbeitens mit Tieren umsetzen zu können: Formale Zwänge oder eine externe Überprüfung wären hinderlich, um auf jene Weise mit Tieren zu arbeiten, die den Wunschvorstellungen und Überzeugungen dieser Selbständigen entspricht. Sie wollen selbst die Verantwortung für ihre Qualifikation und ihre Dienstleistungsqualität tragen und nicht auf die Erlaubnis von Ämtern und Behörden angewiesen sein, »um das machen zu dürfen, von dem ich überzeugt bin, dass ich es ohnehin konnte« (D11: 60), wie es eine befragte Person formuliert. Dass die Selbständigen hierfür Investitionen tätigen und ein unternehmerisches Risiko zu tragen haben, nehmen sie breitwillig in Kauf.

Ausbildungsinhalte und Schwerpunktbildung
Mit der Wahl eines Ausbildungsweges oder dem Verzicht auf Qualifizierungsschritte gehen *inhaltliche Festlegungen* einher, in welchem Bereich man als Dienstleister:in tätig werden kann und will. In der Darstellung des Samples (s. 3.2.1) haben wir bereits vier Felder genannt, in die die jeweiligen Aktivitäten einmünden: tierbezogener Konsum, Betreuung, Gesundheit oder Verhalten. Hinsichtlich unserer Frage, warum die Dienstleister:innen die jeweiligen inhaltlichen Akzentuierungen vornehmen, können wir drei Einflussfaktoren nennen: (a) die *Präferenz*

bestimmter Arten von Tieren; (b) das *Tierbild* (s. hierzu ausführlich 3.1) sowie (c) das *Verständnis zum Umgang mit Tieren*. Hier sind Parallelen zu den Befunden zu Tierhalter:innen erkennbar, die wir in der abschließenden Synthese (4.) bündeln werden.

In der genaueren Betrachtung der jeweiligen (Aus-)Bildungs-Bausteine sowie der erworbenen Kompetenzen lässt sich erkennen, dass mit den Bildungsaktivitäten *unterschiedliche Wissensformen* verknüpft sind, die in unterschiedlichem Grad bedient werden: (a) *formalisiertes (Fach-)Wissen*, (b) *Anwendungswissen* und (c) *Rollenwissen*.[30]

(A) *Formalisiertes (Fach-)Wissen* haben die Dienstleister:innen nachweislich im Rahmen staatlich anerkannter und universitärer Ausbildungsgänge erworben. Hierbei handelt es sich um ein Wissen, das gesammelt, verdichtet und standardisiert wurde und dessen Erwerb im Rahmen der beruflichen Qualifikation nachzuweisen ist, um bestimmte Tätigkeiten ausüben zu dürfen (vgl. Abel 2022). Davon abgesehen verhilft Fachwissen den Befragten dazu, ihre bisherigen Erfahrungen mit Tieren hiermit abzugleichen und zu systematisieren. Ein Erwerb von formalisiertem Wissen ist entsprechend auch in Bereichen, in denen keine Ausbildung erforderlich ist, wichtiger Bestandteil für die Entwicklung ihrer dienstleisterischen Kompetenzen (vgl. Erpenbeck & Sauter 2013).

»Also ich muss sagen durch, also spätestens jetzt durch die Osteopathie hat sich das Ganze noch äh viel mehr erweitert. Also am Anfang war ja so der Blickpunkt ähm… ja so die Tierheilkunde an sich, das heißt wenn ein Tier kam, ich sag's jetzt mal mit Magen-Darm Problemen, dann hat man natürlich erstmal nur in Richtung Magen-Darm geguckt, das war das Naheliegendste. (…) Ähm, dann mit Beginn von Akupunktur war klar, das Ganze hat auch noch andere Auswirkungen. Also ne?! nur weil ich das Organ Magen oder Darm hab, heißt das nicht, dass das auch der Auslöser ist. Und so wurde das dann immer ein bisschen breitgefächerter. Und ähm seit der Osteopathie seh ich das eben so, dass es eben wirklich ausreicht, dass wenn bestimmte Nerven eingeklemmt sind, dass das jeweils auch ein Organ mit einschließt. Also die Betrachtungsweise ähm hat sich nochmal ganz anders, in ne ganz andere Richtung und viel umfassender verändert.« (D16: 81–93)

Die Zielsetzung, explizites Fachwissen zu erwerben, verfolgen die Dienstleister:innen nicht nur aus ökonomischen Interessen oder als Selbstzweck, sondern vielmehr um ihrem Anspruch zu genügen, Tiere artgerecht zu versorgen und hierfür immer mehr Anregungen und Handlungsempfehlungen zu sammeln, die sich praktisch anwenden lassen. Die gewählten Ausbildungen erfüllen in

30 In Anbetracht der Vielfalt an möglichen Benennungen von Wissensformen folgt die hier getroffene Auswahl einer möglichst allgemeinverständlichen Beschreibung des jeweiligen Wissenskerns. Diese Wissensformen werden in jeder Dienstleistung unterschiedlich kombiniert, wobei weder auf ein systematisches Wissen noch auf praktisch gemachte Erfahrungen in der Anwendung verzichtet werden kann (Baethge 2011: 452).

der Regel diese Erwartung und sehen längere Praxis- und Erprobungsphasen vor. Gleichwohl dominiert die Kritik, dass Ausbildungen häufig auf nur einzelne Facetten der künftigen Dienstleistungspraxis vorbereiten. (B) *Anwendungswissen* erweist sich daher als eine aus Sicht der Befragten (und auch unserer wissenschaftlichen Betrachtung) notwendige ergänzende Komponente der Ausbildung, die weiter ausgebaut werden sollte. Ihr Anwendungswissen vertiefen die Befragten, indem sie das Erlernte fortwährend bereits erproben und z.B. Techniken in der Behandlung von Tieren im privaten Umfeld einüben, seltener auftretende ›Sonderfälle‹ lernen sie hingegen in den Praxisphasen einer Ausbildung kennen.

»Ja, Sie müssen sich überlegen, ich beschäftige mich nicht nur mit einer Art, ich beschäftige mich mit bis zu 80 Arten, von denen einige sicherlich häufiger sind als andere, und Sie müssen halt bei jeder Art eine entsprechende Kenntnis haben, weil das Verhalten ist ja nicht immer gleich. Ich kann aber nicht 80 Arten bei mir zu Hause pflegen, das geht nicht (lacht) dann bräuchte ich auch nicht mehr arbeiten, weil dann wäre ich für die damit beschäftigt, diese 80 Arten zu pflegen, Punkt, aus. (.) Das heißt, ich bin schon darauf angewiesen, dass ich mich extern weiterbilde, um auch diese Erfahrungen mitzunehmen (...).« (D30_2: 56–69)

Im Rahmen ihrer Ausbildung haben die Befragten zudem ein (c) *Rollenwissen* erworben: Sie kamen, häufig erstmals, in Kontakt mit gänzlich fremden Tieren und ihnen bis dato unbekannten bzw. unvertrauten Tierarten. Auch der Kontakt mit Kund:innen wird erprobt.

»[...] ist das Problem auch, da gibt es ganz verschiedene Erwartungshaltungen auch von Besitzern, wie wer mit dem Tier umgehen sollte oder musste. Ich glaube, das bringen mehr Leute [angehende Tiermediziner:innen, d.Verf.] mit als den Umgang mit den Menschen, weil Tierarzt, das ist schon im Namen drin, dass man da mit Tieren irgendwas können muss oder können sollte (lacht).« (D18: 461–465)

»Also ich glaube mal -, also für mich, das Wichtigste ist, dass ich-, ich kann nicht nur irgendein Tier therapieren als Tierarzt. Das ist das, was wir oft denken, das ist vielleicht auch das, was wir denken, wenn wir beginnen zu studieren, aber das Tier und der Mensch das ist eine Einheit. Und es kommt nicht das Tier zu mir, es kommt immer der Mensch zu mir. (lacht) Ich muss auch mit dem Menschen umgehen können. Und das ist, ich denke, in der Ausbildung halt manchmal ein Problem, dass die Leute das nicht verstehen so. Man muss auch mit Menschen umgehen können. Das ist noch interessant, weil [...] die Anästhesie, da hat man mit dem Menschen fast nichts zu tun. Weil das ist da, wo das Tier dann schläft und der Mensch eben definitionsgemäß nicht mehr dabei ist. Es gibt Leute, Kollegen von mir, die diese Spezialisierung auch deswegen gewählt haben, weil sie da nicht mehr mit Leuten umgehen müssen.« (D18: 144–154)

Im Rahmen von Aus- und Weiterbildungen sehen sich viele Befragte erstmals mit Ansprüchen und Wünschen konfrontiert, die teils deutlich von ihren eigenen abweichen. Die ›andere‹ Seite zu verstehen und deren Perspektive nachzuvollziehen, mussten sie, wie uns berichtet wird, erst lernen und sich, hierauf aufbauend, eine eigene Umgangsweise, einen eigenen Stil der Kundenkommunikation entwerfen.

»Es gibt ganz viele, die wirklich dann auch Rat suchen und sagen: ›Was würden Sie denn machen?‹ Und ich sage dann halt auch immer, es gibt-. Ich bin halt so ganz strikt in dem, was ich für meine Tiere denke und mache und machen würde. Und ein ganz großes Streitthema ist halt Chemo und Bestrahlung beim Tier. Würde ich nicht machen, außer ich habe wirklich eine Chance, es wirklich zu heilen. Aber ich sage den Leuten immer: ›Nur weil ich das nicht mache, heißt das nicht, dass das der richtige Weg ist.‹ Und gerade so bei so einer Krebserkrankung sagen wir den Leuten immer, es gibt die Möglichkeit, heutzutage können sie so viel machen. Und wenn die dann fragen, sage ich dann auch: ›Ich würde es nicht machen. Ich möchte das für mein Tier nicht.‹ Aber es heißt, ich sage immer, es heißt nicht, dass es die richtige Variante ist. Sondern es kann auch richtig sein, dass man sagt: ›Ich möchte aber so eine Chemo. Ich möchte das tatsächlich beim Onkologen vorstellen und einmal gucken.‹ Und das ist aber tatsächlich so, da muss man halt einfach offen sein. Es gibt halt auch tatsächlich-. Ich habe mal eine Kundin verloren, die eigentlich gesagt hat, sie hätte gerne die Vorgängerin wieder, die ganz klar gesagt hat: ›Wir machen jetzt das und das und das.‹ Und ich sage immer: ›Wir können das machen, oder wir können das machen, oder wir können das machen.‹« (D23: 238–252)

Während Befragte, die eine Ausbildung wählen, den konkreten Tätigkeitsbereich erst in Folge der Auseinandersetzung mit den theoretischen und praktischen Ausbildungsinhalten festlegen, steht dieser bei jenen, die ohne eine Ausbildung in eine Selbständigkeit starten schon mit der Entscheidung für eine Arbeit mit Tieren fest. Diese Dienstleister:innen haben frühzeitig vor Augen, was sie mit Tieren (und Kund:innen) tun wollen, und sie haben auch eine klare Vorstellung davon, wie sie ihre Rolle ausüben wollen.

Positionierung am Markt

Die fehlende Standardisierung und Formalisierung der tierbezogenen Dienstleistungen erzeugt einen *hohen Wettbewerbsdruck*. Insbesondere die selbständig Tätigen sind mit der Herausforderung konfrontiert, ihre Leistungen und ihre Expertise auf einem teils unüberschaubaren Angebotsmarkt unter Beweis zu stellen und sich von anderen Anbieter:innen abzuheben. Unser Sample zeichnet aus, dass die Dienstleister:innen ökonomische Ziele einer *konsequenten Orientierung am Tier* unterstellen. Sie wollen Einkommen generieren, jedoch nicht um den Preis, Abstriche in ihren Qualitätsstandards vorzunehmen. Entsprechend versuchen sie, vor allem jene Tierhalter:innen zu adressieren und als Kundschaft zu gewinnen, die ihren eigenen Anspruch an die Dienstleistung, d.h. ihr Tierbild teilt.

»Weil wenn es zwischen, wenn da eine Chemie zwischen uns und den Haltern ist, wenn man eher auf einer Wellenlänge liegt, natürlich nicht überall, aber so in groben Aspekten, dann kommt das der gesamten Zusammenarbeit, und das ist mit Hunden immer eine Zusammenarbeit, einfach zugute. Und damit fühlen wir uns wohler, und das war früher nicht so. Deswegen haben wir unsere Homepage auch drastisch umgebaut. Weil es einfach sehr viele Reibepunkte auch mit einigen Kunden gab. Und letztendlich kracht es dann auch mal. Das hatten wir leider auch. Und am Ende leidet immer der Hund darunter. Und der Hund wird dann, weil die Menschen mit persönlichen Befindlichkeiten nicht umgehen können, wird der Hund letztendlich aus der Gruppe rausgenommen und damit seinem Sozialkreis entzogen. Was natürlich ein Drama ist, was uns dann auch emotional wirklich beschäftigt und anfasst.« (D3_1: 198–208)

Genau jene Kund:innen zu erreichen, die die eigenen Vorstellungen teilen, erweist sich als eine anspruchsvolle Aufgabe. Für die Dienstleister:innen ist aus der Distanz heraus oder bei nur schriftlichen oder telefonischen Kontaktaufnahmen nicht sofort erkennbar, welche Kund:innen zu ihnen ›passen‹ könnten, und auch Kund:innen haben Schwierigkeiten zu identifizieren, welcher Gehalt sich hinter den zahlreichen Zertifizierungen, Berufsbezeichnungen und Abschlüssen von Dienstleister:innen verbirgt. Dies wäre nach Einschätzung der Befragten jedoch eine wichtige Voraussetzung dafür, bei der Kundschaft die Zahlungsbereitschaft zu erhöhen. Bis ein Kundenstamm aufgebaut war, der die Erwartung erfüllte, sind bei vielen Interviewten mehrere Jahre vergangen, bei anderen ist dieser Zustand auch zum Zeitpunkt des Gesprächs noch nicht erreicht. Entsprechend sehen sie eine ihrer Hauptaufgaben darin, *Werbung für die eigene Expertise* zu betreiben (s. bereits 3.2.2).

Um Kundschaft inhaltlich gezielt rekrutieren zu können, müssen sich die Dienstleister:innen mit *gebietsspezifischen Rahmenbedingungen* auseinandersetzen. »Gebiet« ist hier zum einen räumlich, als (a) *lokaler und regionaler Kontext* zu verstehen, aus dem sich Nachfragemärkte und deren Kennzeichen speisen.

»Wir haben wie gesagt bekannte Trainer:innen aus anderen Teilen Deutschlands [...], wo die solche Konzepte, wie wir es haben, ja niemals umsetzen könnten. Man kann in gewissen, gerade ländlicher geprägten Gegenden, da würde man, wie ich schon sagte, als Trainer oder Therapeut zu leben ist fast unmöglich. Da ein regelmäßiges lebenswertes Einkommen mit zu generieren – nahezu unmöglich. Und gleichzeitig wäre auch unser Konzept in vielen anderen Bereichen Deutschlands niemals so, würde niemals so ankommen, dass man davon so leben könnte. [...] Und die sagen uns auch, die Bekannten, so wie wir das machen und so, das würde da nie klappen. Und die konnten auch nicht die Preise nehmen, obwohl die [Bundes-, d.Verf.] Länder nicht arm sind oder so. Sind zum Teil auch sogar wohlhabendere Länder, aber die Leute geben da einfach für Hundebetreuung grundsätzlich nicht so viel aus.« (D3_1: 1381–1396)

Zum anderen ist mit dem »Gebiet« auch der jeweilige (b) *Gegenstand* benannt, um den es in der Dienstleistung geht. Hier erweist sich die Tierart als einflussreich: Ob das Angebot »Betreuung von Tieren« für Hunde oder Papageien angeboten wird, zieht unterschiedliche Anforderungen an die Anbieter:innen nach sich; selbst Tierärzt:innen sind zumeist auf bestimmte Arten fokussiert, müssen jedoch auch Krankheiten von ihnen weniger oder unvertrauten Tieren behandeln, wenn diese in der Praxis auftauchen.

Auf gebietsspezifischen Rahmenbedingungen und Anforderungen reagieren die Dienstleister:innen mit unterschiedlichen *Strategien*. Diese umfassen, neben den vielfältigen Optionen der Werbung, auch die Präsenz in digitalen Kommunikationsmedien und -foren sowie die Spezialisierung auf bestimmte Angebote. Bleibt die Nachfrage dennoch aus, stoßen wir auf die Taktik der Ausweitung des Angebotsspektrums, d.h. es werden Zusatzleistungen aufgenommen, oder es werden Nischen gesucht, für die es noch keine Angebote gibt. Viele Befragte bauen sich darüber hinaus für die Akquise ein Netzwerk an beruflichen Kontakten zur gegenseitigen Weiterempfehlung auf oder sie treten in Kooperationen mit anderen Dienstleister:innen ein, um ein breiteres Angebot abbilden zu können. Bei allen Aktivitäten erweist sich das Ziel als handlungsleitend, mit der *Qualität der Arbeitsweise* zu überzeugen:

»Wenn man ein kleinerer Stall ist, der vielleicht nicht ganz so viel Luxus, in Anführungsstrichen jetzt, für den Reiter bieten kann, muss man aber trotzdem man eine-, wirklich versucht, eine vernünftige Pferdehaltung anzubieten-, ist der Preis dementsprechend hoch. Und in unserer Region, [...] gibt es sehr viele Ställe, und da ist es schwierig, oder es war für uns zu Anfang vor allen Dingen schwierig, einen Preis zu rechtfertigen, wo dann vielleicht viele gesagt haben, ›das ist aber teuer‹. Mittlerweile ist es so, dass es genügend Menschen gibt, die das bezahlen wollen, auch wenn der eigene Luxus etwas geringer ist. Die einen sagen: ›Jawohl, das-, diese ganze Leistung für das Pferd, das rechtfertigt einen gewissen hohen Preisstandard. Wenn ich tagelang gar nicht kommen brauche und ich weiß, mein Pferd immer allerbestens versorgt, ich muss mir darum nichts zu Kopf machen, dann ist mir das ganz, ganz viel wert.‹ Aber das ist ein langer Weg bis dahin, den man dann erst mal geht. Das ist nicht so ganz einfach.« (DI: 793–805)

Den eigenen Qualitätsansprüchen Genüge zu tun, geht für alle Befragten mit einem hohen Zeitaufwand einher und zahlt sich zumeist erst nach längerer Etablierung am Markt aus, wenn ein stabiler Kundenkreis aufgebaut wurde. Ist dieser Zustand einmal erreicht, reduziert sich zwar in der Regel nicht das Arbeitspensum, doch ergeben sich durch die Passung von Selbst- und Fremderwartungen entlastende Effekte und eine hohe Arbeitszufriedenheit.

Realisierung eines Lebensmodells

Die angetroffenen Erwerbs- und Geschäftsmodelle der Dienstleister:innen sind, so unser zentraler Befund, nicht lediglich Formen der Existenzsicherung, sondern zentrale Komponenten und zugleich Voraussetzungen eines *Lebensmodells*. Mit einer Tätigkeit in der tierbezogenen Dienstleistung verwirklichen die Befragten ihren Wunsch, Tieren nah zu sein, mit ihnen zu interagieren und Zeit mit ihnen zu verbringen. Mit der konkreten Tätigkeit sind indes Motivlagen und Aspirationen verknüpft, die eine weitergehende subjektive Bedeutung von Tieren anzeigen:

Zum einen wollen die Befragten möglichst umfassend *für Tiere ›da‹ sein.* Dies betrifft primär die Tiere, die sie privat halten. Die Dienstleistung wird so ausgeübt oder im Rahmen der Selbständigkeit konzipiert, dass sie mit den Erfordernissen einer eigenen Tierhaltung vereinbar ist. Bereits in der Untersuchung der Entscheidung für das Berufsfeld ließ sich erkennen, dass es den Befragten wichtig ist, ihre eigenen Tiere nicht für längere Zeiten allein zu lassen, und dass sie, dies zeigte sich auch in den Interviews mit Halter:innen, in einer bestimmten *Intensität* mit ihnen zusammenleben wollen. Die Tätigkeit wird daher danach ausgesucht und so ausgestaltet, dass man sich von den eigenen Tieren begleiten lassen und sie mitnehmen kann. Dies ist aus Gründen der Praktikabilität nicht bei allen Befragten gegeben, ist aber auch bei jenen eine Ziel- bzw. Wunschvorstellung, die dies (noch) nicht umsetzen können. Für Tiere ›da‹ zu sein, durchzieht als Motiv auch die Umgangsweise mit den in der Dienstleistung versorgten Tieren. Die Befragten nehmen ausufernde Arbeitszeiten oder Arbeit auf Abruf in Kauf, um Tiere zu unterstützen oder zu behandeln, wenn diese akut Hilfe benötigen. Buchhaltung oder Schriftverkehr werden an Wochenenden erledigt, um in der Arbeitswoche mehr Zeit und Ruhe für die tierliche Kundschaft zu haben.

»Wir haben mehrere Flächen bei uns [...], so dass wir die Hunde dann-, also die Gruppen auch immer so zusammen-. Und [Person, d.Verf.] macht ja jeden Abend-, erst mal gibt es einen Wochenplan. In dem Wochenplan werden nicht nur Abholzeiten und Termine eingebracht, sondern die Hunde werden auch schon zusammengestellt. [...] Und dieser Wochenplan wird jeden Abend noch einmal überarbeitet und gilt für den nächsten Tag. Und danach werden dann die Gruppen zusammengestellt. Das ist aber ein wahnsinnig bürokratischer Aufwand, den wir so noch nie von anderen Unternehmen tatsächlich auch mitbekommen haben [...]. So, und das macht viel Arbeit. Ja. Dadurch haben wir aber auch noch nie drastische Beißereien gehabt. Das kommt mal vor. Da gibt es auch mal irgendwo eine Blessur, so was ist nie auszuschließen. Aber in all den Jahren, bei so vielen Hunden, sind wir sehr stolz darauf, dass tatsächlich nie irgendwas wirklich Schlimmes passiert ist.« (D3_2: 114–128)

Zum anderen eröffnet die berufliche Tätigkeit den Befragten Gelegenheit für *weitere Erfahrungen mit Tieren.* Der Großteil der Befragten ist, wie bereits beschrieben, mit Tieren aufgewachsen und hat einen umfassenden Kenntnisstand über Tiere und Kompetenzen in der Interaktion mit ihnen erworben. In der privaten Tierhaltung und so nun auch im beruflichen Umfeld werden diese immer weiter vertieft und erweitert. Sowohl über die Ausbildung oder die selbst zusammengestellten Fortbildungen als auch über die alltägliche berufliche Praxis wird es für die Befragten immer leichter, tierliches Verhalten zu verstehen und tierliche Befindlichkeiten zu diagnostizieren. In der Dienstleistungstriade können die Befragten immer ›neue‹ Tiere erleben und sich in der Interaktion mit Tieren auch selbst immer wieder neu und vor allem ›anders‹ erfahren, als dies in humansozialen Kontexten möglich ist. Hierfür haben sich die selbständigen Dienstleister:innen Orte geschaffen, an denen sich Tiere und auch sie selbst bestmöglich entfalten können.

»Wenn ich gefragt werde, kann das jeder lernen? Dann würde ich sagen, ja, jeder Mensch kann den Umgang mit Pferden lernen, das ist nichts mystisches, da braucht man kein besonderes Talent. Es ist ein relativ überschaubares Handwerk. Aber ob jeder sich im Wald so wohlfühlen würde, (...) das glaube ich nicht. Also man muss nicht dazu geboren sein, aber man muss ein Faible dafür haben, dass es nichts Geileres gibt, als im Herbst als durch den Wald zu streifen, Pilze zu sammeln und die dann mit selbstgezogenen Zwiebeln sich abends zu braten, ein Bier dazu zu trinken und zu sagen ›Was für ein geiles Leben!‹ Und wenn einem das nichts sagt, ich habe wie gesagt Freunde aus [Großstadt, d.Verf.], die kommen zu Besuch und sagen ›Ich könnte in dieser Einöde nicht leben‹, und ich sage dann ›Und ich könnte in deiner [...] [Groß-, d.Verf.]stadt nicht leben, das würde mich wahnsinnig machen.‹ Ich komme dahin, ich trinke gerne mit euch ein Milchkaffee, mache ein Frühstücksbrunch, äh gehe mal durch die Häuserschluchten, gehe abends ins Kino, aber wenn ich dann noch kann, fahre ich lieber zu mir nach Hause und schlafe bei mir im Wald als in der Großstadt mit dem Lärm und mit dem ganzen Zeug.« (D11: 975–987)

Etablierung einer Agenda

Im Verlauf der Ergebnisdarstellung ließ sich wiederholt eine besondere *Tierwohlorientierung* der von uns befragten Dienstleister:innen erkennen. Auch in der Analyse der Erwerbs- und Geschäftsmodelle zeigt sich, dass dem Handeln der Befragten klare Vorstellungen über das ›richtige‹ Verständnis von Tieren und Tier-Mensch-Beziehungen sowie über die ›richtige‹ Umgangsweise mit Tieren zugrundeliegen.

»Ich sage mal, als Pferdehalter ist es notwendig, dass man sich verbessern möchte. Dass man dazulernen möchte. Weil das ist jetzt auch so ein Thema, weswegen eine Freundin und ich uns zusammengetan haben und ab nächsten Frühjahr eine Ausbildung für Pferdehalter, für Pferdebesitzer anbieten. Weil wir einfach gemerkt haben, ganz viele Probleme kann man vermeiden, wenn man als Pferdebesitzer einfach mal mehr Wissen hat und sich nicht mehr nur auf die Fachleute verlässt (...), es ist so vieles vermeidbar. Man kann so viel Schmerzen beim Pferd vermeiden, Probleme vermeiden, wenn man sich selber ein bisschen fortbildet und anfängt, das Pferd zu verstehen und zu sehen.« (D15: 474–490)

»Und letztendlich wir bieten ja wirklich auch eine ganze Menge sehr individuellen Service. Und was viel, deswegen, also viel bieten und dann aber auch ein bisschen fordern, damit das alles so passt, vielleicht auch ein bisschen mehr fordern, aber es soll letztendlich um die Hunde auch gehen, wie gesagt, weil die Hunde leiden sonst nachher darunter, wenn es nicht passt.« (D3_1: 232–235)

Diese Überzeugungen werden nicht lediglich in die Dienstleistungstriade eingebracht, sondern in der Umwerbung des Angebots als *Qualitätsausweis* der eigenen Arbeit eingesetzt und als ein Alleinstellungsmerkmal konzipiert, um sich von anderen Anbieter:innen abzugrenzen. Abhängig von ihrer ökonomischen Lage müssen die Befragten teils Kompromisse eingehen, sie suchen und finden aber immer wieder Wege, um ihre Ansprüche nicht aufgeben zu müssen. Um für Tiere eine bestmögliche Lösung zu finden, werden umfassend Ressourcen wie Zeit, Geld, soziale Kontakte, darüber hinaus aber auch die Marktposition, das erworbene Renommée und das berufliche Netzwerk eingesetzt. Konflikten mit Kund:innen gehen die Dienstleister:innen nicht aus dem Weg, sondern akzeptieren auch ökonomische Einbußen oder nehmen das betroffene Tier selbst auf (s. bereits 3.2.2).

Die beschriebenen Aktivitäten ließen sich als Überhöhung der eigenen Sichtweise oder egoistische Verfolgung von Interessen deuten. In der Zusammenschau der Befunde wird hingegen deutlich, dass zum einen *objektive Gründe* die Reaktionsweise der Befragten untermauern. In vielerlei Hinsicht kann Tierhaltung in Leidenszuständen von Menschen und Tieren münden (s. 3.1), die zu beheben sind. Zum anderen aber, dies scheint uns aufschlussreich, verteidigen die Befragten mit ihren Prinzipien zugleich ihr *Lebensmodell*, das auf eine bestmögliche Entfaltung von Tier (und Mensch) setzt. Das Zusammenleben der Spezies kann ihrer Einschätzung nach nur gelingen, wenn Menschen Tiere in ihrer Andersartigkeit respektieren. Darüber hinaus aber können Menschen, so ihre Überzeugung, nur dann im Zusammenleben mit Tieren zufrieden und glücklich werden, wenn sie die entsprechenden Kompetenzen haben, diesen Zustand aktiv selbst mit herzustellen.

Dass die Dienstleister:innen ihre Vorstellungen vom ›richtigen‹ Leben mit Tieren gleich einer politischen *Agenda* vertreten, ist somit als altruistisches Handeln zu deuten: Die Befragten zielen auf eine Verbesserung der Lebensbedingungen für Tiere, darüber hinaus aber auch für eine Verbreitung eines Lebensmodells, in dem Mensch und Tier eine Gefährtenschaft erlangen. Die Ausgestaltung der Erwerbs- und Geschäftsmodelle ebenso wie die hiermit verbundenen Schwierigkeiten und Belastungen oder auch der Erfolg am Markt lassen sich insofern ursächlich auf diese Zielsetzung zurückführen, die die Dienstleister:innen nicht aufzugeben bereit sind.

3.2.4 Tierbezogene Dienstleistung als Normierung und Verlebendigung

Tierbezogene Dienstleistungsarbeit ist eine triadische, speziesübergreifende Akteurskonstellation, die sich einerseits durch *Handlungsvorgaben* für Haustier und Halter:in sowie *Interventionen* in Haustier-Mensch-Beziehungen auszeichnet, andererseits aber grundlegend auf eine fortwährende *wechselseitige Anpassung* der Beteiligten angewiesen ist:

Die Dienstleister:innen treten mit ausgereiften *Konzepten* in die Triade ein und folgen *Handlungsprämissen*, die sich im Zuge von Aus- und Weiterbildungen, vor allem aber in einer langjährigen praktischen Erfahrung gefestigt haben. Die Befragten sind bereits mit Tieren aufgewachsen oder standen anderweitig in Kontakt zu ihnen. Der Eigensinn der Tiere schreckte sie nicht ab, sondern weckte ihre Neugier und den Drang, Tiere besser zu verstehen. Alles, was sie an Kenntnissen erworben haben, probierten sie an eigenen oder fremden Tieren aus und entwickelten somit immer mehr Expertise im Umgang mit ihnen. Für die Zusammenarbeit mit Tieren bzw. Tier-Mensch-Dyaden legen die Dienstleister:innen nicht nur Rahmenbedingungen, sondern auch verbindliche Interaktionsregeln fest. Damit sich Tiere und Halter:innen in ihre Konzepte einfügen, haben sie kreative Vorgehensweisen entwickelt: Um die Nahbarkeit der Tiere zu befördern, erkunden sie zunächst die physische Konstitution eines Tieres und tarieren aus, welche individuellen Merkmale sie berücksichtigen müssen. Sie bemühen sich, das Tier nicht zu überfordern, dosieren ihre Annäherung und Intervention oder setzen andere Tiere als Mittler ein. Bezogen auf die Halter:innen leisten die Dienstleister:innen vor allem eine Überzeugungsarbeit. Sie informieren ausführlich über ihr Vorgehen, untermauern ihre Expertise und illustrieren den möglichen Ertrag ihrer Arbeit. Vor allem aber eruieren sie Kenntnisstände der Halter:innen und versuchen, deren Bereitschaft zu wecken, bisherige Umgangsweisen mit dem Tier zu hinterfragen und, bei Bedarf, auch vertraute Routinen aufzugeben.

In der Summe zeigt sich, dass die Dienstleister:innen in vielfältiger Weise *normierend* auf die Spezies und ihre Beziehung einwirken. Sie bearbeiten die Tierbilder von Halter:innen, vermitteln einen bestimmten Umgang mit Tieren und ermuntern dazu, neue Interaktionsweisen zwischen den Spezies einzuüben. Dadurch verändern sie nachhaltig die Beziehung zwischen Tier und Mensch und ko-konstituieren den jeweiligen Status von Tieren. Die Dienstleister:innen vertreten in der Triade ihre Überzeugungen zum ›richtigen‹ Umgang mit Tieren mit beachtlicher Vehemenz, und sie wollen ihre Leitlinien berücksichtigt finden und Vorschläge umgesetzt sehen. Um Konflikte und in der Folge ökonomische Nachteile zu vermeiden, präferieren die Befragten eine Kundschaft, die ihre Ansichten teilt und sich ohne allzu großen Aufwand in die Dienstleistungsabläufe einfügt.

Die Dienstleister:innen stehen gleichwohl in einem *Abhängigkeitsverhältnis zu den Halter:innen und ihren Tieren* und sind folglich in mindestens zweierlei Hinsicht selbst zu einer *Anpassung* gezwungen:

Zum einen können sie ihre Konzepte und Vorstellungen nur umsetzen, sofern dadurch ihre Positionierung am *Nachfragemarkt* nicht in einer Weise beeinträchtigt wird, dass das Erwerbs- bzw. Geschäftsmodell in Gänze gefährdet wird. Unsere Untersuchung untermauert, dass Halter:innen, die mit Tieren eine Gefährtenschaft leben, eine anspruchsvolle Kundschaft darstellen. Sie verfügen i.d.R. über langjährige Erfahrungen im Zusammenleben mit Tieren, darüber hinaus aber auch über eine umfassende, durch Bildungsangebote und Recherchen zu wissenschaftlichen Studien fundierte Kenntnisstände. Entsprechend richten sie hohe Erwartungen an die Qualität einer Dienstleistung und bringen eigene Vorstellungen, häufig auch eigene Vorschläge zur Durchführung der Dienstleistung in die Triade ein. Erfüllen Dienstleister:innen diese Erwartungen nicht oder ignorieren Wünsche, wechseln die Halter:innen zu anderen Anbieter:innen, recherchieren in ihren Netzwerken nach Lösungen und/oder probieren selbstentwickelte Lösungsansätze. Zum anderen erweisen sich auch die *Tiere* als *handlungsmächtig*. Um die Dienstleistung erfolgreich durchführen zu können, müssen die Dienstleister:innen Zugang zur Sicht- und Seinsweise der tierlichen Spezies finden und sich mit allen Sinnen und (leib-)körperlich einlassen. Gehen Tiere auf Distanz, verweigern sich oder zeigen aggressives Verhalten, lässt sich dies vor den Halter:innen (und somit der zahlenden Kundschaft) nicht verbergen und kann Ansehen und Ruf der Dienstleister:innen nachhaltig schädigen.

Die Konzepte und Leitlinien der Dienstleister:innen werden somit sowohl von Halter:innen als auch von Tieren ›durchbrochen‹. Für einen Arbeitserfolg sind die Dienstleister:innen daher von Beginn an auf die *Kooperationsbereitschaft und Beiträge von Haustier und Halter:in* angewiesen – und sie müssen, dies ist eine *conditio sine qua non*, Kooperation erzeugen und fortwährend aufrechterhalten. Die tierbezogene Dienstleistung ist dabei zu begreifen als eine *kooperative Leistung aller Involvierten* und zeichnet sich durch wechselseitige Beeinflussungen und Anpassungen aus, d.h. die Dienstleister:innen müssen ggf. von ursprünglichen Zielsetzungen Abstand nehmen bzw. diese lockern. Vergleiche zu humanen Dienstleistungsinteraktionen oder -triaden stoßen gleichwohl an Grenzen. Kernelement und zugleich Gelingensbedingung tierbezogener Dienstleistungen ist die Bereitschaft und Fähigkeit der Dienstleister:innen, eine *Verständigung der Spezies herzustellen*: zwischen Tier und Halter:in sowie zwischen Tieren und sich selbst. Die Befragten haben sich an die Rezeptions- und Kommunikationsweisen von Tieren angepasst und Kommunikations- und Interaktionsweisen habitualisiert, die ihnen Zugang zu ihnen verschaffen. Hierzu zählt eine besondere Aufmerksamkeit für die Welt, die ihnen dazu verhilft, die für ein Tier potenziellen Angst-, Gefahren- oder Attraktionsquellen zu antizipieren. Die Dienstleister:innen reflektieren nicht nur die Wahrnehmungsweisen der Tiere, sondern sie lassen sich auf deren Seinsweisen ein und nehmen andere Wesen und Dinge ›wie ein Tier‹ wahr. Sie aktivieren jene Seiten und Facetten an sich, in denen sie sich Tieren verwandt fühlen, und zielen darauf, Halter:innen so aufzuklären, dass auch sie tierliche Perspektiven verstehen und idealiter zu teilen lernen.

Die Rekonstruktion der Lebensläufe und beruflichen Werdegänge lieferte Einblick in die Genese der Prämissen und Konzepte, die dem Handeln der Dienstleister:innen zugrunde liegen, und legte zugleich deren *inhaltliche Ausrichtung* frei. In den Tierbildern, vor allem aber in den untersuchten Arbeitspraktiken lässt sich erkennen, dass sich die Dienstleister:innen einem übergeordneten *Tierwohl* verpflichtet sehen. Sie wollen dazu beitragen, die physische Unversehrtheit des Tieres und seine artgerechte Haltung sicherzustellen, verfolgen darüber hinaus aber weitergehende Ziele: Sie wollen Tiere in ihrer *Entfaltung fördern*, unterstützen und in ihrer *Handlungsmächtigkeit stärken*. Dieses Anliegen erklärt sich maßgeblich aus den langjährigen Haltungsgeschichten der Dienstleister:innen. Tiere stellen, teils seit der Geburt, eine zentrale Konstante im Leben der Befragten dar. Das Zusammenleben und -arbeiten mit ihnen wird als sinnstiftend und erfüllend bewertet. Ein Leben ohne Tiere, zu denen sie sich verbunden fühlen, ist für sie nicht vorstellbar. In der Analyse der Lebensläufe stoßen wir auf eine *Intensivierung und Ausweitung des Lebens mit Tieren*: Tiere sind zunächst als eigene Tiere und tierliche Individuen bedeutsam; es folgen Bildungsaktivitäten, um mehr Wissen über Tiere im Allgemeinen zu generieren; schließlich kommt es zum Einstieg oder dem Wechsel in die tierbezogene Dienstleistung, zumeist begleitet von weiteren privaten Tieranschaffungen, bevorzugt als Aufnahme bedürftiger Tiere. Resultat ist ein in allen Facetten mit Tieren ausgefülltes Leben, in dessen Verlauf sich Überzeugungen zu ›richtigen‹ Bezugnahmen auf Tiere fortwährend festigen.

Die inhaltlichen Zielsetzungen liefern eine Erklärung dafür, warum die Dienstleister:innen eine prekäre Erwerbslage akzeptieren, sich auch ohne Bezahlung um Tiere kümmern oder diese aufnehmen, wenn Halter:innen überfordert sind, Tiere vernachlässigen oder ihnen schaden. Auch ihre Bereitschaft, sich umfassend auf die Sichtweisen und Wünsche von Halter:innen einzulassen, steht hiermit in Zusammenhang: Ihre Auftraggeber:innen zu schulen und zu sensibilisieren, verschafft den Dienstleister:innen nicht nur komplikations- und konfliktfreie Arbeitsabläufe, sondern fördert auch das Tierwohl. Um Menschen, diese Facette bleibt in der Forschung zur Haustierhaltung zumeist unterbelichtet, vor Tieren zu schützen, vor allem aber Tieren zu ihrer Entfaltung zu verhelfen, statten sie Halter:innen mit einem umfangreichen Wissen über eine Tierart aus und befähigen sie dazu, ihr Tier zu verstehen und sich auf seine Seins- und Sichtweise einzulassen. Sie tragen somit zu einer veränderten Selbst- und Tierwahrnehmung von Halter:innen bei und befördern dadurch deren Neupositionierung zur Mitwelt. Indem sie derartige Zugänge zu anderen Wesen und neue Selbsterfahrungen ermöglichen und das wechselseitige Sich-Einlassen und -Anpassen unterstützen, *verlebendigen* die Dienstleister:innen über ihre Eingriffe nicht nur Tiere, sondern auch Menschen und Tier-Mensch-Beziehungen. Sie schaffen die Grundlage dafür, dass Tier und Mensch eine *Gefährtenschaft* erlangen und aufrechterhalten können. Die identifizierten normierenden Praktiken der Dienstleister:innen zielen insofern nicht auf eine Ent-, sondern *Ermächtigung von Tier und Mensch.* Normierung und Verlebendigung sind folglich nicht als Gegenpole zu begreifen, sondern sie bedingen sich wechselseitig.

4. Synthese: das Interspeziespaar als Lebensform

Erinnern wir uns an die Einleitung dieses Buches, in der wir auf den in der Londoner Downing Street 10 residierenden Kater Larry zu sprechen kamen und auf dessen unklaren Status hinwiesen. Ist er, um mögliche Klassifikationen aufzurufen, ein Nutz- und Schautier, das Mäuse fernhält und Journalist:innen ebenso wie Politiker:innen belustigt? Oder wird er, zumindest phasenweise, für Menschen zu einem geliebten Gefährten? Der Fall »Larry« war insofern ein geeigneter Ausgangspunkt für unser Vorhaben, um genauer und auf der Basis empirischer Daten zu erkunden, wie und warum Tiere für Menschen so bedeutsam werden, dass sie, vergleichbar zu engsten menschlichen Beziehungen, als wichtige Begleiter:innen im Leben fungieren. In den letzten Jahrzehnten, so fuhren wir in der Argumentation fort, hat in Deutschland und vielen anderen Ländern die private Tierhaltung an Verbreitung gewonnen, wurde jedoch seitens der sozialwissenschaftlichen Forschung noch nicht umfänglich ausgeleuchtet. Mit dem hier vorgelegten Projektbericht verbinden wir folglich die Hoffnung, einen Beitrag dazu geleistet zu haben, sowohl über die Motive als auch die konkreten Effekte des Zusammenlebens der Spezies aufzuklären.

Um die einzelnen Befunde zu einer abschließenden Synthese zusammenzuführen, rekapitulieren wir zunächst einige zentrale Einsichten aus den jeweiligen Erhebungsbausteinen:

Die Beobachtungen und Befragungen im Bereich der **Haustierhaltung** waren darauf ausgerichtet, nicht einzelne, im Diskurs dominierende Arten von Tieren zu priorisieren, sondern eine Bandbreite unterschiedlicher Spezies abzubilden. Es wurde berücksichtigt, dass sich Tier-Mensch-Beziehungen in Phasen entwickeln und verändern können, und dass das Alter von Tier und Mensch, der Lebensort oder auch die Anzahl der anwesenden Spezies einflussreich auf die konkrete Ausgestaltung des Zusammenlebens sein können. Bereits im ersten Zugang zum Feld zeigte sich, dass Tiere eine hohe Präsenz haben: Sie treten früh in den *Lebensläufen* der Befragten in Erscheinung, und die *alltägliche Lebensführung* ist in vielerlei Hinsicht auf Tiere ausgerichtet. Letzteres betrifft die *räumliche Dimensi-*

on, wie etwa Wohnort und -ausstattung, darüber hinaus aber auch die *zeitliche, soziale und inhaltliche Strukturierung und Ausrichtung des Lebens*. Mit der Anschaffung eines Tieres werden Tages- und Wochenabläufe verändert, bestimmte Menschen kontaktiert oder gemieden und andere Dinge getan als zuvor. Auffällig ist eine *Steigerungslogik*: Mit Dauer des Zusammenlebens nehmen Ausmaß und Reichweite der Veränderungen zu; erkennbar ist zudem eine Tendenz zur Mehrfachtierhaltung.

Der Fokus des Projekts richtete sich nicht auf die Untersuchung von Haustierhaltung im Allgemeinen, sondern auf jenes Zusammenleben, in dem Tiere einen besonderen, exklusiven Status erlangen. Wir haben *drei Beziehungsmuster* identifiziert, anhand derer sich erhellen lässt, welche Prozesse einem solchen Status zugrunde liegen, und welche *Funktionsmerkmale* eine *Gefährtenschaft* zwischen Tier und Mensch aufweist:

Im Muster »*Gemeinschaft*« haben Tiere einen Status als Familie und Freund:innen inne. Die Beziehungen sind von einer holistischen Nähe und Intimität gekennzeichnet. Die Spezies teilen das Gewöhnliche, den Alltag miteinander. Wie auch im öffentlichen Diskurs verbreitet, zogen viele Befragte in den Schilderungen dieses Zusammenlebens Vergleiche zu einem Leben mit Kindern. Diese Äußerungen sind jedoch nicht, wie es häufig passiert, als Praxis einer Gleichsetzung der Spezies oder Kompensationshandlung fehlzudeuten. Vielmehr werden Tiere gerade in und aufgrund ihrer Andersartigkeit anerkannt und geschätzt. Die Rede von Tieren als Kindersatz erweist sich als Metapher, um eine Nähe und Innigkeit zum Ausdruck zu bringen, für die alternative sprachliche Angebote fehlen. Tier und Mensch bilden in diesem Muster eine homogene Einheit, und die Halter:innen nehmen weitreichende Anpassungen ihrer Lebensgestaltung vor, um Tieren (in möglichst großem zeitlichen Umfang) nah zu sein. Nach außen grenzen diese Befragten sich (und ihre Tiere) sowohl räumlich als auch sozial ab; sie kreieren einen Privatraum. Voraussetzung dieses Beziehungsmusters ist ein Tier, das sich seinerseits einlässt und nicht allzu eigenständig ist. Mensch und Tier passen sich je wechselseitig an.

Im Muster »*Aktivität*« teilen Tier und Mensch besondere Erlebnisse miteinander. Die Aktivitäten werden von den Halter:innen initiiert, jedoch erst im gemeinsamen Tun zu einem Erlebnis. Es spannen sich gemeinsame und geteilte Zugänge zur Welt auf, wenn die Spezies als Team die Umgebung erkunden und ihr Leistungsvermögen ausprobieren. Der Tierkörper wird hierbei zum Medium der menschlichen Wahrnehmung: Die Halter:innen lassen sich nicht nur umfassend auf die tierlichen Wahrnehmungsweisen ein, sondern sie folgen diesen und verändern dadurch ihre eigene Wahrnehmung und schließlich auch ihre Handlungsweise. Diese Tier-Werdung setzt eine intensive körperliche Kommunikation und besondere Sensibilität für die Befindlichkeiten des Tieres voraus, da nur so eine gemeinsame Leistungsfähigkeit sichergestellt ist und geplante Erlebnisse realisierbar sind. In der Aktivität werden Tiere als Tiere identifiziert und anerkannt. Die Halter:innen nehmen weitreichende Anpassungen an das Tier vor und legen die gemeinsam zu erkundende Umgebung oder Aufgaben so fest, dass sich das Tier gut entfalten kann. Tiere indes müssen sich als körperlich geeignet und begeisterungsfähig für Erlebnisse erweisen. Dies wird durch Training oder Coaching hergestellt; die Halter:innen formen den tierlichen Körper. Tier und Mensch teilen Herausforderungen miteinander.

Das Muster »*Sorge*« zeichnet sich durch ein geteiltes Leid aus. Tiere sind pflege- und zuwendungsbedürftig. Die Halter:innen haben eine Sorgepraxis habitualisiert, in der sie eigene Bedürfnisse den Erfordernissen der Tierversorgung weitgehend unterordnen; die Verfügbarkeit und ›Rufbereitschaft‹ für potenzielle Notfälle ist hoch. Nicht Entbehrung, sondern Glück ist die zentrale Erfahrung: Die Genesung von Tieren und die Verbesserung ihrer Konstitution mitzuerleben, erfüllt die Befragten mit großer Freude und Zufriedenheit. Tiere darin zu unterstützen, mit ihren Einschränkungen zurechtzukommen, erweist sich als identitätsstiftender Kern der Bezugnahme. Ihre (und andere) Tiere beschreiben die Halter:innen als grundsätzlich vulnerable und hilflose Wesen, die ihr Leid nicht selbst verschuldet haben. Tiere werden, explizit in Kontrastierung zu Menschen, als fühlende, empathische Wesen gesehen, die glücklich machen. Nicht Nähe, sondern Distanz ist hierbei ein essentielles Merkmal: Damit Tiere ungestört leben und sich bestmöglich entfalten können, richten ihnen die Halter:innen eigene Habitate ein und beschauen sie ›von außen‹. Kennzeichnend sind Mehrfachtierhaltung, verstetigte Wechsel und entsprechend eher kurzfristige Beziehungen, d.h. folglich ein wiederholtes Erleben des Übergangs von Leid zu Freude. Tier und Mensch erfahren eine Verlebendigung.

Wer mit Tieren zusammenlebt oder sich wissenschaftlich mit Tier-Mensch-Beziehungen befasst, mag den Befund, dass wir auf Gemeinschaft, Aktivität und Sorge als Beziehungsmuster gestoßen sind, nicht überraschend finden. Was sich hinter diesen häufig aufgerufenen ›Großbegriffen‹ verbirgt, war bislang jedoch weitgehend ungeklärt. Die Fallrekonstruktionen erhellen insofern, wie und unter welchen Voraussetzungen diese Akzentuierungen und Muster entstehen, vor allem aber ließen sich zentrale *Indikatoren* identifizieren:

Das jeweilige Beziehungsmuster lässt sich zurückführen auf das (a) *Tierbild* der Befragten. Dieses umfasst Ideen und Vorstellungen von Halter:innen davon, wie ein Tier ›ist‹, was es wünscht oder braucht. Tierbilder geben insofern auch Aufschluss über Erwartungen an Tiere, sind gleichwohl aber kein rein humanes Produkt. In ihnen spiegelt sich, wie Menschen mit Tieren interagieren, d.h. das menschliche Bild vom Tier wird vom Tier mitbeeinflusst. Des Weiteren erweist sich ein (b) *Affizierungsgeschehen* als einflussreich. Hiermit ist die non-verbale, (leib-)körperliche Ebene der Interaktion der Spezies angesprochen. Mittels Aktion und Reaktion findet ein gemeinsames Werden und Verändern statt. Schließlich erweist sich die (c) *räumliche Ordnung* als eine weitere entscheidende Komponente. Tieren werden Plätze und Bewegungsradien zugewiesen, zugleich aber fordern sie diese auch ein. Die räumliche Ordnung ist insofern gleichermaßen Voraussetzung wie Produkt einer bestimmten Bezugnahme auf Tiere und dokumentiert ein Nähe-/Distanz-Verhältnis der Spezies.

Die drei genannten Themenkomplexe sind nicht beliebige, sondern die aus unserer Sicht konstitutiven Komponenten, über die sich *Qualitäten von Tier-Mensch-Beziehungen* zum einen erschließen, zum anderen auch unterscheiden lassen. Teilt man das Anliegen, unterschiedliche Seins- und Existenzweisen nicht essentialistisch, sondern als nur graduell verschieden zu begreifen, lassen sich entlang der Dimensionen zudem Tier-Mensch-Beziehungen als *Relationen* sichtbar machen. Dabei wurde zugleich deutlich, wie weitreichend die Anpassungen der Menschen sind, damit das Zusammenleben mit einem Tier möglich wird. Anhand der Beziehungsmuster Gemeinschaft, Aktivität und Sorge ist ersichtlich, welche *Zielsetzungen und Wünsche* Menschen mit der Haltung eines Tieres verbinden, doch zeigte sich auch, dass sie je anteilig gelebt werden müssen, wenn aus einer Beziehung eine *Gefährtenschaft* entstehen soll: Tiere bringen ihre eigene Konstitution, Agency und potenzielle Widerständigkeit in die Beziehung ein, und sie verändern sich im Verlauf der Haltungsgeschichte. Ignorieren Halter:innen dies oder beharren auf eigenen Zielen, misslingt Gefährtenschaft bzw. sie etabliert sich erst gar nicht. Gefährtenschaft ist insofern zu verstehen als ein *fortwährendes wechselseitiges und dialogisches Einlassen und Verändern* der Spezies. Die hier vorgestellte Forschung untermauert damit Haraways Analyse, dass Tier-Mensch-Beziehungen auf einem Prozess des »becoming with« (Haraway 2003) basieren, konnte darüberhinausgehend aber auch konkretisieren, was diesen auszeichnet.

Eine Perspektiverweiterung ergab sich durch die Befragung von **Dienstleister:innen**. Wir wollten herausfinden, wie sie mit Haustier und Halter:in umgehen, und inwiefern sie Einfluss auf die Beziehung zwischen beiden nehmen. Hierfür haben wir Anbieter:innen interviewt und begleitet, die über die Präsentation und Umwerbung ihrer Dienstleistung vermuten ließen, dass auch sie Tiere als Gefährt:innen konzipieren und den Ablauf ihrer Dienstleistung hierauf ausrichten. Schon im Zugang zum Feld fiel auf, dass fast alle potenziellen und gewählten Interviewpartner:innen auch Tiere halten. Damit war ein Hinweis darauf gegeben, dass private und berufliche Bezugnahmen auf Tiere in Zusammenhang stehen könnten. War zunächst geplant, die Interviews zu nutzen, um Vorgehensweise und Interventionen der Dienstleister:innen zu analysieren, wurde die Erhebung und Auswertung des Materials umfassender angelegt und auf eine weitere Lebensgestaltung mit Tieren ausgedehnt: auf das *Leben und Arbeiten mit Tieren*.

Die Lebensläufe und beruflichen Werdegänge der Dienstleister:innen dokumentieren, dass Tiere schon zu einem frühen biographischen Zeitpunkt relevant wurden. Fast alle Befragten sind mit Tieren aufgewachsen, fühlen sich eng mit ihnen verbunden und konzipieren sie vergleichbar zu Eltern und Geschwistern als selbstverständlichen *Teil ihrer Herkunftsfamilie*. Viele standen bereits als Kinder und Jugendliche in Kontakt auch zu fremden Tieren, die man mitversorgte, oder deren Halter:innen man beriet. In der Familie wurden kooperative Praxen des Umgangs mit Tieren entwickelt und habitualisiert. Man teilte sich Aufgaben; Wissen wurde von Eltern und Großeltern übernommen. Schon in jungen Jahren verfügten die Befragten daher über besondere Fähigkeiten und (leib-)körperliche Routinen in der Kommunikation mit Tieren. Sie haben gelernt, sich in Tiere hineinzuversetzen und sich auf deren Wahrnehmungsweisen einzulassen. Tieren ist, so unser Fazit, ein sozialisatorischer Effekt zuzurechnen, und sie sind einflussreich für Lebensentwürfe und -entscheidungen. Die Berufswahl der Befragten lässt sich auf die Präsenz und den Einfluss von Tieren zurückführen, ist jedoch nicht exklusiv an das Aufwachsen mit ihnen gebunden. Befund ist, dass auch ein Affizierungsgeschehen während zufälliger, punktueller Begegnungen mit Tieren zu einer Entscheidung für ein Leben und Arbeiten mit ihnen veranlassen kann.

Tierbilder, Umgangsweisen mit Tieren und wechselseitiges Affizierungsgeschehen lassen *Parallelen zu den Halter:innen* erkennen. Die Gruppen teilen eine ausgeprägte Orientierung am Tierwohl miteinander, und beide wollen Tiere zur Entfaltung bringen. Sie lassen sich gleichermaßen auf tierliche Wahrnehmungsweisen ein, folgen diesen und verändern sich dadurch letztlich selbst. Gleichwohl ergibt sich ein bedeutender Unterschied: Während die Halter:innen in der privaten Tierhaltung verweilen, dokumentieren die Lebensläufe der Dienstleister:innen eine *Dynamisierung und Steigerung der Hinwendung zu Tieren*: Tiere werden im Lebenslauf (qualitativ und quantitativ) immer präsenter und einflussreicher bis schließlich die Entscheidung getroffen wird, sich auch beruflich mit ihnen zu befassen und in diesen Tätigkeitsbereich zu wechseln. Ergebnis ist ein Leben, dass vollumfänglich mit Tieren verbracht wird. Der Wunsch nach einer besseren Vereinbarkeit von Beruf und privater Tierhaltung ist hier einflussreich, vor allem aber suchen die Befragten Nähe zu Tieren und intensiveren Austausch mit ihnen. Weniger das konkrete Tier, denn Tiere als Tiere erzeugen diese Attraktion, die durch fremde Tiere sogar noch verstärkt wird. Die Arbeit mit diesen Unbekannten öffnet den Dienstleister:innen einen Erfahrungsraum, den die eigenen, vertrauten Tiere nicht (mehr) in derselben Weise bieten. Ein fremdes Tier in seiner Veränderung zu begleiten, bedeutet für sie, das Tier, sich selbst und die Welt mit neuen Augen sehen und erleben zu können.

Die Auswertung der Interviews hat einen umfassenden Einblick in die Motivlagen, vor allem aber die konkrete Arbeitsweise der Dienstleister:innen gegeben. Es ließ sich systematisieren, wie sie sich auf Tiere und Halter:innen beziehen, und inwiefern sie die Beziehung beider bearbeiten. Damit ist es gelungen, die Funktionsweise von Dienstleistungstriaden sowie ihre sozialen Effekte zu erhellen. Festzuhalten ist an dieser Stelle mindestens Dreierlei: Erstens erweisen sich Tiere als einflussreich, in dem sie die Dienstleister:innen dazu veranlasst haben, nicht nur ihr privates, sondern auch ihr berufliches Leben mit ihnen zu teilen. Diese Entscheidung geht in vielen Fällen mit einer Prekarisierung der Erwerbslage einher, was jedoch bereitwillig in Kauf genommen wird. Zweitens setzen sich die Dienstleister:innen, teils vehement und rigoros, für Prinzipien wie Artgerechtigkeit und Tierwohl ein. Ihre konkreten Interventionen zielen darauf, Halter:innen dahingehend zu beeinflussen, ihren Grundsätzen zu folgen. Dies geschieht primär, indem sie diese befähigen, sich in Tiere hineinzuversetzen und mit ihnen zu kommunizieren. Dadurch tragen die Dienstleister:innen dazu bei, dass sich zwischen Tieren und Menschen Gefährtenbeziehungen entwickeln können. Drittens sichern die Dienstleister:innen mit ihrer Vorgehensweise ihre eigene Seinsweise ab. Ihr auf Tiere ausgerichtetes Lebensmodell setzt voraus, dass sich Tiere so entfalten können, dass sie als affizierungsfähige Wesen erfahrbar sind und Zugänge zur Mitwelt eröffnen.

In der Zusammenschau der Befunde zeigt sich: Die Gefährtenschaft von Mensch und Tier ist ein voraussetzungsvolles Unterfangen. Tiere, so unser Fazit, erlangen ihren exklusiven Status durch Menschen, die sie in einen solchen ›versetzen‹. So wichtig die zahlreichen Verweise auf biologische Ursachen der Attraktion von Tieren und der »Seelenverwandtschaft« (Kotrschal 2017) zwischen den Spezies sind, so stehen dem die *sozialen Mechanismen* kaum nach: Gefährtenschaft basiert auf einer kooperativen Herstellungsleistung von Mensch und Tier. Bereits vor der Tieranschaffung beginnen Praxen des Klassifizierens von Tieren, wenn Menschen diese qua Rasse oder Lebensgeschichte als passend zu den an sie gerichteten Erwartungen einschätzen und davon ausgehen, mit ihnen in Gemeinschaft leben, aktiv sein oder sich um sie kümmern zu können. Tiere verfügen, wie wir gezeigt haben, über eine umfassende Agency in diesem Prozess, werden aber auch, teils unter Hinzuziehung von Dienstleister:innen, erzogen, körperlich geformt, trainiert usw., damit sie den Vorstellungen von Menschen entsprechen. Gefährtenschaft zeichnet gleichwohl aus, dass Menschen eine Widerständigkeit der Tiere nicht nur akzeptieren, sondern auch anerkennen, bisweilen befördern und, dies ist entscheidend, sich entsprechend anpassen und selbst verändern. Im Zusammenleben und -arbeiten von Menschen und Tieren vollzieht sich ein wechselseitiges Einlassen aufeinander, das in einer *Transformation der Beteiligten* mündet. Im Zuge der Tieranschaffung und -haltung werden der humane Tagesablauf und die Lebensgestaltung abgewandelt, Routinen irritiert und modifiziert oder Handlungsmotivationen und -ziele verschoben bzw. ausgetauscht. Gefährtenschaft jedoch bedeutet, dass hierdurch Verbindlichkeiten entstehen und sich Selbst- und Fremdwahrnehmungen sowie Welterfahrungen und -zugänge verändern. Dies erfolgt im fortwährenden Dialog zwischen Tier und Mensch und unter Anpassungsleistungen auch seitens des Tieres. Zwischen Tier und Mensch vollzieht sich eine *Paarbildung* (s. hierzu grundlegend Kaufmann 1995 [1992]; Lenz 1998). Es entsteht eine *speziesübergreifende Seinsweise*, ein **Interspeziespaar**.

In Anbetracht der präsentierten Befunde gelangen wir zu der Schlussfolgerung, dass es sich bei Tierhaltung und Tierdienstleistung um **Lebensformen** handelt bzw. handeln kann. In der Biologie dient dieser Begriff dazu, eine Unterscheidung und Unterteilung verschiedener lebender Organismen vorzunehmen (Toepfer 2011). Die Sozialwissenschaften hingegen betrachten mit Lebensformen zwar ebenfalls Verschiedenes, allerdings innerhalb eines, biologisch betrachtet, homogenen Gefüges: dem Zusammenleben von Menschen. Sozialwissenschaftliche Forschung ebenso wie die amtliche Statistik ›sortieren‹ die Bevölkerung entlang der »sozialen Beziehungen zwischen den Mitgliedern eines Haushalts« (Statistisches Bundesamt 2024). Sie unterscheiden nach Anzahl, Generationendifferenzierung und Formalisierungsgrad der in Haushalten anzutreffenden Beziehungen und weisen dann z.B. einen Status als »alleinlebend«, »Ehepaar« oder »Familie« aus. Damit klassifizieren sie Menschen und Beziehungen.[1] Solche Unterteilungen sind insofern folgenreich, da sie gesellschaftliche Realitäten abzubilden beanspruchen und politische Akteur:innen Handlungserfordernisse aus ihnen ableiten. Was nicht erfasst wird, wie etwa das Zusammenleben mit Tieren, bleibt hingegen unsichtbar. Die hier präsentierten Forschungsbefunde geben jedoch in vielerlei Hinsicht Anlass dazu, diesen Umstand zu problematisieren:

Tiere in der amtlichen Statistik abzubilden und systematisch aufzuzeigen, mit welchen und wie vielen Tieren in einem Haushalt gelebt wird, erweitert das Verständnis von Gesellschaft. Auf der Basis von Daten zur Verbreitung und Ausgestaltung der Tierhaltung ließe sich einschätzen, inwiefern sich Gestaltungsbedarfe hinsichtlich der **Lebensbedingungen** der hier Involvierten ergeben. Zu den Befunden unserer Studie zählt, dass alle Befragten, Tierhalter:innen und Dienstleister:innen, die Gestaltung von Wohnorten und die konkreten Wohnraumangebote als häufig unpassend für ein Zusammenleben mit Tieren bewerten. Sie pro-

1 Während wir hier mit Begriff »Lebensform« dem in der Familiensoziologie gängigen Verständnis folgen, lassen sich darunter auch allgemeiner »Sets oder Ensembles von Praktiken« begreifen, die sich »aufeinander beziehen und sich wechselseitig informieren« (Jaeggi 2018: 349). Auch diese Lesart lässt sich, wie wir an anderer Stelle zeigen werden, für unsere Befunde fruchtbar machen.

blematisieren, dass infrastrukturelle Angebote wie medizinische Beratung und Hilfestellung oder Unterstützung bei der Versorgung (wohnortabhängig) fehlen, und dass viele Dienstleistungen auf bestimmte Arten von Tieren spezialisiert sind oder für diese exklusiv angeboten werden. Sie sehen sich mit einer Gesellschaft konfrontiert, in der viele Bereiche für Tiere (und entsprechend auch für sie selbst) versperrt sind. Dies betrifft vor allem die Erwerbssphäre, in der eine Mitnahme von Tieren i.d.R. nicht erlaubt wird oder nicht praktikabel ist. Die Parallelen zur Problematik der Vereinbarkeit von Beruf und Sorgearbeit, vor der Erwerbstätige mit Kindern oder pflegebedürftigen Angehörigen (also andere Lebensformen) stehen (s. Jürgens 2018, 2022), sind offensichtlich. Wer als Halter:in krank wird oder aus Altersgründen die eigene Wohnung aufgeben muss, hat, wie auch das betroffene Tier, eine erzwungene, dann oftmals endgültige Trennung zu bewältigen. Die Infrastrukturentwicklung hat mit der Expansion der privaten Tierhaltung nicht Schritt gehalten. Die von uns beschriebenen tierbezogenen Lebens- und Arbeitsweisen liefern insofern nicht nur Dienstleister:innen wichtige Hinweise, sondern vor allem gesellschaftspolitischen Akteur:innen. Die Befunde legen nahe, **gesellschaftliche Daseinsvorsorge** um die Perspektive auf die private Tierhaltung, konkret: die Belange von Interspeziespaaren, zu erweitern.

Zu beachten ist: Nicht jede Haustierhaltung ist eine Gefährtenschaft. In Analogie zur Analyseperspektive für humane Lebensformen lassen sich folglich in tierhaltenden Haushalten entweder Tier-Mensch-Beziehungen oder Interspeziespaare antreffen. Für eine Bewertung, um welche der Varianten es sich handelt, ist nicht die bloße Anzahl der anwesenden Menschen und Tiere, sondern die *Qualität* der sich etablierten Beziehungen ausschlaggebend. Ein Interspeziespaar ist, wie nun ausführlich dargelegt wurde, als *eine von Tier und Mensch konstituierte Gefährtenschaft* von anderen Beziehungen zu unterscheiden. In Forschung und Statistik, dies ist für humane Lebensformen nicht anders, kann also zwischen einer Erfassung rein quantitativer oder qualitativer Aspekte gewechselt werden.

Die besondere Qualität der Lebensform »Interspeziespaar« induziert **sozialstrukturelle Effekte**. Die vorgestellten Beziehungsmuster gehen mit Dynamiken der *Annäherung oder Abgrenzung gegenüber der Mitwelt* einher, welche in Positionierungen innerhalb ebenso wie außerhalb des Haushalts erkennbar sind: Innerhalb des Haushalts stießen wir z.B. in der Mehrfachtierhaltung auf klare Unterscheidungen entlang von konkreten Tierindividuen, etwa als Bevorzugungen einzelner Tiere oder exklusive Umgangsweisen mit ihnen. Abgrenzungen in den Außenbezügen zeigen sich z.B. in Zusammenhang zu besonderen Wahrnehmungsweisen von Tieren und Tierbildern. Diese führen zu Überzeugungen zum ›richtigen‹ Umgang mit Tieren und folglich zu Solidarisierungen mit jenen, die die eigene Sicht teilen, seien es Halter:innen oder Dienstleister:innen. Hier entstehen Communities, in denen sich Gleichgesinnte treffen, austauschen, unterstützen und weitere Inspiration für ihr Leben mit Tieren erhalten – sich von Andersdenkenden indes fernhalten. Die Tragweite dieser Abgrenzung dokumentiert sich insbesondere in den skizzierten Extremen wie der Verlagerung des Lebensortes jenseits anderer Humanzivilisation oder den Berufs- und Partnerwechseln, sie zeigt sich in abgeschwächten Varianten aber auch in der Breite. Tier-Mensch-Beziehungen stehen somit in Zusammenhang zu Dynamiken *sozialer Schließung* und *Milieubildung* (s. als Überblick z.B. Grundmann 2014).

Die Gefährtenschaft von Tier und Mensch als eine Lebensform unter anderen zu begreifen, bedeutet anzuerkennen, dass Menschen eine Relevanzsetzung vornehmen, mit welchen lebendigen Wesen sie ihr Leben, in enger Bindung und Verbindlichkeit, teilen wollen. Die Interviews dokumentieren in eindrucksvoller Weise, welche u.a. ökonomischen und sozialen Kosten die Befragten in Kauf nehmen, um ihre Gefährtenschaft mit Tieren aufrechtzuerhalten. Sie weisen diesen Einsatz weder als Belastung noch als Verzicht aus, vielmehr können sie sich ein Leben ohne Tiere schlicht nicht mehr vorstellen. Habitus und Identität sind mit der Präsenz von Tieren verknüpft. Der Befund, dass diese Lebensform für die Befragten alternativlos ist, zeigt an, dass sich die Lebensform Interspeziespaar durch Qualitäten auszeichnet, die andere Lebensformen oder Weltbezüge nicht bereithalten. *Menschen geben mit Tieren ihrem Leben eine Form*, die sich für sie offenkundig weder mit sorgebedürftigen Angehörigen, einem Garten oder einem Naturschutzprojekt erreichen lässt.[2] Die Triebfeder hierfür identifizieren wir in der Konstitution von Tieren als lebendige und für die Menschen dauerhaft präsente Wesen. Diese leben im Hier und Jetzt und erzeugen dadurch einen *Gegenwartsbezug*; vor allem stellen sie eigene Weltbezüge her und lassen, wie wir umfassend dargelegt haben, ihre Halter:innen hieran teilhaben. Auch anderen Menschen oder Pflanzen wohnt dieses Vermögen inne, doch in anderer Weise, weil Menschen und Pflanzen keine Tiere *sind*. Menschen werden durch das Zusammenleben mit Tieren anders, als wenn sie ihr Leben mit Menschen, Pflanzen oder technischen Wesen teilen.

Geht mit einer mit Tieren geteilten Gefährtenschaft einher, dass Menschen der Wahrnehmung von Tieren folgen und sich in ihrem Denken und Handeln auf tierliche Belange und tierliche Wahrnehmungsweisen einlassen, ist dieser Befund hinsichtlich der Debatten um eine *»mehr-als-menschliche« Forschung* (s. Kap. 2.1.5.4) auszudeuten und auch für politische Debatten über **Nachhaltigkeit** instruktiv: Die vorgefundenen Lebens- und Arbeitsmodelle der Halter:innen

2 Ein Verständnis des Begriffs »Lebensform«, in dem die Frage der Formgebung des (eigenen) Lebens im Vordergrund steht, findet sich auch im Werk von Giorgio Agamben (s. dazu überblicksweise Mönkeberg 2023).

und Dienstleister:innen lassen sich als explizite Absetzbewegung von gängigen Klassifikationen von Menschen und Nichtmenschen, von Natur und Kultur interpretieren. Implizit zielen sie auf eine Nivellierung von Unterschieden zwischen den Spezies und zugleich auf die Anerkennung von Andersartigkeit. Die hier etablierte speziesübergreifende Lebensform lässt somit eine Gegenüberstellung von Entitäten und Seins-Sphären obsolet werden und weicht gängige und persistente Natur-Kultur-Dualismen auf. Die Befragten erfahren im Zusammenleben mit Tieren eine **Lebensqualität**, die sich aus der Außenansicht als Verzicht auf Freizeit oder Fernreisen und als Belastung durch Sorgearbeit deuten ließe, in der Binnenansicht aber als *Quelle für Sinnstiftung und Glücksempfinden* erweist. In aktuellen Konzepten wie z.B. den »Sustainable Development Goals« (z.B. UN 2015, 2024) oder im Zuge der Debatten über den One-Health-Ansatz der Weltgesundheitsorganisation (WHO) wird vielfach die Zielvorstellung formuliert, dass Menschen eine Wohlstandsorientierung verfolgen sollten, die sie nachhaltig(er) mit ihrer Mitwelt umgehen lässt. Jene, die eine Gefährtenschaft mit Tieren leben, haben offensichtlich bereits eine Entscheidung hierfür für sich getroffen. Ob ihr Umgang mit ›ihren‹ Tieren Effekte auf Bezugnahmen auch auf andere, lebendige und nicht-lebendige Wesen zeitigt, ist damit allerdings noch nicht beantwortet. Diese Frage wird uns in unseren zukünftigen Forschungen beschäftigen.

Literatur

Abel, Jörg (2022): Qualifikation/Kompetenz. In: Rainer Bohn/ Hartmut Hirsch-Kreinsen/ Sabine Pfeiffer und Mascha Will-Zocholl (Hg.), *Lexikon der Arbeits- und Industriesoziologie*. 3. aktualisierte und erweiterte Auflage. Baden-Baden: Nomos, S. 318–321.

Ameli, Katharina (2016): *Die Professionalisierung tiergestützter Dienstleistungen: Von der Weiterbildung zum eigenständigen Beruf*. Bielefeld: wbv Publikation.

Amiot, Catherine/ Bastian, Brock/ Martens, Pim (2016): People and Companion Animals: It Takes Two to Tango. In: *BioScience* 66 (7), S. 552–560. DOI: 10.1093/biosci/biw051.

Anderson, Katharine L./ Casey, Rachel A./ Cooper, Ben/ Upjohn, Melissa M./ Christley, Robert M. (2023): National Dog Survey: Describing UK Dog and Ownership Demographics. In: *Animals* 13 (6). DOI: 10.3390/ani13061072.

Applebaum, Jennifer W./ Tomlinson, Camie A./ Matijczak, Angela/ McDonald, Shelby E./ Zsembik, Barbara A. (2020): *The Concerns, Difficulties, and Stressors of Caring for Pets during COVID-19: Results from a Large Survey of U.S. Pet Owners*. DOI: 10.3390/ani10101882.

Applebaum, Jennifer W./ Peek, Chuck W./ Zsembik, Barbara A. (2023): Examining U.S. pet ownership using the General Social Survey. In: *The Social Science Journal* 60 (1), S. 110–119. DOI: 10.1080/03623319.2020.1728507.

Baethge, Martin (2011): Qualifikation, Kompetenzentwicklung und Professionalisierung im Dienstleistungssektor. In: *WSI Mitteilungen* 64 (9), S. 447–455. DOI: 10.5771/0342-300x-2011-9-447.

Bandura, Albert (1994): Self-efficacy. In: Vilayanur S. Ramachandran (Hg.), *Encyclopedia of human behavior*, Band 4, New York: Academic Press, S. 71–81.

Barad, Karen (2007): *Meeting the universe halfway: quantum physics and the entanglement of matter and meaning*. Durham: Duke University Press.

Bauman, Zygmunt (2014): *Gemeinschaften. Auf der Suche nach Sicherheit in einer bedrohlichen Welt*. 3. Auflage. Frankfurt a.M.: Suhrkamp.

Beck, Ulrich (1986): *Risikogesellschaft. Auf dem Weg in eine andere Moderne*. Frankfurt a.M.: Suhrkamp.

Bergmann, Jörg R. (1988): Haustiere als kommunikative Ressourcen. In: Hans-Georg Soeffner (Hg.), *Kultur und Alltag*. Göttingen: Schwartz & Co., S. 299–312.

Beverland, Michael B./ Farelli, Francis/ Ai Ching Lim, Allison (2008): Exploring the dark side of pet ownership: Status- and control-based pet consumption. In: *Journal of Business Research* 61 (5), S. 490–496. DOI: 10.1016/j.jbusres.2006.08.009.

Birke, Lynda/ Hockenhull, Jo (2012): Introduction: On Investigating Human-Animal Relationships. In: Lynda Birke/ Jo Hockenhull (Hg.), *Crossing Boundaries: Investigating Human-Animal Relationships*, Leiden: Brill, S. 1–12. DOI: 10.1163/9789004233041_002.

Block, Katharina (2020): Sorge im Anthropozän. In: Frank Adloff/ Sighard Neckel (Hg.), *Gesellschaftstheorie im Anthropozän. Zukünfte der Nachhaltigkeit*. 2. Auflage. Frankfurt a.M.: Campus, S. 235–255.

Blouin, David D. (2012): Understanding Relations between People and their Pets. In: *Sociology Compass* 6 (11), S. 856–869. DOI: 10.1111/j.1751-9020.2012.00494.x.

Böhle, Fritz/ Stöger, Ursula/ Weihrich, Margit (2015): Wie lässt sich Interaktionsarbeit menschengerecht gestalten? Zur Notwendigkeit einer Neubestimmung. In: *AIS-Studien* 8 (1), S. 37–54. Online verfügbar unter https://www.ssoar.info/ssoar/bitstream/document/64813/3/ssoar-ais-2015-1-bohle_et_al-Wie_lasst_sich_Interaktionsarbeit_menschengerecht.pdf (zuletzt geprüft am 10.10.2024).

Braidotti, Rosi (2014): *Posthumanismus: Leben jenseits des Menschen*, Frankfurt a.M.: Campus.

Brockman, Beverly K./ Taylor, Valerie A./ Brockman, Christopher M. (2008): The price of unconditional love: Consumer decision making for high-dollar veterinary care. In: *Journal of Business Research* 61 (5), S. 297–405. DOI: 10.1016/j.jbusres.2006.09.033.

Brucker, Renate/ Bujok, Melanie/ Mütherich, Birgit/ Seeliger, Martin/ Thieme, Frank (Hg.) (2015): *Das Mensch-Tier-Verhältnis: Eine sozialwissenschaftliche Einführung*. Wiesbaden: Springer.

Burzan, Nicole (2017): Eine soziologische Perspektive auf Hunde. Zur Einleitung. In: Dies./ Ronald Hitzler (Hg.), *a.a.O.*, S. 1–14.

Burzan, Nicole/ Hitzler, Ronald (Hg.) (2017): *Auf den Hund gekommen: Interdisziplinäre Annäherung an ein Verhältnis*. Wiesbaden: Springer VS.

Caffo, Leonardo/ Horta, Oscar/ Rude, Matthias (2015): Speziesismus. In: Arianna Ferrari/ Klaus Petrus (Hg.), *Lexikon der Mensch-Tier-Beziehungen*. Bielefeld: transcript, S. 318–323. DOI: 10.1515/9783839422328-102.

Callon, Michel (2006): Einige Elemente einer Soziologie der Übersetzung: Die Domestikation der Kammmuscheln und der Fischer der St. Brieuc-Bucht. In: Andréa, Belliger/ David J. Krieger (Hg.): *ANThology. Ein einführendes Handbuch zur Akteur-Netzwerk-Theorie*. Bielefeld: transcript, S. 135–174.

Carter, Bob/ Charles, Nickie (2016): The animal challenge to sociology. In: *European Journal of Social Theory* 21 (1), DOI: 10.1177/1368431016681305.

Charles, Nickie (2014): ›Animals Just Love You as You Are‹: Experiencing Kinship across the Species Barrier. In: *Sociology* 48 (4), S. 715–730. DOI: 10.1177/0038038513515353.

Charles, Nickie (2017): Written and spoken words: representations of animals and intimacy. In: *The Sociological Review* 65 (1), S. 117–133. DOI: 10.1111/1467-954X.12376.

Chen, Annie/ Hung, Kuang-peng/ Peng, Norman (2012): A cluster analysis examination of pet owners' consumption values and behavior – segmenting owners strategically. In: *Journal of Targeting, Measurement and Analysis for Marketing* 20 (2), S. 117–132. DOI: 10.1057/jt.2012.10.

Clough, Patricia Ticineto (2007): Introduction. In: Dies./ Jean Halley (Hg.), *The affective turn: theorizing the social*. Durham: Duke University Press, S. 1–33.

Deleuze, Gilles/ Guattari, Félix (1992): *Tausend Plateaus. Kapitalismus und Schizophrenie*. Berlin: Merve.

Delitz, Heike (2010): *Gebaute Gesellschaft: Architektur als Medium des Sozialen*. Frankfurt a.M./ New York: Campus.

Delitz, Heike (2012): Gilbert Simondons Theorie der sozialen »Form«. In: Stephan Moebius/ Sophia Prinz (Hg.), *Das Design der Gesellschaft: Zur Kultursoziologie des Designs*. Bielefeld: transcript. S. 109–130.

Delitz, Heike/ Nungesser, Frithjof/ Seyfert, Robert (Hg.) (2018): *Soziologien des Lebens. Überschreitung– Differenzierung – Kritik*. Bielefeld: transcript.

Despret, Vinciane (2004): The Body We Care for: Figures of Anthropo-zoo-genesis. In: *Body & Society* 10 (2–3), S. 205–229. DOI: 10.1177/1357034X04042938.

Deutscher Bundestag (2022): Tierschutzrechtliche Vorgaben für die Haustierhaltung, Aktenzeichen: WD 5 – 3000 – 150/22, Abschluss der Arbeit: 01. Dezember 2022, Fachbereich: WD 5: Wirtschaft und Verkehr, Ernährung und Landwirtschaft. Online verfügbar unter https://www.bundestag.de/resource/blob/928356/57ef755d70de0771c565049627198380/WD-5-150-22-pdf-data.pdf (zuletzt geprüft am 01.10.2024).

Deutsches Zentrum für Altersfragen (DZA) (2017): Deutscher Alterssurvey (DEAS. Online verfügbar unter: https://www.dza.de/fileadmin/dza/Dokumente/Publikationen/DEAS2017__Instrumentenband.pdf (zuletzt geprüft am 04.12.2024).

Diaz-Bone, Rainer (2017): Relationale Soziologie – Theoretische und methodologische Positionierungen zwischen Strukturalismus und Pragmatismus. In: *Berliner Journal für Soziologie* 27 (3–4), S. 377–403. DOI: 10.1007/s11609-018-0351-0.

DTschB [Deutscher Tierschutzbund e.V.] (2024): Tierheime sind überfüllt: Nur 18 Prozent haben noch Kapazitäten, Pressemeldung vom 28.08.2024. Online verfügbar unter https://www.tierschutzbund.de/ueber-uns/aktuelles/presse/meldung/tierheime-sind-ueberfuellt-nur-18-prozent-haben-noch-kapazitaeten (zuletzt geprüft am 01.10.2024).

Dunkel, Wolfgang/ Weihrich, Margit (2014): Interaktive Arbeit: Die soziale Dimension von Dienstleistungsarbeit. In: Jörg Sydow/ Dieter Sadowski/ Peter Conrad (Hg.), *Arbeit – eine Neubestimmung*. Wiesbaden: Springer Gabler, S. 245–289.

Engels, Eve-Marie (2015): »Darwin/Darwinismus«. In: Arianna Ferrari/ Klaus Petrus (Hg.), *Lexikon der Mensch-Tier-Beziehungen. Human-Animal-Studies*. Bielefeld: transcript, S. 69–73.

Erpenbeck, John/ Sauter, Werner (2013): *So werden wir lernen! Kompetenzentwicklung in einer Welt fühlender Computer, kluger Wolken und sinnsuchender Netze*. Berlin/ Heidelberg: Springer Gabler.

Fischer, Joachim (2010): Tertiarität / Der Dritte. Soziologie als Schlüsseldisziplin. In: Thomas Bedorf/ Joachim Fischer/ Gesa Lindemann (Hg.), *Theorien des Dritten. Innovationen in Soziologie und Sozialphilosophie*. München: Wilhelm Fink, S. 131–160.

Fletcher, Thomas/ Platt, Louise (2018): (Just) a walk with the dog? Animal geographies and negotiating walking spaces. In: *Social & Cultural Geography* 19 (2), S. 211–229. DOI: 10.1080/14649365.2016.1274047.

FN [Deutsche Reiterliche Vereinigung e.V.] (2023): Jahresbericht 2023. Online verfügbar unter https://www.pferd-aktuell.de/shop/downloadable/download/sample/sample_id/356/ (zuletzt geprüft am 01.10.2024).

Fox, Rebekah/ Gee, Nancy R. (2016): Changing Conceptions of Care: Humanization of the companion animal-human relationship. In: *Society & Animals* 24 (2), S. 107–128. DOI: 10.1163/15685306-12341397.

Garfinkel, Harold (1967): *Studies on Ethnomethodology*. Englewood Cliffs, NJ: Prentice-Hall.

Gebhard, Ulrich (2013): *Kind und Natur: Die Bedeutung der Natur für die psychische Entwicklung*. 4. Auflage. Wiesbaden: Springer.

Geertz, Clifford (1999 [1973]): *Dichte Beschreibung. Beiträge zum Verstehen kultureller Systeme*. 6. Auflage. Frankfurt a.M.: Suhrkamp (Original: Thick Description: Toward an Interpretative Theory of Culture. In: Ders. (Hg.), *The interpretation of cultures: selected essays*, New York: Basic Books).

Geiger, Theodor (1931): Das Tier als geselliges Subjekt. In: Richard Thurnwald (Hg.), *Forschungen zur Völkerpsychologie und Soziologie Band 10: Arbeiten zur biologischen Grundlegung der Soziologie*. Leipzig: C.L. Hirschfeld, S. 283–307.

Glaser, Barney G./ Strauss, Anselm L. (1998 [1967]): *Grounded Theory: Strategien qualitativer Forschung*. Bern: Huber. (Original: *The Discovery of Grounded Theory. Strategies for Qualitative Research*. Chicago: Aldine Publishing Company).

Greenebaum, Jessica (2004): It's a Dog's Life: Elevating Status from Pet to »Fur Baby« at Yappy Hour. In: *Society & Animals* 12 (2), S. 117–135. DOI: 10.1163/1568530041446544.

Grundmann, Matthias (2014): Formierung und Gestaltung sozialer Milieus: eine sozialisationstheoretische Perspektive. In: *Zeitschrift für Theoretische Soziologie*, Sonderband 1 (herausgegeben von Peter Isenböck, Linda Nell und Joachim Renn), S. 115–131. DOI: 10.17879/zts-2014-4855.

Gugutzer, Robert (2002): *Leib, Körper und Identität. Eine phänomenologisch-soziologische Untersuchung zur personalen Identität*. Wiesbaden: Westdeutscher Verlag.

Gugutzer, Robert (2012): *Verkörperungen des Sozialen: Neophänomenologische Grundlagen und soziologische Analysen*. Bielefeld: transcript.

Gugutzer, Robert/ Holtermann, Natascha (2017): Der Dackelblick. Phänomenologie einer besonderen Hund-Mensch-Vergemeinschaftung. In: Nicole Burzan/ Ronald Hitzler (Hg.), *a.a.O.*, S. 265–284.

Gutjahr, Julia/ Sebastian, Marcel (2013): Die vergessenen ›Anderen‹ der Gesellschaft – zur (Nicht-)Anwesenheit der Mensch-Tier-Beziehung in der Soziologie. In: Birgit Pfau-Effinger/ Sonja Buschka (Hg.), *Gesellschaft und Tiere: Soziologische Analysen zu einem ambivalenten Verhältnis*. Wiesbaden: Springer, S. 57–72.

Haraway, Donna J. (2003): *The Companion Species Manifesto: Dogs, People, and Significant Otherness*. Chicago: Prickly Paradigm [deutsch: (2016): *Das Manifest für Gefährten: Wenn Spezies sich begegnen – Hunde, Menschen und signifikante Andersartigkeit*. Berlin: Merve].

Haraway, Donna J. (2008): *When species meet*. Minneapolis, MN: University of Minnesota Press.

Haraway, Donna J. (2018): *Unruhig bleiben: Die Verwandtschaft der Arten im Chthuluzän*. Frankfurt a.M.: Campus.

Hartmann, Heinz (1972): Arbeit, Beruf, Profession. In: Thomas Luckmann/ Walter M. Sprondel (Hg.), *Berufssoziologie*. Köln: Kiepenheuer & Witsch, S. 36–52.

Helfferich, Cornelia (2014): Leitfaden- und Experteninterviews. In: Nina Baur/ Jörg Blasius (Hg.), *Handbuch Methoden der empirischen Sozialforschung*. Wiesbaden: Springer, S. 559–574.

Herzog, Harold A. (2011): The Impact of Pets on Human Health and Psychological Well-Being. In: *Current Directions in Psychological Science* 20 (4), S. 236–239. DOI: 10.1177/0963721411415220.

Heßler, Martina (2016): Gilbert Simondon und die Existenzweise technischer Objekte. Eine technikhistorische Lesart. In: *Technikgeschichte* 83 (1), S. 3–32. DOI: 10.5771/0040-117X-2016-1-3.

Hilbert, Christopher (2019): Das Problem des Anthropomorphismus in der Tierforschung. In: Matthias Wunsch / Martin Böhnert / Kristian Köchy (Hg.), *Philosophie der Tierforschung Band 3: Milieus und Akteure*. Freiburg/ München: Karl Alber, S. 139–186.

Hirschman, Elizabeth C. (1994): Consumers and Their Animal Companions. In: *Journal of Consumer Research* 20 (4), S. 616–632.

Hitzler, Ronald (2017): Hunde als Korrelate des Erlebens. Einige phänomenologische Überlegungen. In: Nicole Burzan/ Ders. (Hg.), *a.a.O.*, S. 251–263.

Ho, Jeffery/ Hussain, Sabir/ Sparagano, Olivier (2021): Did the COVID-19 Pandemic Spark a Public Interest in Pet Adoption? In: *Frontiers in Veterinary Science* 8, S. 647308. DOI: 10.3389/fvets.2021.647308.

Hochschild, Arlie Russell (1983): *The Managed Heart: Commercialization of Human Feeling*. Berkeley: University of California Press.

Holbrook, Morris B./ Stephens, Debra Lynn/ Day, Ellen/ Holbrook, Sarah M./ Strazar, Gregor (2001): A Collective Stereographic Photo Essay on Key Aspects of Animal Companionship: The Truth About Dogs and Cats. In: *Academy of Marketing Science Review* 5 (1), S. 1–17.

Horkheimer, Max/ Adorno, Theodor W. (1996 [1969]): Dialektik der Aufklärung: Philosophische Fragmente. Frankfurt a.M.: S. Fischer.

Horváth, Zsuzsánna/ Antal, Dóka/ Miklósi, Ádám (2008): Affiliative and disciplinary behavior of human handlers during play with their dog affects cortisol concentrations in opposite directions. In: *Hormones and Behavior* 54 (1), S. 107–114.

Irvine, Leslie (2002): Animal Problems/People Skills: Emotional and Interactional Strategies in Humane Education. In: *Society and Animals* 10 (1), S. 63–91. DOI: 10.1163/156853002760030888

Irvine, Leslie (2013): *My Dog Always Eats First: Homeless People and Their Animals*. Boulder: Lynne Rienner.

Irvine, Leslie/ Cilia, Laurent (2017): More-than-human families: Pets, people, and practices in multispecies house-holds. In: *Sociology Compass* 11 (2), S. 1–13.

Jaeggi, Rahel (2018): Ökonomie als soziale Praxis. In: *Zeitschrift für Wirtschafts- und Unternehmensethik*19 (3), S. 343–361. DOI: 10.5771/1439-880X-2018-3-343.

Julius, Henri/ Beetz, Andrea/ Kotrschal, Kurt/ Turner, Dennis C./ Uvnäs-Moberg, Kerstin (2014): *Bindung zu Tieren. Psychologische und neurobiologische Grundlagen tiergestützter Interventionen*. Göttingen et al.: Hogrefe.

Jürgens, Kerstin (2006): *Arbeits- und Lebenskraft: Reproduktion als eigensinnige Grenzziehung*. Wiesbaden: VS.

Jürgens, Kerstin (2010): Deutschland in der Reproduktionskrise. In: *Leviathan* 38 (4), S. 559–587.

Jürgens, Kerstin (2018): Arbeit und Leben. In: Fritz Böhle / G. Günter Voß / Günther Wachtler (Hg.), *Handbuch Arbeitssoziologie*. 2. überarbeitete Auflage. Wiesbaden: VS, S. 483–510.

Jürgens, Kerstin (2022): Reproduktion von Arbeitskraft. In: Hartmut Hirsch-Kreinsen / Heiner Minssen / Sabine Pfeiffer / Mascha Will-Zocholl (Hg.), *Lexikon der Arbeits- und Industriesoziologie*. 3. überarbeitete Auflage. Baden-Baden: Nomos/ edition sigma, S. 326–330.

Jürgens, Kerstin/ Kurth, Markus/ Mönkeberg, Sarah (2022): Konviviales Leben mit Haustieren? Eine empirische Studiensuche. In: *Tierstudien* 11, S. 111–120.

Kaufmann, Jean-Claude (1995 [1992]): *Schmutzige Wäsche: Zur ehelichen Konstruktion von Alltag*. 3. Auflage. Konstanz: Universitätsverlag Konstanz. (Original: *La trame conjugal. Analyse du couple par son linge. Essais & Recherches*. Paris: Éditions Nathan).

Kelle, Udo/ Kluge, Susann (2010): *Vom Einzelfall zum Typus: Fallvergleich und Fallkontrastierung in der qualitativen Sozialforschung*. Wiesbaden: VS.

Knorr Cetina, Karin (2007): Umrisse einer Soziologie des Postsozialen. In: Lars Meyer/ Hanno Pahl (Hg.), *Kognitiver Kapitalismus: Soziologische Beiträge zur Soziologie der Wissensökonomie*. Marburg: Metropolis, S. 25–41.

Kohn, Eduardo (2013): *How Forests Think: Toward an Anthropology Beyond the Human*. Berkeley/ Los Angeles/ London: University of California Press.

Kompatscher, Gabriela/ Spannring, Reingard/ Schachinger, Karin (2017): *Human-Animal Studies*. Münster/ New York: Waxmann.

König, Alexandra/ Schnabel, Annette (2021): Tiere in Dienst nehmen – Herausforderungen der Interspeziesgrenze. In: *Zeitschrift für Theoretische Soziologie* 10 (2), S. 141–167. DOI: 10.17879/zts-2021-4756.

Kotrschal, Kurt (2017): *Hund und Mensch: Das Geheimnis unserer Seelenverwandtschaft*. 3. Auflage. Wien: Brandstätter.

Krüger, Gesine/ Steinbrecher, Aline/ Wischermann, Clemens (Hg.) (2014): *Tiere und Geschichte: Konturen einer Animate History*. Stuttgart: Franz Steiner.

Kruse, Jan (2015): *Qualitative Interviewforschung. Ein integrativer Ansatz*. 2. überarbeitete Auflage. Weinheim/ Basel: Beltz Juventa.

Künemund, Harald/ Hahmann, Julia/ Rackow, Katja (2017): Hundehaltung in der zweiten Lebenshälfte. In: Nicole Burzan/ Ronald Hitzler (Hg.), *a.a.O.*, S. 157–174.

Kusenbach, Margarethe (2003): Street phenomenology: The go-along as ethnographic research tool. In: *Ethnography* 4 (3), Special Issue: Phenomenology in Ethnography. S. 455–485.

Kylkilahti, Eliisa/ Syrjälä, Henna/ Autio, Jaakko/ Kuismin, Ari/ Autio, Minna (2016): Understanding co-consumption between consumers and their pets. In: *International Journal of Consumer Studies* 40 (1), S. 125–131. DOI: 10.1111/ijcs.12230.

Landkammer, Joachim (2017): Der Hund zwischen Mensch und Mittler: Vermittler, Dritter, Kyniker. In: Nicole Burzan/ Ronald Hitzler (Hg.), *a.a.O.*, S. 229–250.

Latour, Bruno (1995 [1991]): *Wir sind nie modern gewesen: Versuch einer symmetrischen Anthropologie*. Berlin: Akademie Verlag. (Original: *Nous n'avons jamais été modernes*. Paris: Editions la Découvertes).

Latour, Bruno (2001 [1999]): *Das Parlament der Dinge: Für eine politische Ökologie*. Frankfurt a.M.: Suhrkamp. (Original: *Politiques de la nature. comment faire entrer les sciences en démocratie.* Paris: Editions la Découvertes).

Laurent-Simpson, Andrea (2017): »They Make Me Not Wanna Have a Child«: Effects of Companion Animals on Fertility Intentions of the Childfree. In: *Sociological Inquiry* 87 (4), S. 586–607. DOI: 10.1111/soin.12163.

Lemke, Thomas (2007): Die Natur in der Soziologie: Versuch einer Positionsbestimmung. In: *Leviathan* 35 (2), S. 248–255. DOI: 10.1007/s11578-007-0016-4.

Lenz, Karl (2009): *Soziologie der Zweierbeziehung: Eine Einführung*. Wiesbaden: VS.

Lindemann (1999): Doppelte Kontingenz und reflexive Anthropologie. In: *Zeitschrift für Soziologie* 28 (3), S. 165–181. DOI: 10.1515_zfsoz-1999-0301.

Lindemann, Gesa (2014): *Weltzugänge: Die mehrdimensionale Ordnung des Sozialen*. Weilerswist: Velbrück.

Lorimer, Jamie (2007): Non-human Charisma. In: *Environment and Planning D: Society and Space* 25 (5), S. 911–932.

Lueger, Manfred/ Froschauer, Ulrike (2018): Artefaktanalyse. In: Leila Akremi/ Nina Baur/ Hubert Knoblauch/ Boris Traue (Hg.), *Handbuch Interpretativ forschen*. Weinheim: Beltz, S. 775–802.

Marx, Karl (1961 [1857/1858]): Einleitung [zur Kritik der politischen Ökonomie]. *Marx-Engels Werke* 13. Berlin: Dietz, S. 615–641.

Marx, Karl (1962 [1867]): Das Kapital. Kritik der politischen Ökonomie. Band 1. *Marx-Engels Werke* 23. Berlin: Dietz.

Maurstad, Anita/ Davis, Dona/ Cowles, Sarah (2013): Co-being and intra-action in horse-human relationships: a multi-species ethnography of be(com)ing human and be(com)ing horse. In: *Social Anthropology* 21 (3), S. 322–335. DOI: 10.1111/1469-8676.12029.

Mayring, Philipp (1990): *Qualitative Inhaltsanalyse: Grundlagen und Techniken*. Weinheim: Deutscher Studien-Verlag.

McNicholas, June/ Gilbey, Andrew/ Rennie, Ann/ Ahmedzai, Sam/ Dono, Jo-Ann/ Omerod, Elizabeth (2005): Pet ownership and human health: a brief review of evidence and issues. In: *British Medical Journal* 331 (1252). DOI: 10.1136/bmj.331.7527.1252.

Meitzler, Matthias (2019): Animalistische Avantgarde. Zeitgenössische Kundgaben von Trauer um verstorbene Heimtiere. In: *TIERethik* 11 (18), S. 109–132.

Merkouri, Aikaterini/ Graham, Taryn M./ O'Haire, Marguerite E./ Purewal, Rebecca/ Westgarth, Carri (2022): Dogs and the Good Life: A Cross-Sectional Study of the Association Between the Dog-Owner Relationship and Owner Mental Wellbeing. In: *Frontiers in Psychology* 13. DOI: 10.3389/fpsyg.2022.903647.

Mönkeberg, Sarah (2023): Nacktes Leben und Lebens-Form. Homo sacer von Giorgio Agamben. In: Henning Laux und Sina Farzin (Hg.): *Soziologische Gegenwartsdiagnosen 3*. Wiesbaden: Springer VS, S. 5–16.

Mönkeberg, Sarah/ Jürgens, Kerstin/ Kurth, Markus (2024): In der Gegenwart der Affekte. In: *ZTS Zeitschrift für Theoretische Soziologie* 13 (1), S. 88–113. DOI: 10.3262/ZTS2401088.

Morgan, Liat/ Protopopova, Alexandra/ Birkler, Rune Isak Dupont/ Itin-Shwartz, Beata/ Sutton, Gila Abells/ Gamliel, Alexandra (2020): Human–dog relationships during the COVID-19 pandemic: booming dog adoption during social isolation. In: *Humanities and Social Sciences Communications* 7 (1), ohne Seitenangabe, DOI: 10.1057/s41599-020-00649-x.

Mota-Rojas, Daniel/ Mariti, Chiara/ Zdeinert, Andrea/ Riggio, Giacomo/ Mora-Medina, Patricia / del Mar Reyes, Alondra/ Gazzano, Angelo/ Domínguez-Oliva, Adriana/ Lezama-García, Karina/ José-Pérez, Nancy/ Hernández-Ávalos, Ismael (2021): Anthropomorphism and Its Adverse Effects on the Distress and Welfare of Companion Animals. In: *Animals* 11 (11), 3263. DOI: 10.3390/ani11113263.

Mueller, Megan K./ Gee, Nancy R./ Bures, Regina M. (2018): Human-animal interaction as a social determinant of health: descriptive findings from the health and retirement study. In: *BioMed Central Public Health* 18 (305). DOI: 10.1186/s12889-018-5188-0.

Mugford, Roger A./ M'Comisky, James G. (1975): Some Recent Work on the Psychotherapeutic Value of Caged Birds with Old People. In: Ronald S. Anderson (Hg.), *Pet Animals and Society*. London: Harcourt, S. 54–65.

Muster, Judith (2013): Welchen kommunikativen Stellenwert haben Haustiere? Eine kommunikationssoziologische Betrachtung der Mensch-Tier-Beziehung. In: Birgit Pfau-Effinger/ Sonja Buschka (Hg.), *a.a.O.*, S. 165–192.

Mütherich, Birgit (2000): *Die Problematik der Mensch-Tier-Beziehung in der Soziologie: Weber, Marx und die Frankfurter Schule*. Münster: LIT-Verlag.

Mütherich, Birgit (2015): Die soziale Konstruktion des Anderen – Zur soziologischen Frage nach dem Tier. In: Renate Brucker/ Melanie Bujok/ Birgit Mütherich/ Martin Seeliger/ Frank Thieme (Hg.), *Das Mensch-Tier-Verhältnis: Eine sozialwissenschaftliche Einführung*. Wiesbaden: Springer, S. 49–77.

Nungesser, Frithjof (2020): Soziale Klassifikationen. In: Christian Fleck/ Christian Dayé (Hg.), *Meilensteine der Soziologie*. Frankfurt a.M.: Campus, S. 164–182.

Ohr, Renate (2019): *Heimtierstudie 2019: Ökonomische und soziale Bedeutung der Heimtierhaltung in Deutschland*, Göttingen. Online verfügbar unter https://www.uni-goettingen.de/de/document/download/52bbce3b8ebcfef2faa77d50d72a0b21.pdf/Heimtierstudie%202019%20final%20korr.pdf (zuletzt geprüft am 10.10.2024).

Paul, Elizabeth S./ Moore, Anna/ McAinsh, Pippa/ Symonds, Emma/ McCune, Sandra/ Bradshaw, John W. S. (2014): Sociality Motivation and Anthropomorphic Thinking about Pets. In: *Anthrozoös* 27 (4), S. 499–512. DOI: 10.2752/175303714X14023922798192.

Petrus, Klaus (2015): Heimtier. In: Arianna Ferrari/ Klaus Petrus (Hg.), *Lexikon der Mensch-Tier-Beziehungen*. Bielefeld: transcript, S. 144–146. DOI: 10.1515/9783839422328.

Pfau-Effinger, Birgit/ Buschka, Sonja (Hg.) (2013): *Gesellschaft und Tiere: Soziologische Analysen zu einem ambivalenten Verhältnis*. Wiesbaden: Springer VS.

Plessner, Helmuth (1975 [1928]): *Die Stufen des Organischen und der Mensch. Einleitung in die philosophische Anthropologie*. 3. Auflage. Berlin/ New York: De Gruyter.

Plessner, Helmuth (2013 [1924]): *Grenzen der Gemeinschaft. Eine Kritik des sozialen Radikalismus*. Neuauflage. Frankfurt a.M.: Suhrkamp.

Pohlheim, Katja (2008): Zeige mir deinen Hund und ich sage dir wer du bist: Eine Mensch-Tier-Beziehung als Spiegel der Gesellschaft. In: Karl-Siegbert Rehberg (Hg.), *Die Natur der Gesellschaft: Verhandlungen des 33. Kongresses der Deutschen Gesellschaft für Soziologie in Kassel 2006*, Teilband 1 und 2. Frankfurt a.M.: Campus, S. 5145–5150.

Pollack, Ulrike (2009): *Die städtische Mensch-Tier-Beziehung: Ambivalenzen, Chancen und Risiken*. Berlin: Universitätsverlag TU Berlin.

Popitz, Heinrich/ Bahrdt, Hans P./ Jüres, Ernst A./ Kesting, Hanno (1957): *Das Gesellschaftsbild des Arbeiters: Soziologische Untersuchungen in der Hüttenindustrie*. Tübingen: Mohr.

Prato-Previde, Emanuela/ Basso Ricci, Elisa/ Colombo, Elisa S. (2022): The Complexity of the Human–Animal Bond: Empathy, Attachment and Anthropomorphism in Human–Animal Relationships and Animal Hoarding. In: *Animals* 12 (20), 2835. DOI: 10.3390/ani12202835.

Priya, R. Judith/ Nandhini, Muniappan (2019): Evolving opportunities and trends in the pet industry – an analytical study on pet products and services. In: *Journal of Applied Science and Computations* 5 (11), S. 1161–1173. DOI: 16.10089.JASC.2018.V5I11.453459.149960.

Przyborski, Aglaja/ Wohlrab-Sahr, Monika (2014): *Qualitative Sozialforschung: Ein Arbeitsbuch*. 4. erweiterte Auflage. München: Oldenbourg.

Puig de la Bellacasa, María (2017): *Matters of Care: Speculative Ethics in More than Human Worlds*. Minneapolis: University of Minnesota Press.

Pütz, Robert (2019): Pferderücken. In: Jürgen Hasse/ Verena Schreiber (Hg.), *Räume der Kindheit: Ein Glossar*. Bielefeld: transcript, S. 259–265.

Pütz, Robert (2021): Making companions: Companionability and encounter value in the marketization of the American Mustang. In: *Environment and Planning E: Nature and Space* 4 (2), S. 585–602. DOI: 10.1177/2514848620924931.

Pütz, Robert/ Schlottmann, Antje/ Kornherr, Elisa (2022): Einführung in die neue Tiergeographie. In: Christian Steiner/ Gerhard Rainer/ Verena Schröder/ Frank Zirkl (Hg.), *Mehr-als-menschliche Geographien. Schlüsselkonzepte, Beziehungen und Methodiken*. Stuttgart: Franz Steiner, S. 181–222.

Rammert, Werner/ Schulz-Schaeffer, Ingo (2002). Technik und Handeln – wenn soziales Handeln sich auf menschliches Verhalten und technische Artefakte verteilt. In: *TUTS – Working Papers* 2002 (4). Berlin.

Ratschen, Elena/ Shoesmith, Emily/ Shabab, Lion/ Silva, Karine/ Kale, Dimitra/ Toner, Paul/ Reeve, Catherine/ Mills, Daniel S. (2020): Human-animal relationships and interactions during the Covid-19 lockdown phase in the UK: Investigating links with mental health and loneliness. In: *PLoS ONE* 15 (9). DOI: 10.1371/journal.pone.0239397.

Raulff, Ulrich (2015): *Das letzte Jahrhundert der Pferde: Geschichte einer Trennung*. München: C.H. Beck.

Rosa, Hartmut (2016): *Resonanz. Eine Soziologie der Weltbeziehung*. Berlin: Suhrkamp.

Rosa, Hartmut (2018): *Unverfügbarkeit*. Wien/Salzburg: Residenz Verlag.

Roscher, Mieke (2016): Zwischen Wirkungsmacht und Handlungsmacht. Sozialgeschichtliche Perspektiven auf tierliche Agency. In: Sven Wirth et al. (Hg.), *a.a.O.*, S. 43–66.

Roscher, Mieke (2020): Human-Animal Studies als Hermeneutik: Methodische Grundlagen und Forschungsverfahren. In: Friedrich Jaeger (Hg.), *Menschen und Tiere – Theoretische Grundlagen und konzeptionelle Herausforderungen der Human-Animal Studies*. Stuttgart: Metzler, S. 93–110.

Rosenberger, Michael (2020): Tiere bestatten? Soziologische und theologische Überlegungen zu einem gesellschaftlichen Trend. In: Clemens Wustmans / Niklas Peuckmann (Hg.), *Räume der Mensch-Tier-Beziehung(en). Öffentliche Theologie im interdisziplinären Gespräch*. Leipzig: Evangelische Verlagsanstalt, S. 307–318. Online verfügbar unter https://tobias-lib.ub.uni-tuebingen.de/xmlui/bitstream/handle/10900/157429/Rosenberger_065.pdf?sequence=1 &isAllowed=y (zuletzt geprüft am 13.11. 2024).

Rötzmeier-Keuper, Julia/ Hendricks, Jennifer/ Wünderlich, Nancy V./ Schmitz, Gertrud (2018): Triadic relationship in the context of services for animal companions. In: *Journal of Business Research* 85, S. 295–303. DOI: 10.1016/j.jbusres.2018.01.003.

Ruckenstein, Minna (2010): Toying with the world: Children, virtual pets and the value of mobility. In: *Childhood* 11 (4), S. 501–512.

Ryan, Sara/ Ziebland, Sue (2015): On interviewing people with pets: reflections from qualitative research on people with long-term conditions. In: *Sociology of Health & Illness* 37 (1), S. 67–80. DOI: 10.1111/1467-9566.12176.

Sachse, Carola (2014): Tiere und Geschlecht: »Weibchen« oder »Männchen«? Geschlecht als Kategorie in der Geschichte der Beziehungen von Menschen und anderen Tieren. In: Gesine Krüger/ Aline Steinbrecher/ Clemens Wischermann (Hg.), *a.a.O.*, S. 79–104.

Sanders, Clinton R./ Arluke, Arnold (1993): If lions could speak: Investigating the animal-human relationship and the perspectives of nonhuman Others. In: *Sociological Quarterly* 34 (3), S. 377–390.

Scheve, Christian von/ Berg, Anna Lea (2018): Affekt als analytische Kategorie der Sozialforschung. In: Larissa Pfaller/ Basil Wiesse (Hg.), *Stimmungen und Atmosphären: Zur Affektivität des Sozialen*. Wiesbaden: Springer VS, S. 27–51.

Schmidl, Alexander (2022): *Relationen*. Weilerswist: Velbrück.

Schnickmann, Heiko (2017): Von Kötern, Jägern und Statussymbolen. Zur sozialen Funktion des Hundes im Mittelalter. In: Nicole Burzan/ Ronald Hitzler (Hg.), *a.a.O.*, S. 47–62.

Schröder, Verena (2022): Tierliche Lebenswelten verstehen lernen? Perspektiven mehr-als-menschlicher Ethnografien. In: Christian Steiner/ Gerhard Rainer/ Verena Schröder/ Frank Zirkl (Hg.), *a.a.O.*, S. 317–339.

Schroer, Markus (2022): *Geosoziologie: Die Erde als Raum des Lebens*. Berlin: Suhrkamp.

Senghaas-Knobloch, Eva (2008): *Wohin driftet die Arbeitswelt?* Wiesbaden: VS.

Serpell, James A. (2003): Anthropomorphism and Anthropomorphic Selection – Beyond the »Cute Response«. In: *Society & Animals* 11 (1), S. 83–100. Online verfügbar unter https://www.animalsandsociety.org/wp-content/uploads/2015/11/serpell.pdf (zuletzt geprüft am 13.11.2024).

Seyfert, Robert (2011): Atmosphären – Transmissionen – Interaktionen: Zu einer Theorie sozialer Affekte. In: *Soziale Systeme* 17 (1), S. 73–96.

Seyfert, Robert (2019): *Beziehungsweisen: Elemente einer relationalen Soziologie*. Weilerswist: Velbrück.

Shapiro, Kenneth (2020): Human-Animal Studies: Remembering the Past, Celebrating the Present, Troubling the Future. In: *Society &Animals* 28 (7), S. 797–833. DOI: 10.1163/15685306-BJA10029.

Simeonov, Maria (2014): *Die Beziehung zwischen Mensch und Heimtier: Entwicklungen und Tendenzen innerhalb Deutschlands seit der Jahrtausendwende*. Wiesbaden: Springer VS.

Simmel, Georg (1992 [1908]): *Untersuchungen über die Formen der Vergesellschaftung*. Gesamtausgabe Band 11. Frankfurt a.M.: Suhrkamp. (Original: *Soziologie. Untersuchungen über die Formen der Vergesellschaftung*. Leipzig: Duncker & Humblot).

Simondon, Gilbert (1995): *L'individu et sa genèse physico-biologique*. Grenoble: Million.

Simondon, Gilbert (2007 [1958]): *Die Existenzweise technischer Objekte*. Zürich: Diaphanes. (Original: *Du mode d'existence des objets techniques*. Paris: Aubier).

Simondon, Gilbert (2008): Ergänzende Bemerkung zu den Konsequenzen des Individuationsbegriffs. In: Ilka Becker/ Michael Cuntz/ Astrid Kusser (Hg.), *Unmenge – Wie verteilt sich Handlungsmacht?* Paderborn: Brill Fink, S. 45–74.

Simondon, Gilbert (2011 [2004]): *Tier und Mensch: zwei Vorlesungen*. Zürich: Diaphanes. (Original: *Deux leçons sur l'animal et l'homme*. Paris: Ellipses).

Smuts, Barbara (2007): Embodied communication in non-human animals. In: Alan Fogel/ Barbara J. King/ Stuart G. Shanker (Hg.), *Human Development in the Twenty-First Century. Visionary Ideas from Systems Scientists*. Cambridge: Cambridge University Press, S. 136–146. DOI: https://doi.org/10.1017/CBO9780511489693.016.

SOEP Group (2019): SOEP-Core – 2016: Haushalt (M1/M2, CAPI, mit Verweis auf Variablen). *SOEPSurvey Papers* 628: Series A – Survey Instruments (Erhebungsinstrumente). Berlin: DIW Berlin/SOEP Online verfügbar unter https://www.diw.de/documents/publikationen/73/diw_01.c.618791.de/diw_ssp0628.pdf (zuletzt geprüft am 04.12.2024).

Stark, Andreas (2014): Koproduktion von Raum und Speziesismus. Eine genealogische Betrachtung räumlicher (An)Ordnungen von Tiergehegen. In: *Tierstudien* 6, S. 43–56.

Statistisches Bundesamt (2024): Lebensformen. Online verfügbar unter https://www.destatis.de/DE/Themen/Gesellschaft-Umwelt/Bevoelkerung/Haushalte-Familien/Glossar/lebensformen.html (zuletzt geprüft am 04.12.2024).

Steiner, Christian/ Rainer, Gerhard/ Schröder, Verena/ Zirkl, Frank (Hg.) (2022): *Mehr-als-menschliche Geographien. Schlüsselkonzepte, Beziehungen und Methodiken.* Stuttgart: Franz Steiner.

Strauss, Anselm (1968 [1959]): *Spiegel und Masken. Die Suche nach Identität.* Frankfurt a.M.: Suhrkamp (Original: *Mirrors and Masks. The Search for Identity.* Glencoe, Illinois: The Free Press).

Taylor, Nik (2012): Animals, Mess, Method: Post-humanism, Sociology and Animal Studies. In: Lynda Birke/ Jo Hockenhull (Hg.), *Crossing Boundaries: Investigating Human-Animal Relationships.* Leiden: Brill, S. 37–50. DOI: 10.1163/9789004233041_004.

Tesfom, Goitom/ Birch, Nancy (2010): Do they buy for their dogs the way they buy for themselves? In: *Psychology & Marketing* 27 (9), S. 898–912. DOI: 10.1002/mar.20364.

Teutsch, Gotthard Martin (1975): *Soziologie und Ethik der Lebewesen: Eine Materialsammlung.* Frankfurt a.M./ Bern: Lang.

Toepfer, Georg (2011): Lebensform. In: Ders. (Hg.): *Historisches Wörterbuch der Biologie.* Stuttgart: J.B. Metzler, S. 484–496.

Töpfer, Tom/ Beeger-Naroska, Anne (2013): Geschlecht als Prädiktor für Einstellungsunterschiede gegenüber eigenen Haustieren. In: Birgit Pfau-Effinger/ Sonja Buschka (Hg.), *a.a.O.*, S. 193–217.

Tronto, Joan C. (1993): *Moral boundaries: A political argument for an ethic of care.* New York: Routledge.

Tuan, Yi-Fu (1984): *Dominance & Affection. The Making of Pets.* New Haven, Conn.: Yale University Press.

Turner, Dennis, C. (1995): *Die Mensch-Katze-Beziehung. Ethologische und psychologische Aspekte.* Jena/ Stuttgart: Gustav Fischer.

Uexküll, Jakob J. v. (1921): *Umwelt und Innenwelt der Tiere.* 2. Auflage. Berlin/ Heidelberg: Springer.

Uexküll, Jakob von/ Kriszat, Georg (1970 [1934]): *Streifzüge durch die Umwelten von Tieren und Menschen. Ein Bilderbuch unsichtbarer Welten.* München: S. Fischer. [Erstveröffentlichung in: *Verständliche Wissenschaft Band 21.* Berlin/ Heidelberg: Springer.]

Ullrich, Jessica (Hg.) (2014): Tiere und Raum. *Tierstudien* 6. Berlin: Neofelis.

UN (2015): *Transforming Our World. The 2030 Agenda for Sustainable Development.* New York: United Nations, https://sdgs.un.org/2030agenda (zuletzt geprüft am 25.11.2024).

UN (2024): *The Pact for the Future. Resolution adopted by the General Assembly on 22 September 2024.* New York: United Nations. Online verfügbar unter https://documents.un.org/doc/undoc/gen/n24/272/22/pdf/n2427222.pdf (zuletzt geprüft am 30.10.2024).

Vänskä, Annamari (2016): ›Cause I wuv you!‹ Pet dog fashion and emotional consumption. In: *Ephemera: Theory & Politics in Organization* 16 (4), S. 75–97. Online verfügbar unter https://ephemerajournal.org/sites/default/files/pdfs/contribution/16-4vanska.pdf (zuletzt geprüft am 04.12.2024).

Waldenfels, Bernhard (2007 [1994]): *Antwortregister.* Neuauflage. Frankfurt a.M.: Suhrkamp.

Wehrle, Maren (2023): Leiblichkeit: Orientierung und Bewegung. In: Emmanuel Alloa/ Thiemo Breyer/ Emanuele Caminada (Hg.), *Handbuch Phänomenologie.* Tübingen: Mohr Siebeck, S. 192–199. DOI: 10.1628/978-3-16-161984-7.

Westensee, Maren (2013): Die soziale Konstruktion des Erziehungsverhältnisses am Beispiel der Erziehung von Kindern und Hunden in der Gegenwartsgesellschaft. In: Birgit Pfau-Effinger/ Sonja Buschka (Hg.), *a.a.O.*, S. 219–244.

Whatmore, Sarah (2002): *Hybrid geographies: Natures cultures spaces*. Thousand Oaks: Sage.

Whatmore, Sarah (2006): Materialist returns: practising cultural geography in and for a more-than-human world. In: *Cultural Geographies* 13(4), S. 600–609. DOI: 10.1191/1474474006cgj377oa.

White, Michael W./ Khan, Nazia/ Deren, Jennifer S./ Sim, Jessica J./ Majka, Elizabeth A. (2022): Give a dog a bone: Spending money on pets promotes happiness. In: *The Journal of Positive Psychology* 17 (4), S. 589–595. DOI: 10.1080/17439760.2021.1897871.

Wiedenmann, Rainer E. (2009): *Tiere, Moral und Gesellschaft*. Wiesbaden: VS.

Wild, Markus (2024): Wenn es Menschenbilder gibt, muss es auch Tierbilder geben. Menschenbild und Beziehung zum Tier. In: Michael Zichy (Hg.), *Handbuch Menschenbilder*. Wiesbaden: Springer VS, S. 749–767.

Wirth, Sven/ Laue, Anett/ Kurth, Markus/ Dornenzweig, Katharina/ Bossert, Leonie/ Balgar, Karsten (Hg.) (2016): *Das Handeln der Tiere: Tierliche Agency im Fokus der Human-Animal Studies*. Bielefeld: transcript.

Wischermann, Clemens (2014): Tiere und Gesellschaft. Menschen und Tiere in sozialen Nahbeziehungen. In: Gesine Krüger/ Aline Steinbrecher/ Clemens Wischermann (Hg.), *a.a.O.*, S. 105–126.

Witte, Daniel/ Schmitz, Andreas/ Schmidt-Wellenburg, Christian (2017): Geordnete Verhältnisse? Vielfalt und Einheit relationalen Denkens in der Soziologie. In: *Berliner Journal für Soziologie* 27 (3–4), S. 347–376.

Wynne, Clive D. L. (2019). *Dog is love: Why and how your dog loves you*. Boston: Houghton Mifflin Harcourt.

York, Richard/ Longo, Stefano B. (2017): Animals in the world: A materialist approach to sociological animal studies. In: *Journal of Sociology* 53 (1), S. 32–46. DOI: 10.1177/1440783315607387.

Zhang, Wangyi/ Cao, Hengyuan/ Lin, Lu (2022): Analysis of the Future Development Trend of the Pet Industry. In: *Proceedings of the 2022 7th International Conference on Financial Innovation and Economic Development (ICFIED 2022)*. Zhuhai, China, 1/14/2021 – 1/16/2021: Atlantis Press Paris, France (Advances in Economics, Business and Management Research).

Zilcha-Mano, Sigal/ Mikuliner, Mario/ Shaver, Phillio R. (2011): An attachment perspective on human-pet relationships: Conceptualization and assessment of pet attachment orientations. In: *Journal of Research in Personality* 45 (6), S. 345–357. DOI: 10.1016/j.jrp.2011.04.001.

ZZF (2020): *Der deutsche Heimtiermarkt. Struktur und Umsatzdaten 2019*. Online verfügbar unter https://www.zzf.de/fileadmin/ZZF/Dokumente/Heimtiermarkt/ZZF_IVH_Der_Deutsche_Heimtiermarkt_Anzahl_Heimtiere_2019.pdf (zuletzt geprüft am 01.10.2024).

ZZF (2024a): *Entwicklung des deutschen Heimtiermarktes*. Umsätze steigen seit 2003. Online verfügbar unter https://www.zzf.de/marktdaten/entwicklung-des-heimtiermarktes (zuletzt geprüft am 01.10.2024).

ZZF (2024b): 2023. *Der Deutsche Heimtiermarkt. Struktur und Umsatzdaten*. Online verfügbar unter https://www.zzf.de/fileadmin/ZZF/Pressemeldungen/2024/2024_04_16_Marktdaten/ZZF_IVH_Der_Deutsche_Heimtiermarkt_2023.pdf (zuletzt geprüft am 01.10.2024).

ZZF (2024c): *Heimtierpopulation in Deutschland 2023*. Online verfügbar unter https://www.zzf.de/marktdaten/heimtiere-in-deutschland (zuletzt geprüft am 09.10.2024).

Abbildungen

Abb. 1 Kater »Larry« (2016) ... 9
Abb. 2 Kater »Larry« (2011) ... 11
Abb. 3 Methodisches Design ... 45
Abb. 4 Geburtstagstorte für Hund von H5 ... 63
Abb. 5 Kanin-Hop ... 73
Abb. 6 Vogelvoliere für Papagei von H48 ... 82
Abb. 7 Arbeit mit Tieren: Nahbarkeit herstellen ... 117
Abb. 8 Tier-Dienstleister:in-Kooperation ... 118
Abb. 9 Arbeit mit Halter:innen: Einsicht erzeugen ... 127
Abb. 10 Halter:in-Dienstleister:in-Kooperation ... 128
Abb. 11 Intervention in Interaktionsmuster: Beziehungen gestalten ... 138
Abb. 12 Einflussfaktoren auf die Berufswahl ... 148

Tabellen

Tabelle 1 Gesamtumfang der Erhebung ... 47
Tabelle 2 Sample Tiere ... 48
Tabelle 3 Sample Halter:innen ... 49
Tabelle 4 Sample Dienstleister:innen ... 50
Tabelle 5 Übersicht Tierarten im Sample (Tiere variieren im Sample nach Kategorien wie Alter, Geschlecht und Versehrtheit, *ohne Hühner, Laufenten und Papageien) ... 54
Tabelle 6 Drei Beziehungsmuster ... 93
Tabelle 7 Konstitutive Komponenten der Tier-Mensch-Gefährtenschaft ... 97
Tabelle 8 Sample nach Tätigkeitsfeldern der Dienstleister:innen ... 103